"十四五"国家重点出版物出版规划项目·重大出版工程

中国学科及前沿领域2035发展战略丛书

学术引领系列

国家科学思想库

中国深地科学
2035发展战略

"中国学科及前沿领域发展战略研究（2021—2035）"项目组

科 学 出 版 社

北 京

内 容 简 介

深地科学是研究地球内部组成、结构及运行机制的学科,是认识地球系统"引擎"的关键。本书系统梳理了我国深地科学的发展历程,揭示了深地研究的多尺度特色和强系统性,明确了深地科学在现代地球科学和地球系统科学中的核心地位,分析了该领域的两大发展趋势(一是新技术和新方法在创新发现中的作用越来越大;二是从不同学科相对孤立的探索研究向多学科交叉融合的转变)。在此基础上,本书提出了深地科学前沿的十大科学问题和一个能引领深地科学研究的技术支撑体系,建议围绕这些重点方向,进一步开展跨学科、跨圈层综合交叉研究,形成地质天然观测、实验模拟和计算模拟协同创新的工作模式,以推动我国固体地球科学研究,并使其在新的一轮全球科技竞争中赢得战略主动。

本书为相关领域战略与管理专家、科技工作者、企业研发人员及高校师生提供了研究指引,为科研管理部门提供了决策参考,也是社会公众了解中国学科及前沿领域发展现状及趋势的重要读本。

图书在版编目(CIP)数据

中国深地科学2035发展战略 / "中国学科及前沿领域发展战略研究(2021—2035)"项目组编. -- 北京:科学出版社,2025.4. --(中国学科及前沿领域2035发展战略丛书). -- ISBN 978-7-03-081648-1

Ⅰ. P5

中国国家版本馆 CIP 数据核字第 2025YZ6144 号

丛书策划:侯俊琳 朱萍萍
责任编辑:石 卉 张梦雪 / 责任校对:韩 杨
责任印制:师艳茹 / 封面设计:有道文化

科学出版社 出版
北京东黄城根北街16号
邮政编码:100717
http://www.sciencep.com
北京中科印刷有限公司印刷
科学出版社发行 各地新华书店经销
*
2025年4月第 一 版 开本:720×1000 1/16
2025年4月第一次印刷 印张:21
字数:332 000
定价:178.00元
(如有印装质量问题,我社负责调换)

"中国学科及前沿领域发展战略研究（2021—2035）"

联合领导小组

组　长　吴朝晖　窦贤康

副组长　包信和　王希勤

成　员　高鸿钧　张　涛　裴　钢　朱日祥　郭　雷

　　　　杨　卫　王笃金　周德进　王　岩　姚玉鹏

　　　　倪培根　杨俊林　王璞玥　赖一楠　刘　克

　　　　刘作仪　洪　微　付雪峰

联合工作组

组　长　周德进　姚玉鹏

成　员　孙　粒　于　璇　王佳佳　马　强　王　勇

　　　　魏　秀　缪　航

《中国深地科学 2035 发展战略》

研究组

组　长　徐义刚　陈　骏

成　员（以姓名汉语拼音为序）

鲍惠铭　陈　凌　陈　赟　陈立辉　储日升　丁　阳

杜治学　胡清扬　胡修棉　冷　伟　李　娟　李　扬

李　元　李高军　李洪颜　李献华　李忠海　林　莽

林彦蒿　刘　锦　刘　康　刘　耘　马　强　毛　竹

毛河光　倪怀玮　倪四道　秦礼萍　沈　冰　沈　俊

沈树忠　孙道远　孙卫东　孙新蕾　陶仁彪　王　煜

王小均　吴怀春　吴文波　吴忠庆　夏群科　谢树成

杨　阳　杨进辉　杨文革　杨晓志　俞　恂　张　涵

张　莉　张宝华　张宝龙　张飞飞　章清文　赵国春

周　游　朱茂炎　朱祥坤

秘书组

姜玉航　杨晓志

总　序

　　党的二十大胜利召开，吹响了以中国式现代化全面推进中华民族伟大复兴的前进号角。习近平总书记强调"教育、科技、人才是全面建设社会主义现代化国家的基础性、战略性支撑"①，明确要求到 2035 年要建成教育强国、科技强国、人才强国。新时代新征程对科技界提出了更高的要求。当前，世界科学技术发展日新月异，不断开辟新的认知疆域，并成为带动经济社会发展的核心变量，新一轮科技革命和产业变革正处于蓄势跃迁、快速迭代的关键阶段。开展面向 2035 年的中国学科及前沿领域发展战略研究，紧扣国家战略需求，研判科技发展大势，擘画战略、锚定方向，找准学科发展路径与方向，找准科技创新的主攻方向和突破口，对于实现全面建成社会主义现代化"两步走"战略目标具有重要意义。

　　当前，应对全球性重大挑战和转变科学研究范式是当代科学的时代特征之一。为此，各国政府不断调整和完善科技创新战略与政策，强化战略科技力量部署，支持科技前沿态势研判，加强重点领域研发投入，并积极培育战略新兴产业，从而保证国际竞争实力。

　　擘画战略、锚定方向是抢抓科技革命先机的必然之策。当前，新一轮科技革命蓬勃兴起，科学发展呈现相互渗透和重新会聚的趋

---

① 习近平. 高举中国特色社会主义伟大旗帜 为全面建设社会主义现代化国家而团结奋斗——在中国共产党第二十次全国代表大会上的报告. 北京：人民出版社，2022：33.

势，在科学逐渐分化与系统持续整合的反复过程中，新的学科增长点不断产生，并且衍生出一系列新兴交叉学科和前沿领域。随着知识生产的不断积累和新兴交叉学科的相继涌现，学科体系和布局也在动态调整，构建符合知识体系逻辑结构并促进知识与应用融通的协调可持续发展的学科体系尤为重要。

擘画战略、锚定方向是我国科技事业不断取得历史性成就的成功经验。科技创新一直是党和国家治国理政的核心内容。特别是党的十八大以来，以习近平同志为核心的党中央明确了我国建成世界科技强国的"三步走"路线图，实施了《国家创新驱动发展战略纲要》，持续加强原始创新，并将着力点放在解决关键核心技术背后的科学问题上。习近平总书记深刻指出："基础研究是整个科学体系的源头。要瞄准世界科技前沿，抓住大趋势，下好'先手棋'，打好基础、储备长远，甘于坐冷板凳，勇于做栽树人、挖井人，实现前瞻性基础研究、引领性原创成果重大突破，夯实世界科技强国建设的根基。"[①]

作为国家在科学技术方面最高咨询机构的中国科学院和国家支持基础研究主渠道的国家自然科学基金委员会（简称自然科学基金委），在夯实学科基础、加强学科建设、引领科学研究发展方面担负着重要的责任。早在新中国成立初期，中国科学院学部即组织全国有关专家研究编制了《1956—1967 年科学技术发展远景规划》。该规划的实施，实现了"两弹一星"研制等一系列重大突破，为新中国逐步形成科学技术研究体系奠定了基础。自然科学基金委自成立以来，通过学科发展战略研究，服务于科学基金的资助与管理，不断夯实国家知识基础，增进基础研究面向国家需求的能力。2009 年，自然科学基金委和中国科学院联合启动了"2011—2020 年中国学科发展战略研究"。2012

---

① 习近平. 努力成为世界主要科学中心和创新高地 [EB/OL]. (2021-03-15). http://www.qstheory.cn/dukan/qs/2021-03/15/c_1127209130.htm[2022-03-22].

年，双方形成联合开展学科发展战略研究的常态化机制，持续研判科技发展态势，为我国科技创新领域的方向选择提供科学思想、路径选择和跨越的蓝图。

联合开展"中国学科及前沿领域发展战略研究（2021—2035）"，是中国科学院和自然科学基金委落实新时代"两步走"战略的具体实践。我们面向 2035 年国家发展目标，结合科技发展新特征，进行了系统设计，从三个方面组织研究工作：一是总论研究，对面向 2035 年的中国学科及前沿领域发展进行了概括和论述，内容包括学科的历史演进及其发展的驱动力、前沿领域的发展特征及其与社会的关联、学科与前沿领域的区别和联系、世界科学发展的整体态势，并汇总了各个学科及前沿领域的发展趋势、关键科学问题和重点方向；二是自然科学基础学科研究，主要针对科学基金资助体系中的重点学科开展战略研究，内容包括学科的科学意义与战略价值、发展规律与研究特点、发展现状与发展态势、发展思路与发展方向、资助机制与政策建议等；三是前沿领域研究，针对尚未形成学科规模、不具备明确学科属性的前沿交叉、新兴和关键核心技术领域开展战略研究，内容包括相关领域的战略价值、关键科学问题与核心技术问题、我国在相关领域的研究基础与条件、我国在相关领域的发展思路与政策建议等。

三年多来，400 多位院士、3000 多位专家，围绕总论、数学等 18 个学科和量子物质与应用等 19 个前沿领域问题，坚持突出前瞻布局、补齐发展短板、坚定创新自信、统筹分工协作的原则，开展了深入全面的战略研究工作，取得了一批重要成果，也形成了共识性结论。一是国家战略需求和技术要素成为当前学科及前沿领域发展的主要驱动力之一。有组织的科学研究及源于技术的广泛带动效应，实质化地推动了学科前沿的演进，夯实了科技发展的基础，促进了人才的培养，并衍生出更多新的学科生长点。二是学科及前沿领域的发展促进深层次交叉融通。学科及前沿领域的发展越来越呈现出多学科相互渗透的发展态势。某一类学科领域采用的研究策略和技术体系所产生的基础理论与方法论成果，可以作为共同的知识基础适用于不同学科领域的多个研究方向。三是科研范式正在经历深刻变革。解决系统性复杂问题成为当前科学发展的主要目标，导致相应的研究内容、方法和范畴等的改变，形成科学研究的多层次、多尺度、动态化的基本特征。数据驱动的科研模式有力地推动了新时代科研范式的变革。四是科学与社会的互动更加密切。发展学科及前沿领域愈加重要，与此同时，"互联网＋"正在改变科学交流生态，并且重塑了科学的边界，开放获取、开放科学、公众科学等都使得越来越多的非专业人士有机会参与到科学活动中来。

"中国学科及前沿领域发展战略研究（2021—2035）"系列成果以"中国学科及前沿领域2035发展战略丛书"的形式出版，纳入"国家科学思想库－学术引领系列"陆续出版。希望本丛书的出版，能够为科技界、产业界的专家学者和技术人员提供研究指引，为科研管理部门提供决策参考，为科学基金深化改革、"十四五"发展规划实施、国家科学政策制定提供有力支撑。

在本丛书即将付梓之际，我们衷心感谢为学科及前沿领域发展战略研究付出心血的院士专家，感谢在咨询、审读和管理支撑服务方面付出辛劳的同志，感谢参与项目组织和管理工作的中国科学院学部的丁仲礼、秦大河、王恩哥、朱道本、陈宜瑜、傅伯杰、李树深、李婷、苏荣辉、石兵、李鹏飞、钱莹洁、薛淮、冯霞，自然科学基金委的王长锐、韩智勇、邹立尧、冯雪莲、黎明、张兆田、杨列勋、高阵雨。学科及前沿领域发展战略研究是一项长期、系统的工作，对学科及前沿领域发展趋势的研判，对关键科学问题的凝练，对发展思路及方向的把握，对战略布局的谋划等，都需要一个不断深化、积累、完善的过程。我们由衷地希望更多院士专家参与到未来的学科及前沿领域发展战略研究中来，汇聚专家智慧，不断提升凝练科学问题的能力，为推动科研范式变革，促进基础研究高质量发展，把科技的命脉牢牢掌握在自己手中，服务支撑我国高水平科技自立自强和建设世界科技强国夯实根基做出更大贡献。

"中国学科及前沿领域发展战略研究（2021—2035）"
联合领导小组
2023 年 3 月

前　言

　　1864年，法国作家儒勒·凡尔纳出版了科幻巨著《地心游记》，向人们描绘了一个充满想象力的、神奇的地下世界。1936年，丹麦地震学家英厄·莱曼首次发现了位于地心的固态内核，结合先前发现的壳幔结构，由此完整揭示了地球内部的圈层结构，并掀开了"地球发电机"神秘面纱的一角。20世纪60年代，美国学者赫斯发现大洋中脊两侧的地磁异常呈对称分布，从而提出海底扩张学说。该学说的提出不仅使大陆漂移学说复活，而且也导致了板块构造理论的诞生，但驱使板块运动的动力依然不清楚。而就在2022年1月中旬，南太平洋岛国汤加附近的海底火山突然喷发，引起的海啸波及数千千米外的整个太平洋沿岸，而充斥天空的巨大火山灰蘑菇云团甚至有可能影响全球气候。这些前后跨越了百年的事件，均指向"地球深部"这个共同源头，而汤加火山喷发更是生动地展示了由地球深部过程"一手导演"的不同圈层之间的相互作用。显然，地球深部隐藏着地球最大的奥秘。

　　活跃的地球内部是地球区别于太阳系其他类地星球的首要特征。地球拥有强大的偶极子磁场，在地球外部圈层形成磁层，阻碍大气圈的逃逸，且阻挡太阳风、紫外线和银河宇宙射线到达地球表面，使地球生命免受辐射的影响，这是地球成为宜居星球的主要原因之一。位于核幔边界的大型低剪切波速省，其边部会产生地幔柱，后上升形成大火成岩省，快速释放大量气体进入大气圈，引发气候突变与生物大灭绝。因此，地球深部是整个地球系统运行的引擎，是深刻理解多圈层相互作用的关键。"深地科学"就是这一领域新的交叉学科，旨在揭示地球系统中不同圈层相互作用的本质，阐明地球深部不同圈层间物质和能量传输机制及其对地表系统演化、资源能源形成的控制作用，因而成为地球科学新的学科制高点。这是西方各国竞相布局、争取率先突破的着力点，也是开展面向2035年深地科学领域前沿科学问题战略研究的主要缘由。

改革开放至今，中国的科技事业有了长足的发展。目前，中国已经拥有了世界上最庞大的研发队伍，产出的科学论文的数量已高居世界首位，在某些方面已经从"跟跑"追到了"并跑"，甚至"领跑"的位置。不过，我们在科研设备、技术方法体系和研究深度等方面与西方发达国家相比仍有一定的差距。通过分析现状、梳理问题、前瞻布局、踏实落实，我国深地科学领域的科技创新就一定能实现从"并跑"向"领跑"的转变。这种处境呼唤着我国科技的整体转型，地球科学研究同样也不例外。促使转型的途径可以有很多，但以下两点可能最是关键：一是自己出题、提出真正的科学问题；二是建立能解决问题的技术体系或新的科研范式。

有鉴于此，在承担本战略研究任务的初期我就暗下决心，要在深地科学领域能有所创新，研究一些能在未来10～15年内可实现的课题。为此，在大家集思广益的基础上，本书提出了需要重点关注的十大科学问题，其中地球深部和浅部系统的联系机制是本书的思想主题。同时强调了要解决上述问题必须构建的技术支撑体系。

本书是团队合作的成果，各章节具体的执笔人如下：第一章和第二章由徐义刚、陈骏撰写；第三章由刘耘、孙卫东等撰写；第四章由陈凌、倪怀玮、李元、陈立辉、毛河光等撰写；第五章由谢树成、李高军、朱茂炎等撰写；第六章由陈赟、丁阳、吴忠庆、鲍惠铭、李献华、沈树忠等撰写；第七章由徐义刚撰写。姜玉航、杨晓志和王煜协助完成了书稿整理和摘要英文翻译。特别感谢写作组所有成员的群策群力和真诚付出，感谢中国科学院战略性先导科技专项（B类）"地球内部运行机制与表层响应"项目组成员和专家指导组成员，还要感谢第227期双清论坛"深地科学前沿论坛"和第675次香山科学会议"深地过程与地球宜居性"的参会人员。正是这些在讨论过程中不断碰撞的思想充实了调研内容，更让凝练的科学问题切中要害。

在调研过程中我深切感受到了提出新问题的难度。本书中的内容未必全是新问题，而是站在巨人肩膀上做的一些新思考、新尝试。如果本书能给从事深地科学研究的国内同行和研究生一些启示（如提出的科学问题、支撑问题解决的技术体系等），哪怕是其中的一小部分，能引起有关部门的重视和关注，我们都将欣慰之至。

徐义刚

《中国深地科学2035发展战略》研究组组长

2022年4月

摘　要

　　地球是太阳系唯一有生命的宜居星球。与不宜居星球相比，地球有两大特点：一是拥有活跃的地球内部；二是拥有板块构造。而前者是后者的前提。与地核和地幔的对流、冷却放热过程相关的能量为 $34\sim66\,\text{TW}$，支撑了整个板块构造体系的运行；地球内部的能量一旦耗尽，板块构造也就不复存在了。而从物质组成的角度看，对地表宜居环境有决定性影响的碳、氢、氧等元素，实际上超过 90% 都储存在地球深部。因此，地球深部稍有"风吹草动"就会深刻影响地球表层系统，从而导致地质时间尺度变形变质、地质资源富集以及气候、环境剧变。地球内部作用不仅直接导致了诸如核幔边界大型低剪切波速省、地核发动机等深部巨型构造的发育，而且也是引发陆壳生长、板块构造启动、大陆聚合裂解、大氧化、雪球地球、大火成岩省、生命大爆发、生物大灭绝等地质史上一系列重大事件的首要驱动力。所以说,地球深部是整个地球系统运行的引擎。只有抓住了地球引擎这个"七寸"，才能有效揭示地球系统中不同圈层相互作用的本质，促进地球系统科学的发展。

　　遗憾的是，人类对地球深部的认识还十分不足，甚至远远落后于对深空和深海的认知水平。这是因为地球深部 99% 以上的部分，都处于超过 10 000 个标准大气压和 500 ℃ 的极端温压条件下，充满了坚硬的岩石。科技的百年发展实现了"上天容易"却依然"入地难"。然而，地球深部却隐藏着地球最大的奥秘。正因为如此，深地科学成为地球科学新的学科制高点，这也是西方各国竞相布局、争取率先突破的着力点。

西方自 20 世纪 80 年代起提出地球内部研究，主要涉及地球内部的结构、组成与过程。而深地科学不仅涵盖了上述研究内容，还拓展到了地球内外系统的联系机制上，因为地球深部过程控制了表层系统的演化。地球内部（地壳、地幔、地核）是一个复杂的多元体系，并与地表圈层（水圈、大气圈、生物圈）高度关联，因而深地科学研究具有鲜明的多尺度特色和强系统性。地球深部虽然下不去、看不见、摸不着，但有四种方法可以对其开展相关研究，即基于深源和陨石样品的地球化学研究、基于地震波等的地球物理探测、基于实验室模拟的高温高压实验，以及基于计算机辅助的数值计算和动力学模拟。如果将地球深部圈层与浅部圈层进行整体研究，那需要更多学科间的合作以及时间与空间维度上的结合，并需要借助于整合大数据和人工智能方法的地球系统模型来探索。从这个角度上说，深地科学研究必须经过多学科交叉和多维度综合，由此才能确立地球过去的历史和预测地球的未来，并对其他类地星球的演化进行制约，以及为深空探测提供更好的反馈。

本书无意面面俱到，而是希望抓住未来 10～15 年中国科学家能作出贡献的一些方向和问题，更是希望在这个过程中能提出若干个由中国人自己研究的题目。为此，我们选择了四个研究领域方向，分别涉及早期地球，地球内部结构、物质循环和深部引擎，深地过程与宜居地球，以及深地科学研究中的新技术和新方法等，并梳理了这四大领域中的十大科学问题和一个能引领深地科学研究的技术支撑体系。这些内容，特别是地球深部和浅部系统的联系机制构成了本书的主体内容。

一、十大科学问题

1. 早期地球

早期地球是指地球形成后最初几亿年到十几亿年的阶段,那时发生了大碰撞与地球形成、核幔分异、地磁场产生、岩浆洋演化与初始陆壳形成、地球早期水圈－大气圈形成、生命起源、板块构造启动等重大地质事件,是地球演化的起点,为地球系统的演化奠定了基础;现今地球深部的结构、成分及运行方式是这些重大地质事件的直接后果。然而,由于地质样品的稀缺以及研究手段的独特性,这段历史的研究程度较低,这正是今后需要加强的方向。依靠高温高压实验、计算地球化学、计算地球动力学、比较行星学、行星增生动力学等进行联合攻关,形成新的固体地学研究范式,以期回答以下两个关键科学问题。

1)问题 1:早期地球的性质和演化

早期地球研究涉及十几个一级地球科学问题,是最重要的地学研究前沿之一。相关研究包括:月球形成大碰撞对地球元素含量及同位素组成的影响、后期加积物的质量和种类、核幔分异过程的动力学和地球化学约束、地核化学出溶与地磁场维持、原始大气成分及前生命化学反应、原始大气的逃逸和保存、冥古宙地球的热演化、前板块构造运动的方式、长英质陆壳的形成、原始地幔不均匀性、早期地球重大地质事件的定年等。

2)问题 2:地球上板块构造的起始时间和机制

板块构造理论已提出 50 多年,但其驱动力一直悬而未决,也不清楚板块构造体制是何时、如何起始的。有关板块俯冲起始的模型有很多,如大陆与大洋板块之间的密度差、地幔柱头喷发、小行星撞击、大龟裂等。至于板块构造体制何时启动,更是众说纷纭,有冥古宙、古太古代、新太古代、古元古代、新元古代等不同观点。但更多的争论在于对板块构造体制的定义不同。例如,一些学者认为只要有大规模的岩石圈俯冲到地幔即代表俯冲起始；而另一些学者则认为，全球尺度的连续俯冲代表板块构造体制的起始；还有一些人认为现今类型的板块俯冲才代表板块构造体制的起始。想要解决这些争论首先需要明确板块构造体制的定义，还需要在全球范围内寻找早期板块构造遗迹。地球动力学模拟高度依赖于早期地球物理化学条件的确定，因此需要地质、地球化学、地球物理和地球动力学等多学科联合攻关，同时还需要引入大数据、人工智能、机器学习等新技术。

2. 地球内部结构、物质循环和深部引擎

虽然早在一个世纪以前，人类就已经知晓地球的圈层结构；在半个多世纪以前就发现了板块构造，但今天我们仍比以往任何时候都更想了解地球深部的精细结构和状态，以及它是如何运作并控制表生系统演化的。这是因为活跃的地球内部是地球区别于太阳系其他类地行星的根本。地球深部氧化还原状态的变化以及地幔持续的去气作用不断改变着大气圈的组成；外核的对流导致了地磁场的形成，对生物圈和水圈起到了重要的保护作用；地幔对流是板块运动的主要驱动力，而板块运动又形成了巨型造山带、地震带、岛弧岩浆带和成矿带，对表层系统的三大圈层状态和运行产生巨大的影响。板块俯冲穿越地球各圈层将地球表层的物质送达地球深部，地幔柱则将核幔边界的物质和能量向地球表层输送，两者共同构成了地球内部的主要物质循环途径，是联系地球深部和表层间的重要纽带。

由于地球的不可入性，人类对深部地球的认知非常有限。地球内部的主要边界层的精细结构如何？地球深部大引擎的组成和动力原料是什么？地球深部物质是如何循环的？深部引擎在过去的 46 亿年中是如何主导地球环境演变的？对这些问题的解答将成为构建地球科学新理论的奠基石。

1）问题 3：地球内部界面的复杂特征及其动力学效应

地球是高度动态的行星，经过长期的演化，其内部在径向和横

向上都存在不均一性。地球径向的不均一性主要表现为圈层结构，主要界面从浅到深包括：莫霍面、岩石圈中部不连续面及岩石圈－软流圈边界、地幔转换带的上下间断面及内部界面（410 km、660 km 等界面）、核幔边界及内外核边界，这些界面在横向上存在高度的起伏变化。界面两侧物性（地震波速度、密度等）具有多种形式的变化特征，展现出跳变、渐变以及其他复杂结构，与温度、矿物组成、化学成分具有密切关系。地球圈层结构除了表现为地震波速和密度的分层外，还体现在流变学性质的分层上。岩石圈和地幔的流变学性质是控制地幔对流运动的关键因素，不仅影响地幔对流的强度、形态、几何尺度等动力学效应，而且直接控制岩石圈和地幔乃至地核的整体构造－热演化过程。研究地球内部的波速、密度及流变学的分层结构对理解"地球内部是如何演化的"意义重大。

2）问题 4：地球深部挥发分

地球深部储存了巨量的氢、碳、硫、氮等挥发分，其总量甚至超过地表储库。挥发分元素具有多种价态，在地球内部的赋存形式复杂多变，分布也很不均一。板块俯冲、流体活动、地幔熔融、火山喷发等地质过程促使挥发分在地球内部发生迁移。挥发分的储存和迁移深刻塑造地球深部的物质属性和动力学过程，可导致低速高导异常，促进地幔对流和岩石熔融，调控氧化还原状态，形成矿床，引发深部地震和爆发式火山喷发。深部储库与地表储库之间的挥发分循环也是影响水圈和大气圈的形成与演化、调控地表宜居性的重要机制，很可能与大氧化事件和生命灭绝事件密切相关。地球深部挥发分的起源、分布、迁移、演化和效应是深地科学的重要前沿领域，解决挥发分迁移机制和通量等问题需要与岩石地球化学和地球物理研究密切结合。

3）问题 5：地幔氧化还原状态及演化

地球表层宜居系统的建立与地幔过程密切相关。地幔氧化还原状态决定了各种元素在地幔中的赋存形式，控制了不同元素在地球各圈层之间的循环和迁移。因此，理解地幔氧化还原状态的演变是理解地表宜居系统建立的关键因素。需要重点关注地球早期增生及核幔分异的氧化还原状态、地球核幔分异结束后地幔氧逸度转变的时限及机制、地幔氧化还原状态的转变与地球大气圈氧化之间的相关关系、地球板块运动起始后地幔氧逸度的变化等。

4）问题 6：地球深部化学储库及其成因

地幔具有显著的化学不均一性。经历漫长的地质演化后，地球深部化学组成差异明显的区域最终形成不同的化学储库，如 I 型富集地幔、II 型富集地幔、高 μ 端员和地幔集中带和流行地幔等。已经知道这些储库的成因与地壳物质的再循环密切相关，但尚不清楚不同空间尺度的地幔区域究竟是如何被再循环物质改造的，也不清楚地球深部化学储库的形成机制和形成时间。此外，需要重点关注深部地幔储库与浅部地幔储库的相互作用机制。通过与地球物理探测的结合，揭示不同化学储库在深部地幔中的空间分布。

5）问题 7：深地的内控引擎

最近地球科学和高压物理、高压化学交叉研究，揭示了地球从内到外引发历次大事件的主要引擎是超深部岩石矿物中挥发分活动。大洋地壳中的含水矿物跟随板块运动俯冲到深下地幔（深度＞1800 km），经历了在超高压力（＞74 万个标准大气压）环境之下才有的新物理、新化学现象：水变成强氧化剂，释放了氢，氧化了深部的矿物，在地幔地核边界堆积了大量的富氧物质，最后通过富氧的热柱上升回到地表，成为主控大火成岩省、大氧化事件、生物大灭绝、雪球地球、超大陆分合等大事件的内在引擎。深地研究是地球科学的空旷蓝海，中国若充分把握新机遇，持续开拓这一新方向，十年内将在深地领域的研究中脱颖而出，进而掌握地球科学的枢纽。

3. 深地过程与宜居地球

地球环境的宜居性随地球的演化而复杂多变。地球历史上 5/6 左右的时间都是温室气候，两极没有冰盖，甚至出现过多次短暂的极热事件，如距今 5600 万年前后古新世—始新世极热事件；地球历史上冰室气候相对少见，但在距今 24 亿～22 亿年前后的古元古代和距今 7.2 亿～6.3 亿年前后的新元古代曾经发生雪球地球事件，冰川覆盖赤道地区海洋。地球大气的增氧过程也极为复杂，发生了距今 24 亿年前后的古元古代大氧化事件和距今 6 亿年前后的新元古代大氧化事件。伴随着地球大气温度和含氧量的变化，海洋也随之发生温度、酸碱度、氧化还原状态以及海水成分的变化，间歇性发生全球性大洋缺氧事件和酸化事件等。这一系列重大事件均与地球生命重大演化事件密切相关。

大量研究表明，地球表层的大气、海洋和生命演化过程与岩石圈和深部地幔的演变之间的关系十分密切。构造运动驱动地内和地表系统之间的物质交换，特别是通过火山喷发、风化作用和生物地球化学循环，直接影响表层大气和海洋的宜居条件、沉积成矿过程和生命的演化。揭示地质时期不同时间尺度下地球宜居性演化过程及其深部控制机制虽然极具挑战性，却是发展地球系统科学的必由之路，尤其需要关注以下三个关键问题。

1）问题 8：大规模火山作用对地球宜居性的影响

火山作用是衔接地球深部和表层系统各个圈层的重要"抓手"，对地球宜居性的形成和发展具有重要意义。但目前尚不清楚不同类型火山活动在不同时间尺度下对气候和环境的影响程度和过程，也不清楚火山活动引发海洋、陆地、大气多圈层的连锁反应机制。为什么有的火山活动有利于生物的勃发，而有的则导致生物的灭亡？对火山活动的精确定年、评估火山活动对气候环境影响的时空效应、构建与火山活动相关的古气候定量模型是解决上述困惑的有效途径。

2）问题 9：地球热稳定器与气候系统的稳定机制

宜居地球研究的核心问题之一是地球如何在长达 46 亿年的地质历史中长期维持相对稳定的宜居气候，从而保证了生命的持续演化进程。盖亚假说认为生命与无机环境协同演化形成的复杂系统具有调节环境的能力，但生命系统维持宜居环境的具体机制尚不清晰，且缺乏有效的地质证据；风化假说则认为大陆风化吸收二氧化碳的速度响应气候，从而形成气候与大气二氧化碳含量之间的负反馈机制，使地表长期维持在具有液态水存在的狭窄温度区间。但是，维持大陆风化热稳定器运行的动力机制还存在较大争议。深地过程可能是破解上述难题的关键。一方面，大火成岩省不断向地表提供新鲜的玄武岩，而玄武岩在各类岩石的风化过程中，对二氧化碳的吸收效能最高，且主要受温度控制，能快速响应气候变化；另一方面，深地过程的去气作用不断向大气提供二氧化碳，维持风化反应。因此，在大火成岩省喷发、板块构造运动启动、超大陆循环等过程中，生命、环境与大陆风化的响应模式可能提供了验证盖亚假说和大陆风化热稳定器运行最重要的地质证据。

3）问题 10：重大地质事件与地球宜居性

地球宜居环境的复杂多变是地球表层岩石圈、水圈、大气圈和生物圈之间复杂相互作用的结果，而表层系统的演变受控于地球内部过程。揭示地球演化不同阶段表层系统重大地质事件的深地过程以及对地表环境和生物演化影响，对认识地球宜居性演化至关重要。重点关注雪球地球事件、大氧化事件、极热事件、大洋缺氧事件以及超大陆聚散等重大地质事件对地球宜居性的影响。回答这些问题的关键是采用地球系统科学的思维，发展新的理论和方法体系，从全球角度构建相关地质事件各种记录的数据库，加强地球科学不同分支科学的交叉融合，重点聚焦地球深部过程对地表过程影响的机理研究，构建新的地球－生命系统数值模型。

二、深地科学研究中的新技术和新方法

　　21 世纪的地球科学呈现出两个明显的发展趋势：一是新技术和新方法在创新发现中的作用越来越大；二是学科间交叉融合的需求旺盛。如果我们想摆脱跟踪、模仿的科研范式，除了要自己找到真正的科学问题，还要建立起一个能引领深地科学研究的技术支撑体系。所谓科学创新与技术攻坚并举，缺一不可。

　　深地科学研究依赖于深源样品和陨石样品的地球化学研究、基于地震波等的地球物理探测、实验和计算模拟等手段。此外，深地科学研究还要阐明地球内外系统间的联系机制，因而需要将不同地质过程放在统一的时间标尺上考察，并通过模型构建来定量阐明不同圈层之间的相互作用。为此，建议重点关注以下六种新技术和新方法的研发。

1. 深部地球物理探测技术

　　地球物理探测获得是原位信息，具有探测深度大、范围广、分辨率高的特点，在深地科学研究中有着不可替代的作用。但迄今只有地震学和电磁感应测深两类方法能够对地幔进行大深度直接探测。未来除了要对具有良好应用前景的代表性地震学新方法进行更新、升级外，还要开发可用于全球和区域地幔电导率结构重建的天然源电磁感应方法。我国深部地球物理探测未来应积极推进海－陆联合观测技术发展，注重仪器设备、观测数据共享平台建设；强调突破观测系统限制、借鉴多学科思路的方法创新；加强下地幔和地核探测，推动定量化、多尺度综合研究等。

2. 高温高压实验模拟技术

　　深地科学面临的一个巨大挑战就是深地物质演化规律随着地球深度增加而变得不可知，而高压高温模拟实验通过实验室再现地球深部环境，来研究深地物质演化规律已成为当今地球科学的前沿。目前高温高压实验模拟与各种测量技术，尤其是与第三代同步辐射

的深度结合和发展，已覆盖了对整个地球温压范围（0~360 GPa、300~6000 K）的探索，极大加深了人们对地球深部的认知。高压技术主要包括静态加载（如金刚石压砧）技术和大压机技术，以及动态加载（如气炮和激光冲击波）等技术。高温技术包括激光和电阻加温。高温高压下的物性实时测量主要依赖于现代同步辐射技术，其中关键技术包括但不限于径向衍射、X 射线光谱、纳米成像、非弹性 X 射线散射等。近年来，中国深地科学已呈现出迅速跃进的态势。适逢上海同步辐射光源建设二期及北京高能同步辐射光源出光之际，掌握新一代同步辐射技术优势，创新探测 X 光技术，是中国深地科学研究进一步提升其领先势头的关键。

3. 计算模拟技术

通过大规模数值计算进行科学研究是深地科学领域的重要手段，包括两大类：一类是利用数值计算模拟深部地球在长时间尺度上的变形和运动，进而构建深部地球与地球表面耦合的大尺度精细动力学模型；另一类是基于第一性原理计算，模拟预测地幔矿物和熔体的物理化学性质及行为以及相关的同位素分馏效应，其模拟精度高，易于实现高温高压条件，是与高压实验相辅相成的物性研究方法。但两类方法均受限于计算量。跟机器学习方法结合，用第一性原理计算数据作为训练集，有望克服计算量大这一瓶颈，从而将具有第一性原理计算精度模拟运用于更复杂的体系，拓展到更多的性质（如多组分体系的高温高压相图），变革性地促进该方法在地学领域的应用。而如何建立深部地球与水圈和大气圈耦合的多圈层演化模型是计算动力学领域需要攻克的难点之一。

4. 地球化学示踪体系

地球化学示踪是深地科学研究的重要手段，而同位素地球化学示踪更是其中最有力的工具之一，需要在理论、分析技术、样品观测三个方向同时革新。经典的同位素分馏理论已经不能准确预测高温高压条件下的同位素平衡效应，在未来的理论研究中需要更为细致地考虑非简谐效应、超精细耦合、核场等作用；高维度同位素效应和高温下的非平衡同位素效应均在深地研究中方兴未艾。传统同位素研究依赖于气相同位素比值质谱、新概念质谱（静电场轨道质谱、多电荷态离子质谱）、色谱－多接收器电感耦合等离子体质谱联用、光谱仪等新型仪器的开发，是实现深地样品同位素高精度测量的新手段；以纳米二次离子质谱为基础的高空间分辨率高敏度同位素测量，是分析珍稀样品的重要新工具。为验证科学假说，我们还需对稀缺的深地样品进行大量观测，这依赖于采样和在线观测设备的革新，以及与行星科学领域和国际科学界的紧密合作。

5. 高精度地质定年技术

地质年代学为地球科学研究提供时间坐标，厘定深时地质过程的发生和持续时间，为地球系统演变提供定量制约。21 世纪以来，同位素地质年代学在高精度、高空间分辨率和高效率等维度取得长足进步，以单颗粒锆石同位素稀释定年法（ID-TIMS）、^{40}Ar/^{39}Ar、Re-Os 以及 U-Th 等为代表的高精度定年技术在平台建设和分析方法开发领域均得到大幅提升。在以提高时间分辨率为核心目标的国际"地时"计划推动下，地质年代学与其他学科的交叉更加紧密深入。地质年代学将面向新时代地球与行星科学研究需求，努力突破若干技术瓶颈，并与正在兴起的相对定年技术（如天文年代学和磁性地层学等）以及年代学大数据等手段深入结合，以实现从更全面、更精细的视角解析地质作用，厘定深部过程、生命－环境之间的协同演化机制。

6. 地球系统模型构建

地球科学的研究范式正在发生转变，已进入运用地球系统模型定量研究的新阶段。地球系统模型／耦合同位素记录的地球系统模型（CESM/iCESM）被广泛用于综合模拟大气、海洋、海冰、陆地表面和陆地植被以及海洋的生物地球化学循环等，预测地球碳循环和水循环。深时地球系统模型研究仍处于探索阶段，还存在模型边界条件匮乏、陆地气候因素和大气组分缺乏精确限定等问题，为古今气候对照带来一系列重大挑战。深时地球系统模型属于未来亟须加强的新兴研究领域，但我国从事该研究的人员极少。未来需要重点关注：①古气候模拟对未来气候变化的启示；②深时极端气候的触发与终结机制；③生物与环境协同演化；④重大表生环境演变的地球深部过程。

如果说固体地球科学在 20 世纪的革命性成果是板块构造理论，那么在 21 世纪的重大突破就很可能出现在包括深地科学在内的地球内外圈层相互作用的地球系统科学中。深地是整个地球系统的重中之重。西方发达国家在 20 世纪后期就开始有意识地加强对深地领域的投入和研究，而我国的深地研究总体上起步晚，但近年来的发展速度已经超过了他国，一些突出的成果也逐渐引起了国际学者的关注。特别是随着国家自然科学基金委员会"华北克拉通破坏"重大研究计划、国土资源部"深部探测技术与实验研究专项"和中国科学院战略性先导专项（B 类）"地球内部运行机制与表层响应"等大型综合科研项目的实施，凝聚和锻炼了后备人才队伍，夯实了我国在该领域的研究基础，展示出了良好的发展前景。

站在百年未遇的历史变革和科技革命的交汇点，中国的深地科学工作者应紧紧围绕国家"深地"战略，顺应科学发展的潮流，如能聚焦早期地球性质与演化、地球深部结构和物质循环、地球内外系统的联动机制、深地科学研究中的新技术和新方法等深地科学前沿领域的重点方向，开展大跨度、多学科综合交叉研究，形成地质天然观测、实验模拟和计算模拟协同创新的工作模式，共同推动我国固体地球科学研究，并在新一轮全球科技竞争中赢得战略主动。

Abstract

Earth is the only habitable planet in the solar system with life. The Earth has two major characteristics that distinguish it from all the inhabitable planets: one is that it has an active interior, and the other is that it has plate tectonics, where the former is a prerequisite for the latter. The energy related to the convection, cooling and exothermic processes of the core and mantle is about 34~66 TW, which supports the operation of the entire plate tectonic system. Once the energy inside the Earth is exhausted, the plate tectonics will cease accordingly. From the perspective of material composition, more than 90% of elements such as carbon, hydrogen, and oxygen that have a decisive impact on the habitable environment on the surface are essentially stored in the deep Earth. Therefore, a slight "turbulence" in the deep Earth will profoundly affect the Earth's surface system, resulting in deformation and metamorphism, resource enrichment, and dramatic changes in climate and environment on the geological time scale. The dynamism of Earth's interior not only directly leads to the development of deep megastructures such as the large low shear velocity provinces (LLSVPs) of the core-mantle boundary (CMB) and the core engine, but also gives rise to a series of major events in geological history as the primary driving force, such as the growth of continental crust, the initiation of plate tectonics, continental aggregation and breakup, Great Oxidation

Event, Snowball Earth, large igneous provinces (LIPs), life explosions, and mass extinctions. Therefore, the deep Earth is the operation engine of the entire Earth system. Only by grasping this crucial Earth's engine can we effectively reveal the nature of the interaction of different layers in the Earth system and promote the development of Earth system science.

However, our current understanding of deep Earth is still very limited, far behind that of deep space and deep marine exploration. This is because more than 99% of the deep Earth is mainly composed of hard rocks under extreme conditions with high temperatures (>500 °C) and pressures (>10,000 atm). The one-century progressive development of science and technology has enabled us "easily to go beyond to the outer space" but still "difficult to enter the inner Earth", despite the fact that the greatest mysteries of the Earth are rooted in the inaccessible deep Earth. Therefore, deep Earth science has become the top priority of the Earth sciences, and it is also the focus of Western countries competing for future dominance and striving to take the lead in breakthroughs.

Westerners have put forward the study of the Earth's interior since the 1980s, mainly involving the structure, composition, and processes of the Earth's interior. Deep Earth science not only covers the above-mentioned research areas, but also extends to the connection mechanism of the system inside and outside the Earth, as it is the deep Earth processes that control the evolution of the surface system. Since the interior of the Earth (crust, mantle, and core) is a complex multi-system and is highly related to the surface layer (hydrosphere, atmosphere, and biosphere), deep Earth science has distinct multi-scale characteristics as well as strong systematic features. Although the deep Earth is highly inaccessible, there are four means to carry out related research, i.e., geochemical study based on deep sourced and meteorite samples, geophysical survey based on seismic waves, etc., laboratory simulation based on high pressure and high temperature (HP-HT) experiments, and numerical calculations and dynamic simulations based on computing. If the deep and shallow layers of the Earth are to be studied as a whole, more interdisciplinary cooperation and the combination of time and space are needed, and the exploration with the help of Earth system models integrating big data and artificial intelligence methods. From this point of view, deep Earth science research must be multidisciplinary and multi-dimensional, so that the past history of the Earth can be established and the future of the Earth can be predicted, and it could also help to cast constraints on the evolution of other terrestrial planets and to provide better feedback for deep space exploration.

This strategic report does not intend to cover every point, but hopes to capture some potential directions and challenges that Chinese scientists can contribute to and have a voice in the next 10~15 years, and even anticipates that more influential topics can be proposed by us. To this end, we have selected four main research areas, involving the early Earth, the Earth's internal structure, material circulation and deep engines, deep Earth processes and the habitable Earth, and new technologies and methods in deep Earth studies. In addition, ten major scientific challenges in these four areas and a technical support system that can lead to in-depth scientific research are sorted out. These contents, particularly the linkage between deep and surface Earth systems, form the ideological theme of this strategy report.

一、Top Ten Scientific Questions

1. The Early Earth

The early Earth refers to the Earth in the earliest one billion years, when a large collision and the formation of the earth, core-mantle differentiation, geomagnetic field generation, magmatic ocean evolution and initial continental crust formation, early Earth's hydrosphere-atmosphere formation, and major geological events such as the origin of life and the initiation of plate tectonics took place. It is the starting point of the Earth's evolution and sets the tone for the evolution of the Earth system. The structure, composition and operation of the deep Earth today are the direct consequences of these major events. However, due to the scarcity of geological samples and the limit of research methods, this history is poorly studied, and needs to be strengthened. It is necessary to rely on HP-HT experiments, computational geochemistry and geodynamics, comparative planetology, and planetary accretion dynamics to work together to form a new collaborative research paradigm of solid Earth science, in order to solve the following two key challenges.

(1) Challenge 1: The nature and evolution of the early Earth

The early Earth is one of the cutting-edge research topics at the frontier of Earth science, involving more than a dozen first-order Earth science issues. Relevant studies include: the moon-forming giant impact and its influence on the element contents and isotopic compositions of the Earth, the amount and varieties of late accretion (or late veneer) materials, the dynamics and geochemical constraints on the core-mantle separation and differentiation processes, the sustainment of geodynamo caused by chemical exsolution in the Earth's core, the compositions of proto-atmosphere and prebiotic chemical reactions, the maintenance and escape of proto-atmosphere, the thermal evolution of the Hadean Earth and related pre-plate tectonic regimes, the formation of the first continental crust, the heterogeneity of primitive mantle, the geochronology of early Earth's geologic events, etc.

(2) Challenge 2: The initiation of plate tectonics

The theory of plate tectonics has been proposed for more than 50 years, but its driving forces have remained unresolved, and it is unclear when and how the plate tectonics system started. There are many models about how plate subduction is initiated, such as the density difference between continental and oceanic plates, mantle plume eruptions, asteroid impacts, and large mud cracking. It is also hotly debated when plate tectonics initiated, with models ranging from the Hadean Era, the Early Archean, the Late Archean, Early Proterozoic to the Neo-Proterozoic. Much of the debate lies in the different definitions of the plate tectonic regime. For example, some authors proposed that large-scale subduction of lithosphere into the mantle represented the commencement of plate tectonics, others insisted that global-scale continuous subduction marked the initiation of plate tectonics, and it was also argued that modern-style plate subduction indicated the start of plate tectonics. Therefore, to resolve these debates, it is necessary to first clarify the definition of the plate tectonic system, and to search for early plate tectonic relics on a global scale. Because the physicochemical conditions of the early Earth are of critical importance for geodynamic modeling, multi-disciplinary collaborations of geology, geochemistry, geophysics and geodynamic simulation, together with new techniques such as comparative planetology, big data, AI, and machine learning, are essential to deciphering the initiation of plate tectonics.

2. Earth's Internal Structure, Material Circulation and Deep Engine

Although we have known the Earth's layered structure as early as a century ago, and plate tectonics were discovered more than half a century ago, today, more than ever, we are eager to understand the fine structure and state of the deep Earth, and how it operates and controls the evolution of surface systems. This is because the active Earth's interior is what distinguishes Earth from other terrestrial planets in the solar system; changes in the redox state of the Earth's deep interior and continuous degassing of the mantle constantly change the composition of the atmosphere; convection in the outer core causes the geomagnetic field to change, which plays an important role in protecting the biosphere and hydrosphere; mantle convection is the main driving force for plate movement, which has formed giant orogenic, seismic, arc magmatic and metallogenic belts, putting a huge impact on the state and operation of the three spheres of the surface system. The subduction of plates passes through the layers of the Earth to deliver the material from the surface to the deep Earth, whereas the mantle plume transports the material and energy of the core-mantle boundary back to the surface of the Earth. These two together constitute the main material circulation pathway in the Earth's interior, which is the significant linkage between the surface and the deep Earth.

Due to the inaccessibility of the Earth, our knowledge of the deep Earth is very limited. What is the fine structure of the major boundary layers in the interior of the Earth? What is the composition and power source of the deep engine of the Earth? How does deep Earth material circulate? How have deep engines dominated the evolution of Earth's environment over the past 4.6 billion years? Answers to these questions will be the cornerstones for building new theories in Earth science.

(1) Challenge 3: The complex features of the Earth's interior boundaries and their dynamic effects

The Earth is a highly dynamic planet, and after a long period of evolution, there are heterogeneities in its interior both radially and laterally. The radial heterogeneities are characterized as geospheres that feature distinct seismic wave velocity and density, and are separated by a series of boundaries, e.g., the Moho, the mid-lithosphere discontinuity (MLD) and lithosphere-asthenosphere boundary (LAB), the 410 km and 660 km interface, the core-mantle boundary (CMB) and the inner core boundary (ICB). These boundaries have a high degree of fluctuation in the lateral direction; the physical properties (seismic wave velocity, density, etc.) on both sides of the interface have various forms of variation characteristics, showing jumps, gradients and other complex structures, which are closely related to temperature, mineral phases and chemical composition. In addition to the layering of seismic wave velocity and density, the layered structure of the geosphere is also reflected in the layering of rheological properties. The rheological properties of the lithosphere and mantle are the key factors controlling the movement of mantle convection. They not only affect the dynamic effects of mantle convection such as intensity, shape, and geometric scale, but also directly control the overall tectonic-thermal evolution of the lithosphere, mantle and even the core. Studying the layered structure of wave velocity, density and rheology in the Earth's interior is of great significance to understanding "how the Earth's interior evolved".

(2) Challenge 4: Deep volatiles

A huge amount of volatiles including hydrogen, carbon, sulfur, and nitrogen are stored in the interior of the solid Earth, on a par with or greater than the surface reservoir. Volatile elements in multiple valence states and variable forms are distributed unevenly inside the Earth. Volatile elements are transported in the deep Earth through a variety of geological processes including subduction, fluid activity, melting and volcanic eruption. The storage and transport of volatiles shape the properties and processes of Earth's interior, giving rise to low seismic velocities, electrical anomalies, mantle convection and melting, changes in redox state, ore formation, mid-focus earthquakes, and explosive volcanic eruptions. The exchange between the deep and the surface reservoir affects the formation and evolution of the hydrosphere and the atmosphere, modulates Earth's habitability, and can be linked to the Great Oxidation Event and mass extinction events. The origin, distribution, transportation, evolution, and effects of volatiles are an important frontier of deep Earth studies. Innovation and integration of petrological, geochemical, and geophysical approaches are key to solving important problems including the transport mechanisms and fluxes of volatiles.

(3) Challenge 5: Mantle redox state and its evolution

The establishment of habitable systems on the Earth's surface is closely related to mantle processes. The redox state of the mantle determines the occurrence form of various elements in the mantle, and controls the circulation and migration of different elements between the various layers of the Earth. Therefore, deciphering the evolution of mantle redox states is a key factor in understanding the establishment of surface habitable systems. It is necessary to focus on the redox state of early Earth accretion and core-mantle differentiation; the time limit and mechanism of mantle oxygen fugacity transition after the end of the Earth's core-mantle differentiation; the correlation between the transition of mantle redox state and the oxidation of the Earth's atmosphere; Changes in mantle oxygen fugacity after the onset of Earth plate movement, etc.

(4) Challenge 6: Chemical reservoirs of deep Earth and their origins

The mantle is characterized by distinct chemical heterogeneities. After a long geological evolution, different regions in the deep Earth with obvious differences in chemical composition eventually form different chemical reservoirs, such as EM1, EM2, HIMU, and FOZO. It is known that the genesis of these reservoirs is closely related to the recycling of crustal materials, but it is not clear how exactly the mantle regions at different spatial scales are rebuilt by recycled materials, nor the formation mechanism and timing of deep chemical reservoirs in the Earth. In addition, the interaction between the deep and shallow mantle reservoirs needs to be thoroughly investigated. The spatial distribution of different chemical reservoirs in the deep mantle is revealed by combining with geophysical detection.

(5) Challenge 7: The internal engine in deep Earth

Recent interdisciplinary breakthroughs in high-pressure physics and chemistry have revealed that many epic surface events in the Earth's history were driven by volatile engines in ultradeep rocks and minerals. Subducting slabs of oceanic crust carried hydrous minerals down into the deep lower mantle (>1800 km depth) and subjected water to extreme pressures (>74 GPa) which altered its ordinary physics and chemistry. Water became a strong oxidant that released hydrogen, oxidized deep minerals, and compiled massive oxygen-rich materials above the core-mantle boundary (CMB). Eventually, the excess oxygen at the CMB arose in oxygen-rich plumes toward the surface, and became the main internal engine that dictated major events, such as the Large Igneous Province, the Great Oxidation Event, Mass Extinctions, Snowball Earth, and merging and rifting of supercontinents. The deep Earth research is therefore, opening the new endless frontier of Earth science. If China takes the rare opportunity of its current forerunner position, and continues to support and explore the new direction of deep Earth volatile engine, China can hold the key for consolidating the strategic leadership in Earth science through the path of deep Earth research.

3. Deep Earth Processes and the Habitable Earth

The habitable environment of the Earth is complex and changeable with the evolution of the Earth. Approximately 5/6 of the Earth's history has been a greenhouse climate with no ice sheets at the poles, and there have even been many short-lived extreme heat events, such as the Paleocene-Eocene extreme heat events around 56 million years ago. Icehouse climate is relatively rare in the history of the Earth, but in the Paleoproterozoic around 2.4~2.2 billion years ago and the Neoproterozoic around 720~630 million years ago, a "Snowball Earth" occurred, and the oceans were covered by glaciers in the equatorial region. The oxygen-increasing process of the Earth's atmosphere is also extremely complex, with the Paleoproterozoic Great Oxidation Event occurring around 2.4 billion years ago and the Neoproterozoic Great Oxidation Event occurring around 600 million years ago. Along with the changes in the Earth's atmospheric temperature and oxygen content, the ocean also underwent changes in temperature, pH, redox state and seawater composition, and global oceanic anoxic events and acidification events occurred intermittently. These series of major events are closely related to the major evolutionary events of life on Earth.

Numerous studies have shown that the evolution of the atmosphere, oceans and life on the Earth's surface is closely related to the evolution of the lithosphere and deep mantle. Tectonic movements drive material exchanges between deep and surface systems, especially through volcanic eruptions, weathering, and biogeochemical cycles, which directly affect the habitable conditions of the surface atmosphere and ocean, sedimentary and mineralization processes, and the evolution of life. It is extremely challenging to reveal the evolution process of Earth's habitability and its deep control mechanism at different time scales in geological time, but it is the only way to develop Earth system science. It is recommended to focus on the following three key issues.

(1) Challenge 8: The impact of large-scale volcanism on Earth's habitability

Volcanism is one of the keys to bridge the linkage between the deep Earth and the surface system, and is of great significance in the formation and evolutional development of Earth's habitability. However, it is still unclear how different types of volcanic activities affect the climate and the environment at different time scales, and the chain reaction mechanism that volcanic activity triggers in the oceanic, continental, and atmospheric spheres. Why are some volcanic activities conducive to the growth of organisms, while others lead to the extinction of life? Precise dating of volcanic activity, assessment of the temporal and spatial effects of volcanic activity on climate and environment, and construction of quantitative paleoclimate models related to volcanic activity are effective ways to resolve the above confusion.

(2) Challenge 9: Geo-thermostat and stability mechanism of the climate system

One of the key issues regarding the habitability of the Earth is how the Earth's climate maintains its long-term stability over a history of more than 4 billion years so that a continuous evolution of life can be guaranteed. The Gaia hypothesis provides a philosophical insight assuming that all organisms and their inorganic surroundings on Earth are closely integrated to form a single and self-regulating complex system to maintain the conditions for life on the planet. However, the specific mechanism of how the life system maintains a habitable environment is unclear. The weathering hypothesis provides a solution involving the carbon cycle based on the negative feedback between the rate of weathering CO_2 consumption and climate. Nonetheless, the weathering dynamics that maintain the operation of the weathering geo-thermostat are still highly debated. The processes associated with deep solid Earth may be the key to this issue for at least two reasons: ① the basalt associated with the eruption of LIP shows a high capacity of weathering CO_2 consumption and high-temperature sensitivity of weathering rate; ② the solid Earth degassing also helps to replenish atmospheric CO_2 to maintain the weathering reaction. Thus, the responses of life, environment, and weathering to solid Earth events such as LIP eruption, initiation of plate tectonics, and supercontinental cycles may provide the most important geological evidence to test the Gaia theory and the hypothesis of weathering geo-thermostat.

(3) Challenge 10: Major geological events and Earth's habitability

The complexity and variability of the Earth's habitable environment are the result of complex interactions among the Earth's surface lithosphere, hydrosphere, atmosphere, and biosphere, and the evolution of surface systems is controlled by Earth's internal processes. Revealing the deep processes of major geological events in the surface system at different stages of the Earth's evolution and its impact on the surface environment and biological evolution is crucial to understanding the evolution of Earth's habitability. It is essential to focus on the impact of major geological events such as Snowball events, Great Oxidation events, extreme heat and oceanic anoxic events, and supercontinent aggregation and breakup on the habitability of the Earth. The key to answering these questions is to adopt the thinking of Earth system science, develop new theories and methodological systems, build a database of various records of related geological events from a global perspective, strengthen the collaboration of different branches of Earth science, focus on the influence of deep Earth processes on surface processes, and construct of a new numerical model of the Earth-life system.

二、New Technology and Methodology in Deep Earth Studies

The 21st century has witnessed rapid development in science and technology, featuring two major trends. Firstly, new technologies and methods are playing an increasingly important role in innovative research; and secondly, there is a strong demand for interdisciplinary integration. If we want to get rid of the conventional scientific research paradigm of follow-up and imitation, it is indispensable to have both scientific innovation and technological breakthroughs. In addition to identifying the true worthy scientific research directions by ourselves, we must also be able to establish a package of technical R&D that can stimulate and promote scientific research on deep Earth.

Investigations on the deep Earth can be carried out through four main approaches, including geochemical research based on deep sourced and meteorite samples, geophysical survey based on seismic waves, etc., HP-HT experimental simulation conducted in a laboratory, and numerical calculations and dynamic simulations based on computing. Since deep Earth study also aims at illustrating the connection between the deep Earth and surface systems, high-precision dating techniques are required to produce a unified temporal scale for diverse geological events and processes. Additionally, the Earth system model based on Big Data and artificial intelligence is also required to quantitatively demonstrate the interactions between different layers. We therefore suggest the following methodology/technology as the priority development sectors in the future study.

1. Deep geophysical probing technology

Ageophysical signal survey can provide deeper and wider high-resolution *in-situ* constraints on the Earth's interior relative to any other Earth science means. It plays an irreplaceable role in deep Earth study. For the large-scale detection in the mantle depth, most of the constraints are observed by using seismological and electromagnetic methods. Specifically, seismological techniques, including ambient noise imaging, finite-frequency seismic tomography and full-waveform inversion, repeatable active seismic source, dense short-period seismic array, and fiber-optic seismograph and rotational seismology, should be paid close attention in future upgrade and refinement. Deep electromagnetic sounding methods that utilize electromagnetic signals from various natural sources in the near-Earth space should be revisited to construct the regional and/or global 3-D conductivity models deep in to the mantle. At least three aspects need to be focused on in the future: ① optimization of the instrument- and data-sharing platform in order to promote the onshore-offshore geophysical surveys, especially on the continent-ocean transition; ② to improve the accuracy and resolution of the deep Earth in-situ imaging and to surpass the limits of traditional geophysical methods; ③ to carry out more quantitative and multi-scale investigation of the lower mantle and core.

2. HP-HT simulation technology

One of the major challenges for deep Earth science is that the properties of minerals and rocks become unknown as the depth of the Earth increases, and HP-HT simulations that study deep Earth materials by reproducing the deep Earth conditions in the laboratory have thus become the frontier of today's Earth science. For decades, the combination and development of HP-HT experimental techniques and various measurement methods, particularly the third-generation synchrotron radiation technique, have essentially covered the exploration of the entire temperature and pressure range (0~360 GPa, 300~6,000 K) of the Earth's interior, greatly deepening our knowledge of the deep Earth. High-pressure techniques mainly include static compression using a diamond anvil cell and large press, as well as dynamic compression using a gas gun and laser shock wave. High-temperature techniques include laser and resistance heating. The in-situ measurement of properties of materials at HPHT mostly relied on modern synchrotron radiation techniques, of which key techniques include (but are not limited to) radial diffraction, X-ray spectroscopy, nano-imaging, and inelastic X-ray scattering, etc. In recent years, China's deep Earth science level has shown a rapid leap forward. At the time of the construction of the Shanghai Synchrotron Radiation Light Source Phase II and the establishment of the Beijing High Energy Synchrotron Radiation Light Source, mastering the new generation of synchrotron radiation technology is the key for China to enhance its leading position in deep Earth science.

3. Computing simulation technology

Large-scale computing simulation is one of principle approaches in investigating deep Earth's properties and processes. It is composed of two main categories. One is to simulate the deformation and movement of the deep Earth by numerical calculation on a long-time scale and then to construct a large-scale, sophisticated dynamic model of deep and surface Earth coupling. The other concerns are first-principle calculations based on quantum mechanics, which can easily reach HP-HT conditions and generate results with precision comparable to experimental data. Therefore, they are complementary to HP-HT experiments and have been extensively used to investigate the structure, equation of state, thermodynamics, elasticity, diffusion, thermal conductivity, element partitioning, isotope fractionation and so on. The main disadvantage of both methods is that the calculations are rather expensive. Combing with machine learning technology by using first-principle data as training data has the potential to overcome the bottleneck of first-principle calculations, where one can apply the calculations to a more complicated system and investigate more properties (e.g. HP-HT phase diagram of the multi-component system) than usual with first-principle precision. It is believed that this will promote innovative applications of first-principles calculation in Earth science. Another major challenge faced by geodynamic computation modeling is how to establish a multi-sphere evolution model of deep Earth coupled with hydrosphere and atmosphere.

4. Geochemical tracing system

Geochemistry is indispensable to understanding deep Earth processes. Isotopes are part of the geochemistry toolbox and are arguably one of the most powerful means. New developments and challenges in theory, analytical techniques, and observation emerge in the application of geochemistry to deep Earth processes. *Theory*: Classic but simplified theories fail to predict equilibrium isotope fractionation at high temperature/pressure conditions, and more factors including anharmonicity, hyperfine coupling, and nuclear field that may be prevalent in deep Earth processes should be considered. High-dimensional isotope effects, which have been widely used in studying planetary surfaces and atmospheres, recently led to new findings in deep Earth science such as tracking mantle heterogeneity and plate tectonics. Non-equilibrium isotope effects in deep Earth processes (e.g. diffusion) have been observed but their physical principles are poorly understood. A quantitative and mechanistic exploration of such parameters is urgently needed. *Analytical Techniques*: Stable isotope ratio measurement has been propelled by generations of new mass spectrometry designs and improved electronics. Orbitrap mass spectrometry, multi-collector inductively coupled plasma mass spectrometry coupled with gas or ion chromatography, multiply charged atomic ions for isotope ratio mass spectrometry, and high-resolution spectroscopy are all emerging approaches for high-mass-resolution isotopic analysis of deep Earth materials. For precious samples, nano-scale secondary ion mass spectrometry is one of the most powerful techniques to date in high-spatial-resolution analysis. *Observation*: To test new ideas, direct measurements of deep Earth samples are highly desired. Future efforts should seek to develop experimental devices for sampling or even in-situ measurements, to venture into planetary sciences that provide excellent reference frames for solid Earth processes, and to establish long-term collaborative relationships and bases with global scientists to mitigate what the territory of China is missing geologically.

5. High-precision geological dating techniques

Geochronology provides time coordinates to determine the timing and timescales of geological events, which is fundamental for quantitative understanding of the causality and co-evolution of these events. In the new century, significant technical advances have been achieved in geochronology, mainly involving improvements in precision, spatial resolution and efficiency of radiometric dating. The precision and accuracy of CA-ID-TIMS zircon U-Pb, $^{40}Ar/^{39}Ar$, Re-Os, and U-Th were improved dramatically. Accelerated by community-driven initiatives such as EarthTime, the integration between geology and other disciplines of Earth sciences was significantly enhanced. In the future, continual improvements in geochronology will facilitate a more comprehensive understanding of the co-evolution of life and environment from an Earth system perspective. These efforts will be complemented by chronological constraints when relative dating techniques (e.g., magnetostratigraphy and diffusion chronometry) and Big Data science are employed. We are confident that geochronology will continuously serve national strategies in Earth and Planetary Science and beyond.

6. Constructing Earth system models

The research paradigm of Earth science is being changed, and Earth science has entered a new era of quantitative research using Earth system models. The Earth System Model, represented by the Community Earth System Model/isotope-enabled CESM (CESM/iCESM), is widely used to comprehensively simulate the atmosphere, ocean, sea ice, land surface, land vegetation, biogeochemistry of the ocean, etc., to predict the Earth's carbon and water cycles. However, the study of deep-time Earth system models is still in a preliminary stage, facing obstacles such as lack of model boundary conditions, terrestrial climate factors, precise definitions of atmospheric components, etc., which brings a series of major challenges to the comparison of past and present climates. There are very few researchers engaged in deep-time Earth system models in China, and attention should be paid to this emerging direction in line with the development trend of Earth system science. Key future directions of the deep time Earth system model include: ① the key inspiration from paleoclimate to our future climate change, ② the causes and consequences of extreme climate in deep time, ③ the co-evolution of organisms and environment through time, and ④ the interactions between the Earth's surface environmental change and deep Earth processes.

If the revolutionary achievement of solid Earth science in the 20th century is the theory of plate tectonics, then the major breakthroughs in Earth science in the 21st century are expected to appear in the field of Earth system science, as it integrates multiple sphere interactions. In the late 20th century, western countries began to deliberately strengthen the scientific investment in the field of deep Earth study. Even though the deep Earth research in China started relatively later, our development acceleration in recent years has surpassed many other countries, and some exciting achievements have gradually gained the attention of the international geoscience community. In particular, with the implementation of large-scale comprehensive scientific research projects, such as the NSFC major research plan of "Destruction of the North China Craton", the "Sino-Probe" supported by the Ministry of Science and Technology, and the Chinese Academy of Sciences' strategic priority project of "Linking Earth's Interior processes and Surface system", we have gathered and trained a competitive reserve talent team, consolidated China's research foundation in this field, and showed a great development prospect.

Standing at this intersection of historical changes and scientific and technological revolutions, which may occur once in a blue moon, Chinese scientists in the field of deep Earth should promptly respond to the national "Deep Earth" strategy, follow the main stream of scientific development, and focus on the key issues in the frontier of Earth science, such as the nature and evolution of the early Earth, the internal structure, component and material recycling of the Earth, the linkage mechanism of the internal and surface systems of the Earth, new technologies and new methods in deep Earth studies. In addition, we need to carry out large-scale, multidisciplinary and comprehensive research, start a new paradigm of collaboration in geological natural observation, experimental and computational simulation, and try to promote the scientific research of solid Earth in our country and to be poised in a leading position in the new round of global scientific and technological competition.

目　　录

第一章

深地科学前沿领域的科学意义与战略价值

深地、深海和深空探测是我国的国家战略。与发展迅猛、影响巨大的深海和深空探测工程相比，深地探测及相关科学研究略显沉闷。这一方面与深地探测较深海和深空探测更难有些许关系；另一方面也与人们对深地科学领域的重大科学意义与战略价值认识不足有关。站在百年未遇的历史变革和科技革命的交汇点，充分梳理深地科学前沿领域的重大科学问题，阐明其在发展现代地球科学理论、服务社会和国家需求的战略价值显得格外重要。

探索未知是自然科学研究永恒的主题。探索人类居住星球的起源与演化是地球科学的使命，而活跃的地球内部是地球区别于太阳系其他类地星球的首要特征。地球内部作用不仅直接导致了诸如大型低剪切波速省（large low shear velocity provinces，LLSVP）、超低速带（ultra-low velocity zones，ULVZ）、地核发动机（geodynamo）等深部巨型构造的发育（Condie，2005；Holland and Turekian，2014；Schubert，2015），而且也是引发陆壳生长、板块构造（plate tectonics）启动、大陆聚合裂解、大氧化、大洋缺氧、雪球地球（Snowball Earth）、大火成岩省（large igneous province，LIP）、生命大爆发、生物大灭绝（mass extinction）等一系列重大事件的首要驱动力（Langmuir and Broecker，2012；朱日祥等，2021）。可以说，地球深部是地球系统整体运行的引擎。只有深刻了解地球引擎的性质和运行机制，才能有效地揭示地球系统中不同圈层相互作用的本质，促进地球系统科学的发展。

1. 深地过程控制了地球宜居性演化

地球是太阳系中目前唯一确认有生命活动的星球，具有高度演化的适合人类生存的宜居性环境。这是地球内部圈层（地壳、地幔、地核）和地表圈层（水圈、大气圈、生物圈）长期相互作用的结果。其中，地球深部过程对地表的塑造尤为重要，地球的去气作用主导了水圈和大气圈（甚至早期生命）的诞生与演化，地球内部产生的地磁场保护了地表生命免受太阳风伤害，由地球深部过程控制的地壳风化作用是有效的地质恒温器。深地过程是地球之所以成为宜居性星球的关键所在。

2. 深地过程驱动了整个地球系统的运行

与其他星球相比，同时拥有活跃的内部动力系统和外部板块运动是地球独有的特征。在地幔对流的驱动下，自上而下的板块俯冲把地表物质输运到地球深部，而地球内部物质又被地幔柱自下而上传输到浅部地球和地表。两者是联系地球内部圈层和地表圈层的桥梁，也是地球圈层联动和互馈的重要纽带。在这个框架下，地球内部圈层间以及地球内部与地表圈层间，可以不断发生物质与能量的交换、反应和循环，像人体一样构成了一个完整的动态系统。因此，深地是这个系统运行中必不可少且最为关键的一环。

3. 深地过程与人类社会发展息息相关

地球深部是尚未被人类开发利用的巨大资源宝库，也是关系到经济社会可持续发展乃至国家安全的战略性领域。地球内部长期以来的物质运动和能量转换，造就了地表丰富的矿产资源，同时也是造成火山、地震、海啸等重大自然灾害发生的根源。自诞生以来，人类的发展史就是对矿产资源的不断发现、开发整合和合理利用，以此完善人类社会分工、提高资源利用率、推动社会发展、促进文明进步和合理规避灾害。深地过程控制着成矿元素与挥发分的运移和循环，影响着地表的环境变化、自然灾害和生物进化，制约着矿产资源的分布和化石能源的积聚，并最终维持着地球生态系统功能和社会经济系统发展。

4. 深地科学是世界科技竞争的必争之地

目前，人类对深地的认知程度还非常有限，远远没有达到对深空和深海的认知水平。地球内部超过 99% 的部分，都处于超过 10000 个标准大气压和 500℃ 的极端温压条件下，且充满岩石难以进入，隐藏着地球最大的奥秘。深地研究因此是地球科学基础研究和理论体系突破的关键所在。也正因如此，深地科学正成为地球科学新的学科制高点，是世界各国竞相布局、争取率先突破的着力点。

近 20 年来，世界主要大国均对深地研究给予了高度重视。美国国家科学基金会（National Science Foundation，NSF）发布的"地球科学远景"（GeoVision）咨询报告，系统阐述了 2010～2020 年地球科学 10 个前沿问题，将早期地球（early Earth）和地球内部动力学及与地表圈层的关联列为重点关注方向；在随后发布的"时域地球"（Earth in Time）规划报告中，统计归纳出 2020～2030 年地球科学 12 个科学优先问题，其中 10 个与地球内部火山作用、地震活动、板块构造、元素循环及其与地表圈层的相互作用有关。在此基础上，NSF 先后启动了"地球透镜"（Earth Scope）、"地学棱镜"（GeoPrism）和"地球系统动力学前沿"（FESD）等大型深地计划，旨在培育有望取得重大突破的领域，提高人类对地球及其子系统自修复能力的认识。为了进一步揭示深部地球过程和物质循环，德国牵头欧盟多国启动了"地壳到地核"重大深地研究计划，美国斯隆基金会（Sloan Foundation）启动了"深碳观测"全球重大深地研究计划，英国自然环境研究理事会（Natural Environment Research Council，NERC）启动了"深部挥发分"（Deep Volatiles）重大深地研究计划。这些研究计划的实施，使得美国、德国、英国等国家在深地科学多个学科方向处于领跑位置。

习近平总书记在全国科技创新大会上提出"向地球深部进军是我们必须解决的战略科技问题"。国务院 2016 年印发的《"十三五"国家科技创新规划》面向 2030 年"深度"布局，要构筑国家先发优势，围绕"深空、深海、深地"发展保障国家安全和战略利益的技术体系；国家自然科学基金委员会（National Natural Science Foundation of China，NSFC）地球科学部将"三深一系统"（即深地、深空、深海、地球系统科学）作为"十四五"发展规划，将地球深部动力学、地球－生命协同演化和宜居地球的探索列为资助重点；中国科学院启动了战略性先导科技专项（B 类）"地球内部运行机制与表层响应"，对深部内部和表层系统的联系开展大跨度、多学科交叉融合研究；"国家科技创新 2030——地球深部探测重大项目"也已到最后的论证阶段。由此可见，深地过程及相关的地球内外圈层联动研究，是推动我国固体地球科学研究实现从"跟跑"向"并跑"，最终到"领跑"的根本性转变的重要机遇（Liu and Mao，2021）。

实施"深地"国家战略，需要科学创新与技术攻坚并举。本书提出深地科学前沿研究中需要关注的十大科学问题，以及在研究这些重大问题时需要建立的技术体系，以期推动我国固体地球科学研究向世界顶尖水平进军，并在新一轮全球科技竞争中赢得战略主动。

本章参考文献

朱日祥，侯增谦，郭正堂，等. 2021. 宜居地球的过去、现在与未来——地球科学发展战略概要. 科学通报，66(35): 4485-4490.

Condie K C. 2005. Earth as an Evolving Planetary System. Amsterdam: Elsevier Academic Press.

Holland H D, Turekian K K. 2014. Treatise on Geochemistry. Oxford: Elsevier.

Langmuir C H, Broecker W. 2012. How to Build a Habitable Planet: The Story of Earth from the Big Bang to Humankind. Princeton: Princeton University Press.

Liu J L, Mao H K. 2021. Yi-Gang Xu: The Earth's deep interior holds the key to habitability. National Science Review, 8(4): nwab018.

Schubert G. 2015. Treatise on Geophysics. 2nd Edition. Oxford: Elsevier.

第二章

前沿领域的现状及其形成

第一节 深地前沿领域的形成回顾

地球是一个由地壳、地幔和地核组成的巨大系统，是一个内部活跃的动态行星。深部地球是驱动地球系统运行的发动机，地球的起源、演化和诸多动力学过程都受深部地球控制，地表所观测到的环境变化、生命灭绝、自然灾害、矿产资源、地形地貌、地球化学特征和地球物理学异常等现象与过程也往往显著受到深部地球作用的影响（董树文和陈宣华，2018；Mao and Mao，2020）。因此，深地科学是地球系统科学研究的核心，也是破解地球奥秘的"钥匙"。

人类从科学角度上对深部地球的探索可追溯到 20 世纪初期。欧洲一些地球物理学家通过地震波探测分析，在 1906～1914 年先后发现了地核、壳幔边界和核幔边界（core-mantle boundary，CMB），之后在 1936 年发现了内核，至此地球内部的壳、幔、核多圈层结构基本完全确立（Schubert，2015）。进入 20 世纪中期后，微量元素地球化学和同位素示踪技术的广泛应用和快速发展，以及地球物理学研究中波速、电导、重力、噪声等各种探测技术的不断涌现和完善，为深地科学研究的发展提供了重要的技术支撑。尤其是研究手段的丰富、探测和示踪技术的精准化带动了地球科学理论的革命；板块构造理论和地幔柱学说在 20 世纪 70 年代前后相继诞生，更是革命性地将板块俯冲、地幔对流等深部过程与板块漂移、变质变形、沉降抬升等地表过程联系起来。深部地球与地表圈层之间也由自上而下的俯冲作用和自下而上的地幔柱作用相联系起来。

21 世纪的深地科学进入了新的发展阶段，呈现出两个明显的发展趋势。一是新技术、新方法在创新发现中的作用越来越大。地球深部看不见、摸不着，需要借助四种方法加以研究，即基于深源样品和陨石样品的岩石学和地球化学研究、基于地震学等的地球物理探测、通过实验模拟高温高压下地球深部的状态和反应，以及利用计算机辅助的数值计算和动力学模拟。例如，目前实验模拟的温压范围已对地壳到地核条件进行了全覆盖，据此发现深下地幔新矿物（包括后钙钛矿等）以及核幔条件下的新化学反应；新的地震学探测方法也揭示出核幔边界的精细结构等，前所未有地展示出丰富多彩的地球深部世界。二是从不同学科相对孤立探索研究转而强调多学科交叉融合，以及地球内部不同圈层间和地球内部与外部不同圈层间的密切联系。例如，深部地球物理探测（deep geophysical probing）所揭示的位于核幔边界的 LLSVP 为研究大火成岩省、金伯利岩的成因搭建了深部构造框架（Burke et al.，2008），也为揭示地幔端元组分在地球深部的空间分布规律打开了一扇新的窗口（Jackson et al.，2018）。

深地研究吸引了世界大国的广泛关注，也是各国地球科学前沿研究的必争之地。地球内部如何运行，被《科学（*Science*）》列为重大前沿科学问题之一。美国、德国、英国等老牌科研强国纷纷启动了多项重大研究计划，对深地过程和作用开展研究，深地前沿领域就是在这种情况下应运而生的。可以说，世界各国当下对深地研究的重视程度将直接决定未来大国的地球科学研究格局以及科研博弈走向。在我国，"深地"已经被列入国家发展战略，是实施"向地球深部进军"和面向 2030 年科技创新规划"深度"布局的关键支撑点；国家自然科学基金委员会、自然资源部、中国科学院等部门和机构先后启动了多项大型深地研究项目。系统开展深地研究，不仅是解决人类生存的适宜环境和资源充足供应等重大问题的重要前提，也是深入了解月球、火星、小行星带等类地星球的关键基础。

第二节　我国深地领域研究现状

地球内部是一个复杂的多元体系，与地表圈层高度关联。因而深地研究具有鲜明的多学科、多尺度和系统性特色，这充分体现了地球科学作为一门综合系统科学的特点。进入 21 世纪以来，我国深地研究在人才培养和引进、国际合作、平台建设、科研成果、经费投入等方面取得了较大进步，科技创新竞争力大幅提升。主要体现在以下方面：①高水平科研人才储备不断加强，中青年科研人员大多经过了系统的国外培训并具有较高的国际视野；②与发达国家间的科研合作进入常态化，国内外学术交流的壁垒有了极大改观；③部分单位配备的仪器设备和技术平台，已经比肩甚至超过了发达国家；④高水平学术论文和创新性成果产出，无论是数量还是质量均直追美国、英国、法国等老牌科研强国；⑤研究投入上不断得到加强，先后组织实施了包括国家自然科学基金委员会"华北克拉通破坏"重大研究计划、国土资源部"深部探测技术与实验研究专项"和中国科学院战略性先导科技专项（B 类）"地球内部运行机制与表层响应"等在内的大型综合科研项目。

在研究领域上，深地研究强调地球科学不同学科的交叉合作；在研究范畴上，深地研究关注地球诞生以来 46 亿年时间尺度（timescale），以及地心到地表乃至地外星体空间尺度上的耦合关系；在研究性质上，深地研究注重地球深部过程与地表系统间物质与能量的循环交换。经过近十几年的探索和努力，我国在深地探测和部分相关研究领域快速实现了从"跟跑"国外到"并跑"的转变，总体发展势头良好。近年来我国深地研究取得了许多国际领先的科研成果，代表性工作（但不限于）有：①核幔边界附近的水－岩反应会产生特殊富氧物质，有可能显著影响地表多种重大地质事件（Liu et al.，2017；Mao and Mao，2020）；②通过对岫岩陨石坑中超高压矿物的研究，发现下地幔的重要组成矿物——毛河光矿（Chen et al.，2018）；③地震波成相研究发现 660 km 深度具有与地表类似的小尺度起伏，揭示地幔对流模式不是单纯的全地幔对流或分层对流（Wu et al.，2019a）；④发现克拉通岩石圈不是一成不变的，古太平洋板块俯冲、东亚大地幔楔、燕山运动、华北克拉通破坏，甚至晚中生代燕辽－热河等陆生生物群的演化都可能是地球系统运行在东亚不同圈层的具体体现（Wu et al.，2019b；Zhou et al.，2021）；⑤用金属稳定同位素示踪深部碳循环，揭示东亚大地幔楔为一个巨大的碳库和水库（Li et al.，2017）；⑥地层中多种金属元素的异常组成表明，华南周缘大规模酸性火山喷发是造成二叠纪末生物大灭绝的一个重要诱因（Zhang et al.，2021）。这些工作都具有突出的多学科交叉和强系统性特征。

虽然发展速度很快，但是我国深地科学研究也面临一些严峻问题。首先，虽然目前相关领域科研人员的总数较为可观，但多分散于国内不同研究机构，缺乏具有国际影响力且组织性强的研究队伍，也未建成能比肩美国卡内基研究院、德国波茨坦地学研究中心、日本东京大学等世界知名的深地研究机构。其次，仪器设备方法创新方面较为薄弱，专业技术人才储备严重缺乏，深地研究大科学装置仍然不足，常用的各种仪器设备仍然严重依赖发达国家进口。再次，自然融合的多学科协同创新工作模式仍比较稀缺，科研资源整合和有效利用的机制存在不足，顶层设计有待进一步加强，需要国家通过资助重大科技项目或科技计划凝聚国内分散但精干的研究力量开展团体协作，也急需在学术共同体内形成共享、交流、合作的科研氛围。最后，我国学者对地球内部的探索，较多关注 100 km 深度以浅的部分或者近地表过程，超深地研究的人员队伍相对来说还十分不足，学科不均衡现象较为严重，人才储备或者说人员基数方面有待进一步加强。

第三节　我国在深地领域的国际地位

地球内部超过 98% 都位于地下 100 km 深度以下，这是地球最神秘也是最重要的部分。深地研究的布局和耕耘，有可能凝练出具有重大理论突破意义的科学问题。如果说固体地球科学在20世纪的革命性成果是板块构造理论，那么在21世纪的重大突破就很可能出现在包括深地在内的地球内外圈层相互作用的地球系统科学。深部地球与地表资源、环境和宜居性等方面具有联动的耦合关系，深地研究显然是深刻认识地球内外圈层（或者说整个地球自身）的关键所在。

美国、英国、德国、法国、日本等发达国家，在20世纪后期就开始有意识地加强深地领域的投入和研究。相较之下，我国的深地研究总体上起步晚，与国际水准相比还存在明显差距，这主要体现在以下几个方面。

（1）原创性的理论有所不足，引领相关领域研究的世界级成果总体上依然缺乏，相当一部分国内研究是在验证或丰富国外学者的工作模型和框架。

（2）原创性的重大技术和新方法突破较为不足，具有国际认可度的科研分析测试设备自主研发意识不够，相关仪器领域几乎完全被发达国家把控。

（3）缺乏专门应用于深地研究的大型实验平台和大科学装置，深地研究的经费投入和资源整合有效利用方面相较于发达国家仍然落后。

然而，近年来我国深地研究发展的加速度已经超过了世界他国，一些突出的成果也逐渐引起了国际学者的关注，特别是前述的深地重大项目的实施，凝聚和锻炼了后备人才队伍，大大提升了我国在深地科学领域的国际地位，展示出了良好的发展前景。

国家自然科学基金委员会关于地球科学围绕"三深（深地、深海、深空）"和"一系统（地球系统科学）"的总体布局，也为深地科学的发展注入了新的活力。相对于"深海"和"深空"来说，深地前沿领域的基础研究具有难度大、复杂度高和探索性强的特点，但它的每一点进步都加深了对整个地球系统的认识，对资源环境、行星宜居性以及地球科学其他学科（包括行星科学）发展的反馈也相当可观。围绕国家深地战略，聚焦早期地球性质与演化、地球深部结构与物质组成和循环、地球内外系统的联动机制、深地科学研究中的新技术和新方法等前沿方向，我国深地研究的未来充满希望。

本章参考文献

董树文，陈宣华. 2018. 深地探测：地球和自然资源科学的研究前沿. 前沿科学，3：84-87.

Burke K, Steinberger B, Torsvik T H, et al. 2008. Plume generation zones at the margins of large low shear velocity provinces on the core-mantle boundary. Earth and Planetary Science Letters, 265: 49-60.

Chen M，Shu J F, Xie X D, et al. 2018. Maohokite, a post-spinel polymorph of $MgFe_2O_4$ in shocked gneiss from the Xiuyan crater in China. Meteoritics & Planetary Science，54 (3): 495-502.

Jackson M G, Becker T W, Konter J G. 2018. Evidence for a deep mantle source for EM and HIMU domains from integrated geochemical and geophysical constraints. Earth and Planetary Science Letters, 484: 154-167.

Li S G, Yang W, Ke S, et al. 2017. Deep carbon cycles constrained by a large-scale mantle Mg isotope anomaly in eastern China. National Science Review, 4: 111-120.

Liu J, Hu Q, Kim D Y, et al. 2017. Hydrogen-bearing iron peroxide and the origin of ultralow-velocity zones. Nature, 551: 494-497.

Mao H K, Mao W L. 2020. Key problems of the four-dimensional Earth system. Matter and Radiation at Extremes, 5: 038102.

Schubert G. 2015. Treatise on Geophysics. 2nd Edition. Oxford: Elsevier.

Wu F Y, Yang J H, Xu Y G, et al. 2019b. Destruction of the North China craton in the Mesozoic. Annual Review of Earth and Planetary Sciences, 47: 173-195.

Wu W, Ni S, Irving J C. 2019a. Inferring Earth's discontinuous chemical layering from the 660-kilometer boundary topography. Science, 363: 736-740.

Zhang H, Zhang F F, Chen J B. et al. 2021. Felsic volcanism as a factor driving the End-Permian mass extinction. Science Advances, 7(47): eabh1390.

Zhou Z H, Meng Q R, Zhu R X, et al. 2021. Spatiotemporal evolution of the Jehol Biota: Responses to the North China craton destruction in the Early Cretaceous. Proceedings of the National Academy of Sciences of the United States of America, 118(34): e2107859118.

第三章

深地科学前沿 I——早期地球

早期地球是指最早十亿年时的地球（46 亿～36 亿年前），那时发生了包括大碰撞与月球形成、核幔分异、地磁场产生、岩浆洋演化与初始陆壳形成、地球早期水圈 - 大气圈形成、生命起源、前板块构造（pre-plate tectonics）运动、板块构造启动等重大地质事件。地球独特宜居性的形成，其中的关键问题是如何获得及保存挥发分。这不仅与地球增生（Earth's accretion）过程有关（即受到特殊类型的大碰撞事件的控制），也与地球岩浆洋固化过程和早期垂向构造运动有关（即完成挥发分的转移和分布）。同样地，新生地核和地幔的分离是地球形成的里程碑事件，使得各大圈层物质和能量重新分配，是地球演化的起点，为地球系统的演化奠定了基调；现今地球深部的结构、成分及运行方式是这些重大地质事件的直接后果。正因如此，早期地球历来是国际地球科学研究的前沿和热点。近 10～15 年，国外科学家在早期地球研究方面取得了大量突破性进展（Carter et al.，2015；Georg and Shahar，2015；Walker et al.，2015；Dauphas，2017；Genda et al.，2017；Javaux，2019；Cano et al.，2020；Guo and Korenaga，2020；Hyung and Jacobsen，2020）。

地球漫长的演化历史，特别是由于全球性垂直和水平构造运动的存在，地球早期历史的地质记录很难保存。因此，早期地球研究涉及的许多一级地球科学问题，如地球增生建造物质的种类及挥发分的获取、地球经历的大碰撞数量和方式、大碰撞事件与现今核幔边界结构的联系、岩浆洋的规模及其固化过程、前板块构造运动的方式和后果等，都需要依靠岩石地球化学、高温高压实验、计算地球化学、计算地球动力学、比较行星学、行星增生动力学等进行联合攻关，属于新的固体地学研究范式。

本章涉及该领域中两个重要科学问题：早期地球的热状态和演化路径与板块构造的启动时间及启动机制。

第一节　早期地球的热状态和演化路径

一、月球形成大碰撞与后期加积

原始地球的增生过程在很大程度上决定了地球最初的热－物理－化学状态，是地球早期演化的起点。目前普遍认为地球的增生过程经历了以下几个阶段：从直径小于微米的星尘（dust）凝聚成直径达千米级别的星子（planetesimal），再由星子聚集成直径达数百至上千千米的星胚（planetary embryo），这些星胚在增生晚期经历了一系列大碰撞事件（Giant Impact），最终形成原始地球。由此可见，原始地球的增生过程伴随着温度的升高、挥发分的反复丢失与凝聚、金属相与硅酸盐相的分离、硅酸盐的多次熔融与结晶等多种复杂过程。

尽管近年来随着研究的不断深入，学界在地球增生的理论模型上已基本达成共识，但在诸多关键问题上仍存在激烈的争论，尤其是在涉及地球增生最晚期的两个关键过程——月球形成大碰撞和后期加积（late veneer 或 late accketion）过程。

（1）月球形成大碰撞事件被广泛认为是原始地球增生过程中的最后且最重要的一次全球事件，大碰撞之后原始地球不仅达到了其现今质量的约99.5%，也基本上完成了硅酸盐和金属相的分离。因此，月球形成大碰撞决定了原始地球最初的物理化学状态（Canup，2012；Lock et al.，2018），但是人们目前无法回答这次大碰撞究竟是高能还是低能大碰撞，以及这两种碰撞形式的热通量和地球化学响应究竟如何。

（2）在月球形成大碰撞之后，后期加积事件仅仅贡献了占现今地球总质量0.3%～0.8%的物质，但是这些物质关系到地球上的水等其他重要组分〔碳、氮、强亲铁元素（highly siderophile elements，HSE）等〕的来源问题，是地球宜居性形成的起点。然而，目前针对后期加积的物质量及其同地球上挥发分物质的来源关系仍存在激烈的争论（Becker et al.，2006；Fischer-Gödde et al.，2015；Fischer-Gödde and Kleine，2017；Greenwood et al.，2018；Marchi et al.，2018；Zhu et al.，2019），急需引入新的研究思路和方法开展相关工作。

除月球形成大碰撞与后期加积外，近些年来针对地球形成的原始组成物质的来源的争论也日趋激烈（Fischer-Gödde and Kleine，2017；Fischer-Gödde et al.，2020）。需要强调的是，月球形成大碰撞及后期加积这两个过程在很大程度上改变了地球的热状态，同时巨大地改造了原始地球的地幔物质组成，因此只有准确厘定这两个过程的具体细节和物理化学效应后，才能准确地推测地球的初始演化的起点。

1. 月球形成大碰撞对地球挥发性元素含量及同位素组成的影响

月球形成大碰撞深刻影响了早期地球的热-物理-化学状态，重置了地球的成分和结构，是早期地球演化的起点。最为人知的经典大碰撞模型（Canup and Asphaug，2001）面临无法解释地月系统间同位素组成相似性的困境，被行内称为大碰撞假说的"同位素危机"。为了解决该问题，学界不断提出新的大碰撞模型，如行星-吸积盘平衡模型（Pahlevan and Stevenson，2007）、小的星胚（0.5个火星质量）与高速自旋的原始地球碰撞模型（Ćuk and Stewart，2012）、质量相近的原始地球大碰撞模型（Canup，2012）、碰撞-逃逸模型（Reufer et al.，2012）、多次碰撞模型（Rufu et al.，2017）、"星巢"（synestia）模型（Lock et al.，2018）及外覆岩浆洋碰撞模型（Hosono et al.，2019）等。以上模型均能满足一级观测事实，包括月球具有较低的密度（3.34 g/cm³）、较大的质量和角动量、中等易挥发性和极易挥发性元素严重缺失、全月性的熔融事件（岩浆洋假说）等。然而，这些模型均有各自的缺陷。

上述不同的模型涉及的碰撞能量差异巨大，对早期地球的影响差异巨大。如果是经典大碰撞模型、多次碰撞模型和外覆岩浆洋碰撞模型，它们均属于低能大碰撞，其对原始地球的影响范围限于上地幔（Nakajima and Stevenson，2014），这意味着早期地球岩浆洋仅局限在上地幔；而其余模型则属于高能大碰撞，特别是高速自旋的原始地球大碰撞模型和质量相近的原始地球大碰撞模型，其影响范围达到了全地幔，这意味着早期地球经历了全地幔的岩浆洋，而全地幔熔融会导致上下两个岩浆洋的模型出现（或称"底部岩浆洋"模型），是目前解释 LLSVP 的主流模型之一。

业已证实，大碰撞事件深刻地改变了地月体系初始的物理性质和化学组成（图 3-1）。厘清地月体系形成大碰撞的碰撞类型与碰撞方式将会促进固体地球一系列相关重大理论体系的完善乃至重建。

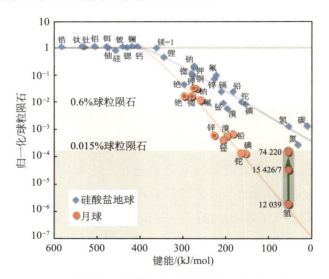

图 3-1　地球和月球的全硅酸盐地幔的元素含量对比
归一化/球粒陨石（Albarède et al.，2015）

任何月球形成大碰撞的研究应能解释地月之间元素含量差异、挥发分差异、同位素组成相似性等观察事实。Lock 等（2018）提出的"星巢"模型较好地解释了月球挥发分的丢失、地月的同位素组成等特征，成了近年来研究的一个热点。Lock 等（2018）认为，地月之间挥发性元素含量的差异需要一个"吸积中断"过程才能得以解释。"星巢"模型就可以满足这一点：月球和原始地球在"星巢"中增生，但它先于地球脱离"星巢"，从而导致地球相对月球获得了更多的挥发性元素。

地月之间的同位素组成特征也给地球的增生和月球的形成机制带来了额外的困难。以氧同位素为例，Wiechert 等（2001）发现地月在误差范围内具有完全相同的三氧同位素（$\Delta^{17}O$）组成，为早期月球形成的经典大碰撞模型带来了"同位素危机"，因为经典大碰撞模型认为形成月球的主要物质来自碰撞体 Theia（忒伊亚），而不是原始地球，又因太阳系三氧同位素的梯度分布，因此理论上月球和地球的三氧同位素组成应存在差异。Herwartz 等（2014）发现月球的 $\Delta^{17}O$ 异常比地球高 12×10^{-6}，并推测这可能是碰撞体 Theia 的特征。但是，Young 等（2016）并没有检测到 Herwartz 等（2014）报道的微小差别，并据此认为地月之间达到了氧同位素的完全平衡。而最新的研究表明，地月之间确实存在可以识别达到 20×10^{-6} 左右的三氧同位素的微小差异（Greenwood et al.，2018；Cano et al.，2019，2020）（图 3-2）。这就挑战了是否存在"同位素危机"。但是，除了 ^{17}O 同位素异常信号，月球的钛、钙、铬同位素异常信号也是几乎和地球一模一样的。是否真的存在"同位素危机"，还需要分析精度进一步提高，以及找到对这些微小同位素异常更好的理论解释。

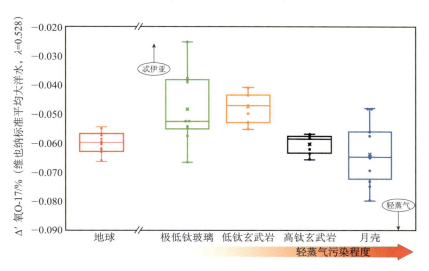

图 3-2　地球和不同类型的月球火成岩样品的三氧同位素组成存在 20×10^{-6}
级别的差异（引自 Cano et al.，2020）

综上所述，月球形成大碰撞事件显著地改变了地月系统的元素，特别是改变了挥发性元素的含量及其同位素组成特征。但是，目前的研究主要集中在讨论如何用大碰撞事件来克服地月系统间的"同位素危机"，而对于地球的化学响应的研究却明显不足。

2. 后期加积物的质量和种类

月球形成大碰撞之后，地球的增生过程并没有随即终止。地幔中强亲铁元素（HSE）的含量远远高于高温高压下模拟核幔分异实验推测的值，因此推测在核幔分异之后有陨石加积事件将地幔的 HSE 含量提高到现今水平。这一事件（即陨石像雨一样均匀地降落在地球上）称为"后期加积"（late veneer）。该假说认为，上述事件造成占地球总质量 0.3%～0.8% 的碳质球粒陨石物质加入地幔（相当于整个地壳的质量），以解释全硅酸盐地球（BSE）中 HSE（Becker et al.，2006；Walker，2009，2014）的含量和特征。参考 CM 型碳质球粒陨石的水含量，上述结论表明地球上的水有 20%～100% 可能是由后期加积带来的（估算的范围取决于对地球整体水含量的估计）。后续不同的研究认为，至少地幔中的硫来源与后期加积无关。Labidi 等（2013）认为地幔中的硫是地球核幔分异的产物，而 Wang 等（2021）则认为地球的硫同位素显示了太阳星云中星胚的熔融挥发特征，因而大部分硫继承于早期的星胚。

然而，近年来针对后期加积物的质量和类型出现了争论。Marchi 等（2018）认为月球形成大碰撞和后期加积是相互独立的过程，并模拟月球形成大碰撞之后一些大型的撞击体（半径 >750 km）撞击原始地球的过程，发现这些已经核幔分异的大型撞击体的金属核并不会滞留在原始地幔，而是直接进入原始地核。这意味着地幔中现存的 HSE 只是部分后期加积物质在地幔中的残留，后期加积的物质量必然会更多。该研究估算后期加积量可能为以前估算值（0.3%～0.8%）的 2～5 倍。相反，通过研究高温高压条件下硫对 HSE 在金属－硅酸盐熔体间分配行为的影响，Laurenz 等（2016）和 Rubie 等（2016）认为在有硫元素存在的情况下，核幔分异过程中会有更多的 HSE 留在地幔中，表明后期加积的物质量可能要减少很多；Righter 等（2018）甚至认为核幔分异过程中，铁－硅（Fe-Si）合金的形成会使过多 HSE 留在原始地幔，因而不需要后期加积，反而是通过一种后期移除（late reduction）机制来降低原始地幔中过高的 HSE 含量。

对于后期加积的是何种陨石种类更是争议不断。相关研究主要通过测定地幔橄榄岩和不同类型陨石中的 HSE 同位素组成来判别陨石的种类，即如果地幔岩的钌（Ru）、钯（Pd）和锇（Os）同位素组成或同位素异常（如 ^{100}Ru/^{101}Ru、^{106}Pd/^{105}Pd 和 ^{190}Os/^{188}Os 等）组成与某种类型的陨石一致（如顽火辉石球粒陨石或碳质球粒陨石），可推测地幔的 HSE 是通过该类陨石的后期加积带来的（Walker，2012；Fischer-Gödde et al.，2015；Creech et al.，2017；Ek et al.，2017；Fischer-Gödde and Kleine，2017）。基于铼–锇（Re-Os）同位素数据，Meisel 等（1996）认为，后期加积的陨石为顽火辉石球粒陨石。基于 BSE 中 HSE 的相对含量，Becker 等（2006）则认为没有一种陨石或者现有陨石的混合物可以匹配现今地幔中的 HSE 含量。Fischer-Gödde 和 Kleine（2017）通过研究各类球粒陨石和地球样品的钌同位素组成后发现，后期加积的物质可能主要是顽火辉石球粒陨石而非碳质球粒陨石，但该课题组近期在古太古代的超基性岩石中发现了不同于 BSE 的钌同位素组成，并以此重新认为后期加积的物质依然以碳质球粒陨石为主（Fischer-Gödde et al.，2020）。此外，Dauphas（2017）根据亲石元素和亲铁元素的不同地球化学特性，通过比较各类陨石和地球的同位素异常数据判定接近现今地球含量的氧、钙、钛、钕（Nd）等亲石元素在地球演化的极早期就已经进入地幔，而绝大多数的 HSE 在后期加积过程中才带进来。据此推测地球的物质组成早期来源于顽火辉石球粒陨石、普通球粒陨石和少量的碳质球粒陨石，而后期主要为顽火辉石球粒陨石。研究表明，由低金属型顽火辉石球粒陨石和 CM 型碳质球粒陨石组成的后期加积物质完全可以满足全硅酸盐地球和整个地球的中等亲铁元素和 HSE 以及一些同位素特征（Alexander，2022）。

若后期加积物质成分无法确定，则无法用化学方法确定加积物质的量。如果加积物质是非 CI 型的碳质球粒陨石，则加积物质量应为≤0.3% 的地球质量；如果加积物质是 CI 型球粒陨石组成，则加积物质量应为≤3% 的地球质量（Peters et al.，2021）。

除基于 HSE 含量和分配系数以及同位素组成的研究之外，还有少量研究采用行星增生动力学模拟的手段尝试对后期加积的物质量进行约束。Bottke

等（2010）和 Raymond 等（2013）根据对太阳系小行星带的小行星体积进行分析和对其中体积较大的小行星碰撞地球的过程进行动力学模拟，认为地幔中的 HSE 含量是一个直径为 2000 km 以上的星体直接撞击到地幔的结果，而不是像陨石雨一样均匀降落到地球。Genda 等（2017）则认为地幔中 HSE 含量过高是斜切型大碰撞的结果，其直接原因是碰撞体的金属核没有全部进入地核中，直接否认了后期加积的存在。为解释地月之间 HSE 的巨大差异，Zhu 等（2019）采用行星增生动力学方法估算了月球的后期加积量，认为因为引力较小，月球在加积过程中的碰撞事件会发生显著的物质逃逸（逃逸率达 70%～80%），而地球在后期加积过程中则基本没有物质的丢失，所以后期加积事件对地球和月球的影响存在很大的差异，进而影响了地月间的 HSE 含量。

　　引发上述争议的原因有三：①后期加积的碰撞体的类型和大小不清。②核幔分异过程中的 HSE 分配系数未能完全确定，尤其是还有其他元素干扰时，已有的 HSE 元素分配实验大多集中于较低的压力区间（<25 GPa），与地球岩浆洋可能的压力条件（25～60 GPa）仍有较大差距。此外，硫、硅、碳和磷等元素对 HSE 的分配也有影响。③目前尚不清楚核幔分异过程中会不会发生钌、铂、钯、锇等同位素的非质量分馏（如受核体积效应影响），这会影响对加积陨石种类的判断。如果核幔分异不会导致非质量分馏，且目前报道的 BSE 的钌、钯和锇同位素组成与多种球粒陨石一致，那么便无法用这些同位素组成特征来确定后期加积具体的陨石种类；而如果核幔分异能造成非质量分馏，那么必须对现有的 BSE 中的同位素组成进行校正后才能够对后期加积的陨石种类进行限定。

　　总之，后期加积事件可能是一个非常复杂的过程，需要加强更高温高压下的元素分配实验和行星增生动力学模拟等方面的研究，两者结果之间的吻合程度是判别该方向研究进展的重要标志（Li，2022）。

二、核幔分异与地磁场维持

1. 核幔分异过程的动力学和地球化学约束

　　核幔分异是地球形成的里程碑事件。地核的形成过程并非一蹴而就，而是通过成百上千次小的星子撞击而逐步生长。由于缺乏直接的观测，新生地核与周围地幔如何发生物质与能量交换，一直是地球和行星科学的未解之谜。该方面的研究主要通过核幔分离动力学和地球化学两个维度进行。

　　Stevenson（1981）最早系统提出地核形成的基本模型框架，即已分异的小行星与地球撞击，其撞击能量造成全球范围内的地幔熔融并形成岩浆洋。撞击体的金属核在碰撞过程中碎裂，并熔融成小液珠。由于密度差异，金属小液珠逐渐下沉至岩浆洋底部。在下沉过程中，金属液珠与岩浆洋发生元素和同位素交换，进而造成铁和各种元素（如钨、铅、硅、氧、镁等）在硅酸盐地幔和地核间重新分配。金属液滴降落在岩浆洋底部后可能汇集成为1～10 km 厚的液态金属池。液态金属池可以以大块体的形式脉穿下地幔进入地核，不会与固体地幔发生很多的物质交换。地球通过一次次这样的撞击完成其增长，而每次撞击后的核幔分异过程则促成了地核的形成。虽然关于地核形成过程的基本框架已经达成了一定的共识，但尚有诸多核心问题有待解决：比如各撞击体的金属核与岩浆洋达到的化学平衡并不一样，而且难以限定（Deguen et al.，2014；Landeau et al.，2016）；此外，地核形成时间、岩浆洋的深度、核幔分异的温压条件、地核中轻元素组成与含量等，也尚未得到很好约束。

　　1）核幔分异的温度和压力

　　铁族元素具有很强的亲铁性，在地幔中的含量主要受核幔分异的影响。高温高压实验发现，镍、钴（Ni、Co）在金属和硅酸盐熔体中的分配系数具有显著的压力效应，因此被用来限制地核分异过程中岩浆洋的深度。采用此方法，早期的实验研究限定岩浆洋的深度约为 600 km（Li and Agee，1996）。随后的研究逐渐修正了这一分配系数，推测岩浆洋深度在 600～2000 km 范围内（Siebert et al.，2012；Fischer et al.，2015）。同样，钒（V）、铬（Cr）的分配行为对金属中的氧含量敏感，而被用来限定地核形成过程中的氧逸度（Siebert et al.，2013；Fischer et al.，2015；Siebert and Shahar，2015；Hirose et al.，2021；Jennings et al.，2021）。同理，利用多种微量元素体系（如铌、钽、钼、钨、钙等），可以限制核幔分异过程的物理化学条件（Wade and Wood，2005；Siebert et al.，2011；Wade et al.，2012；Blanchard et al.，2015；Wohlers and Wood，2015）。

2）地核的形成时间

^{182}Hf 衰变为 ^{182}W 的半衰期是 8.9 Ma，同时，铪（Hf）元素显示出强亲石性，而钨（W）是 HSE，造成 Hf/W 在地核形成过程中强烈分异。因此 ^{182}Hf-^{182}W 同位素体系是限制核幔分异年龄的理想工具。早期的研究发现地幔的 ^{182}W 相比碳质球粒陨石有正异常，从而计算出地核形成的单阶段模式年龄在太阳系形成后约 30 Ma（Kleine et al.，2002；Yin et al.，2002）。同样，铅（Pb）在高温高压下也显示中度亲铁性，因此 U-Pb 也可以用来限定核幔分异的年龄，并得出了核幔分异发生在太阳系形成后约 70 Ma。但这一年龄与 ^{182}Hf-^{182}W 的结果不一致（Rudge et al.，2010）。考虑到核幔分异并非简单的单次过程，而是通过多次小行星体的撞击逐步生长，使得钨同位素的模式年龄成为争论的焦点（Nimmo and Agnor，2006）。

3）地核的成分

人们无法到地核采样，研究地核的成分需要一些间接的方法。当核幔分异时，液态金属和硅酸熔体具有截然不同的化学环境，容易导致稳定同位素在两者间产生分馏。因此，研究核幔间稳定同位素的分馏，就为研究地核中轻元素的组成提供了一个途径。最初，Georg 等（2007）通过实验测量发现地幔和碳质球粒陨石的硅同位素组成存在显著差异，推测这是核幔分异的结果，进而估算出地核中硅含量为 5%。随后，Shahar 等（2009）采用高温高压实验方法测量了液态金属和硅酸盐熔体间硅同位素的分馏系数，并限定了硅在地核中的含量约为 6%。之后，核幔分异过程中的铁（Shahar et al.，2016）、氮（Li et al.，2016；Dalou et al.，2019）、碳（Satish-Kumar et al.，2011；Wood et al.，2013；Fichtner et al.，2021）、硫（Labidi et al.，2013；Labidi et al.，2016）等同位素分馏的研究也对地核中轻元素组成和含量提供了新的约束（Dauphas，2017；Shahar et al.，2017；Shahar and Young，2020）。这类研究的一个错误的假设是核幔间发生了完全平衡的同位素分馏。Marchi 等（2018）的研究已经显示，很多时候，碰撞体的金属核未能和地幔进行完全的交换就进入了地核。因此，这个领域的一个异常重要的信息是，地幔和地核的不平衡程度是怎么样的？不解决这个问题，用同位素分馏反推地核中轻元素浓度的工作就没办法往前推进。

近年来，还有另外一种方式来研究地核轻元素，即结合高温高压实验和理论计算，通过研究铁和铁－轻元素合金的密度和声速并与地震波观测数据进行比较来推测地核中轻元素的含量（Badro et al.，2015；Hirose et al.，2021）。在含有轻元素的地核结晶过程中，溶解度差异造成在内外核边界的分异（Alfè et al.，2002），导致内外核间的密度跳跃，并被地震波观测到（Dziewonski and Anderson，1981），从而提供了一种途径来研究地核轻元素含量。

2. 地核化学出溶与地磁场维持

　　地球的磁场是人类及地表生命的保护伞，它抵御了太阳风和高能宇宙射线的辐射，是生命起源和演化的重要保障条件之一。地球磁场的出现至少可以追溯到 35 亿年前（Tarduno et al.，2015）。一般认为地球磁场是由地球液态外核带电流动产生的，即依赖地球发电机的运转。而长期维持这一稳定的磁场需要持续的能量输出驱动地球液态外核的对流。目前，液态外核的对流被认为主要由内核结晶生长释放轻元素以及潜热而形成的成分对流驱动。另外，液态外核热传递中形成的热对流可以予以辅助（Nimmo et al.，2004）。然而，在地球形成的早期，地核完全熔融，固态内核还未形成，驱动磁场的动力则主要依赖于地核冷却产生的热对流，使得早期地磁场的维持变得更为困难。第一性原理计算（first-principles calculations）和高温高压实验研究获得的地核主要组成物质（铁和铁合金）的热导率比先前要大 1～2 倍（de Koker et al.，2012；Pozzo et al.，2012）。在下地幔底部热输运能力一定时（如 10～12 TW），根据史瓦西（Schwarzschild）定律（Schatten and Sofia，1981），可知当地核热导率较大时地核热对流驱动液态核对流的能力变弱，甚至可能失效。因此，对于完全熔融状态的早期地核，其早期磁场的成因难以解释，与地质观测相悖，这就是所谓的"新的地核悖论"（Olson，2013）。要解决这个悖论，一方面需要更加精确地研究地幔和地核的温度和热导率；另一方面要考察可能的驱动液态核对流的其他能源。近年来的相关研究热点为以下三个方面。

　　1）地核的化学出溶

　　在"新的地核悖论"推动之下，地核的化学出溶作为一种可能驱动地磁场的动力学新机制应运而生。氧化镁（MgO）因其高熔点而首先受到关注，并被认为可能是地核中的主要出溶物质（O'Rourke and Stevenson，2016）。这一猜想指出在地球形成时的高能量碰撞事件中，温压条件极高，一些氧化镁可能溶解于金属铁中，随即进入原始地核。在地核的冷却过程中，由于氧化镁溶解度下降而逐渐出溶。而氧化镁的密度远小于金属铁，会导致出溶的氧化镁上浮，残留的金属铁下沉，从而形成液态核化学对流并导致地球的磁场的形成。该机制有效地弥补了地球早期地核对流能量的"不足"，随后的高温高压实验和理论计算也为此提供了进一步的证据（Badro et al.，2016，2018）。然而，进一步的研究却发现镁在金属铁中的溶解度主要受到金属铁中氧含量的控制，而非温度。由此推断氧化镁在地核冷却过程中的出溶非常有限，不能有效地驱动地球磁场的产生（Du et al.，2017，2019）。与此同时，二氧化硅（SiO_2）作为地幔的另一主要组分，也被提出可能经历了出溶或者不混溶而分离的过程，从而驱动早期磁场的形成（Hirose et al.，2017；Arveson et al.，2019）。但是通过第一性原理计算分析发现，地核中的 Fe-Si-O 熔体不太可能出现结晶出二氧化硅或者不混溶情况，从而限制了地核析出二氧化硅形成物质对流（Huang et al.，2019）。

2）铁合金的热导率

早期研究根据铁在冲击高温高压下获得的电导率，纯铁在熔点附近的电导率随压力变化的关系和轻元素杂质的影响，估算了内外地核的电导率，并通过电 - 热导率关系获得了较低的地核热导率约 30 W/（m·K），从而认为地核的热对流能够从早期开始长时间地驱动地核对流（Stacey and Loper，2007）。然而，Pozzo 等（2012）和 de Koker 等（2012）开创性地通过密度泛函理论计算认为地核主要成分铁和铁合金在相关温压下的热导可能数倍于早期的估计［100~200 W/（m·K）］。自此，大量的高温高压实验工作开始关注高温高压下铁和铁合金的热导率这一问题（Deng et al.，2013；Ohta et al.，2016，2023；Hsieh et al.，2020；Zhang et al.，2022）。

研究地核的热导率主要通过高温高压实验和理论计算两种方法，然而，理论计算和高温高压实验对地核电导率和热导率的研究结果并不一致。这加剧了对"新的地核悖论"的争论。例如，一些理论计算研究得到的铁在地核温压下的热导率值差别在 100~200 W/（m·K）（de Koker et al.，2012；Xu et al.，2018；Yue and Hu，2019；Pourovskii et al.，2020）。而实验方法（电、热导率测量）得到在高温高压下铁和铁合金的热导率也相差甚远，如

20~200 W/（m·K）（Ohta et al.，2016；Hsieh et al.，2020；Zhang et al.，2021，2022）。此外，地核内部还含有一定量的镍和轻元素，它们的加入对铁的热导率也会产生较大影响（Zhang et al.，2021），也需要加以考虑。目前，部分实验和计算发现了铁-轻元素体系随着轻元素含量的增加会出现电阻率饱和效应，并且根据轻元素种类、含量、相以及元素占位的变化，铁-轻元素合金的电、热导率对温度变化的响应规律不尽相同（Gomi and Hirose，2023）。因此，地核内其他化学成分的加入可能会改变目前对地核热导率的认识。另外，目前对铁和铁合金的高温高压电热导率实验大多是在固态条件下进行的，然而实际的外地核处于熔融态，因此需要进一步研究液态铁合金的电热导率。最新的实验结果表明，在地核的温度和压力条件下，熔融导致纯铁的电阻率变化较小（Ohta et al.，2023）。但对于熔融的复杂铁合金体系，相关实验仍然缺乏。根据魏德曼-弗兰兹（Wiedemann-Franz）定律，金属（比如铁和铁合金）的电导率和热导率成正比。在考虑地球发电机作用中，一般认为较高的电导率有利于电流和磁场产生，然而较高的热导率却相反地抑制了地核热对流和磁场的发生（Driscoll and Du，2019）。因此，合适的电、热导率才能产生目前的地磁场（Driscoll and Davies，2023），而这需要在获得精确的地核电、热导率数值后进行进一步地磁流体模拟研究。

3）地核中的放射性元素

放射性钾（K）、铀（U）、钍（Th）等放射性元素具有较长的半衰期，并在衰变过程中释放出热量，这对地球内部的热平衡起到至关重要的作用。Bukowinski（1976）开创性地提出钾元素的s-d电子在高压下的转变，预测钾在地核条件下容易与金属铁结合，从而使得地核在形成初期含有少量的钾元素，其衰变的热效应对驱动地核的热对流可能有显著作用，是早期地磁场产生的关键。然而钾在硅酸盐熔体中的赋存形式是氧化钾，一些理论计算和高温高压实验均认为钾在金属铁中的溶解度非常低，很难对地核的生热提供帮助（Blanchard et al.，2017；Xiong et al.，2020）。同样，铀、钍在金属铁熔体中的溶解度也很低（Chidester et al.，2017）。

地磁场产生和维系的机理，尤其是地球早期地磁场的能量来源，是发展固体地球系统科学的关键一环。但是依然有较多的科学问题亟待解决，如地核轻元素出溶模型逐渐被证实无法启动，内核形成之前的磁场成因依旧成谜。

同时，理论计算和高温高压实验结果在地核的热导率数值上仍然存在严重的分歧，而地核热导率的高低决定了内核结晶形成的年龄以及地磁场的剧烈变化程度，相关问题需要从提高理论计算和实验测量精度的方向上开展深入的研究，才能使我们对地核的热演化历史有更清晰的认识。

三、原始大气成分

早期地球的大气化学成分是调控地球气候环境的关键因素，同时也为生命的出现和演化提供了重要的物质和能量基础。因此，对地球原始大气成分及相关化学过程进行研究是深入了解地球宜居环境起源及演化的重点。

液态水是生命起源和维持生命活动的关键，在 40 亿年前的冥古宙，地球表面已出现大面积的海洋，但由于早期太阳的辐射能量只有现今太阳的 70%～80%，若要在当时维持液态水的存在，早期地球大气必须含有大量温室气体，这个问题称为"暗淡太阳悖论"（Sagan and Mullen，1972）。确定多种温室气体（如氢气、二氧化碳、甲烷等）的含量被认为是解决"暗淡太阳悖论"的关键。然而，由于缺乏直接且有效的地球化学指标，在这些温室气体含量的估算上分歧极大，同一气体的估算浓度可相差几个数量级（Catling and Zahnle，2020）。

早期地球的大气化学成分亦为生命的出现和演化提供了重要的物质和能量基础。Miller（1953）通过模拟早期地球大气的闪电过程，首次把甲烷、氨气、氢气等无机分子合成氨基酸等有机分子，并因此被认为是前生命化学或生命起源化学研究的先驱。但后续研究表明，Miller 的实验所用的背景大气还原性过强，可能与早期大气成分不符（McCollom，2013）。如今，有更多的生命起源假说被提出［如"复制优先"的核糖核酸（RNA）世界假说、"代谢优先"的铁硫世界假说等］，与这些假说相关的前生命化学反应主要发生在地表具有干-湿循环的"达尔文温暖小水池"（Darwin's warm little pond）或深海热液（黑烟囱或白烟囱）环境中，但具体哪种过程或哪个环境主导了生命的出现，尚存在许多分歧。虽然大气化学在前生命化学中逐渐被忽略，但值得强调的是，大气化学过程导致的大气成分改变（如有机气溶胶形成等），会直接影响有多少高能紫外线可到达地表，以及有多少有机物质可沉降到地表，这些都是驱动地表甚至深海环境前生命化学的重要的能量和物质基础。

因此，早期地球的大气化学成分是调控地球宜居系统的关键因素，导致"暗淡太阳悖论"和"生命起源争论"的根源是对大气成分在早期地球源-汇认识的不足。重建早期地球大气成分和相关化学过程，是深刻理解早期地球气候状态、表面物质循环、氧化还原状态、生命起源和演化的重要一环。

1. 原始大气成分及化学反应

岩浆洋的氧化还原状态决定了原生大气的成分（Deng et al.，2019）。而在地月体系形成后的 5 亿～10 亿年，还有后期加积事件和晚期重轰击（Late Heavy Bombardment，LHB）事件，其间地球经历了大量的天体撞击。后期加积和 LHB 的物质量虽然只占地球总质量的 0.5%（基于不同的估计会有变化），但其质量约等于现在太阳系小行星带的总质量，如果这些物质均匀地分布在地球表面，其厚度可达 10～15 km，对早期地球岩石圈和表生环境影响巨大。某些剧烈的撞击可能造成原生大气的剥离，但随着撞击体带来的大量挥发分也可改变原生大气成分，其影响比火山脱气更为重要（Zahnle et al.，2020）。除了这些物理过程，撞击对早期地球表生环境化学组成的影响很有可能比我们的已有认识更为复杂：在一些高能量的撞击过程中，大量的喷发物会引发许多复杂的化学反应，从而产生许多还原性气体和复杂有机物，而其中某些还原性气体（如氢气、一氧化碳气体）可在大气中维持数百万年（Lyons et al.，2014；Marchi et al.，2016；Zahnle et al.，2020）。因此，大气成分改变而导致的化学反应仍可在撞击后的很长一段时间内持续。例如，一氧化碳（CO）是撞击事件产生的重要气体之一，且最终可被氧化为二氧化碳（CO_2），是维持温室效应的重要气体。同时，一氧化碳亦可通过一系列大气化学过程形成有机物，是生命起源的关键（Wächtershäuser，2006）。Kasting（1990）曾估算 LHB 时期撞击带来的一氧化碳产率，在撞击天体为彗星、碳质球粒陨石或普通球粒陨石时，一氧化碳平均产率分别为 5.7×10^{10} /（$cm^2 \cdot s$）、1.9×10^{10} /（$cm^2 \cdot s$）和 1.2×10^{10} /（$cm^2 \cdot s$）。Marchi 等（2016）认为，无论是否考虑撞击物自身的挥发分，高能的撞击过程本身便可为早期地球大气带来大量一氧化碳。最新的估算表明，早期地球在遭到灶神星大小的天体撞击后的 1 Ma 内，地球大气可累积至少 1 bar[①] 的一氧化碳（Zahnle et al.，2020）。遗憾的是，相关化学反应在早期地球和生命起源研究中都未得到足够的重视，而这个被忽视的前生命化学过程，很可能是解决"暗淡太阳悖论"和"生命起源等争论"的关键。为了深入这方面的研究，我们需要清楚知道撞击体的化学组成和与撞击过程相关的具体化学反应和相关参数。前者需要与天体化学及月球与行星科学研究紧密结合（具体可见本章第一节中"2. 后期加积物的质量和种类"部分内容），后者则需要建立可准确模拟相关环境复杂化学过程的科学实验装置，并在理论计算的帮助下，补充大量相关基元反应的反应速率常数和同位素动力学分馏系数。

2. 早期大气成分的示踪和反演

由于缺乏足够的地质样品，早期对地球大气成分的研究在很大程度上还是通过数值模拟进行推断（Zahnle et al.，2020）。但对于 40 亿年后的过程，如晚期重轰击事件，地质样品开始变得相对丰富，此时研究的关键便是寻找有效的地球化学指纹信息，以对早期地球大气成分进行反演和制约（Catling and Zahnle，2020）。硫同位素的非质量分馏（S-mass independent fractionation，S-MIF）被认为是反演早期地球大气成分的重要工具之一：该非质量分馏现象在 23 亿年前从地质记录上突然消失，这被认为是大氧化事件的确凿证据（Lyons et al.，2014）；而该现象在太古宙的波动，则可能具备反演早期地球大气成分及压力的潜力（Thiemens and Lin，2019）。例如，Thomassot 等（2015）在约 4.0 Ga 变质火山岩中观测到陡峭的 $^{36}S/^{33}S$ 斜率，由于这个时期正值后期加积和 LHB，大量二氧化硫（SO_2）和硫化氢（H_2S）通过天体撞击产生，Lin 和 Thiemens（2020）认为这种特殊的 S-MIF 特征可能与撞击过程导致的热化学相关；在古太古代，^{34}S、^{33}S 和 ^{36}S 的相互关系在许多样品中都出现明显变化，可能与火山活动剧增导致的大气成分（如氧、碳、硫的增加）或大气化学过程改变有关（Philippot et al.，2012；Muller et al.，2016；Lin et al.，2018a，2018b）；在新太古代，$^{36}S/^{33}S$ 斜率的细微变化，则被解读为受甲烷生成的有机气溶胶影响（Zerkle et al.，2012；Claire et al.，2014；Izon et al.，2017）。然而，由于对 S-MIF 物理化学机制的认知甚少，上述解

---

① 1 bar = 10^5 Pa。

读许多都是以推测为主，没有经过实验室模拟的验证。实际上，所有实验室至今均无法定量模拟出太古宙地质样品 S-MIF 数据，导致学界在太古宙地质样品 S-MIF 波动的解读上存在激烈争论，并没有达成共识。因此，准确理解产生 S-MIF 的物理化学机制，是合理解读 S-MIF 在太古宙地质记录中波动的根基。

除了 S-MIF，我们仍需要寻找更多的潜在指标对早期地球大气进行反演。硫酸盐氧同位素非质量分馏（O-MIF）是重建元古宙大气成分甚至初级生产力最有力的工具（Bao et al.，2008；Cao and Bao，2013；Crockford et al.，2018；Liu et al.，2021），但该同位素迹象在太古宙暂时未被发现，如何把这一工具应用在太古宙甚至早期地球大气成分的重建，仍有很大挑战。总的来说，由于早期大气成分难以通过元素地球化学或其他更间接的形式保存记录下来，稳定同位素仍是最有希望可以反演早期大气成分的工具。20 世纪末，S-MIF 和 O-MIF 在沉积物中首次被发现，开辟了前寒武纪大气成分研究的新纪元，但这些方法在早期地球大气成分研究上均遭遇到瓶颈。对同位素分馏的机制有更深入的理解，开发更多新型的同位素理论和分析工具，是突破该瓶颈的关键。

四、前板块构造

前板块构造是地球在其形成开始到板块构造启动为止，在内、外动力作用下发育的构造运动的统称，其持续时间约为 15 亿年，约占 1/3 的地球地质历史。全球构造体制（tectonic regimes）涉及地球内部在全球尺度上的物质运动方式，主要关注岩石圈及深部地幔之间的相互关系，还涉及地球的对外散热机制（如地幔对流、岩石圈热传导和对外的热辐射）。其中，岩石圈是否参与地幔对流（以及参与地幔对流的方式）是判断类地天体构造体制性质的主要依据。因此，前板块构造是早期地球在内、外动力作用下深部与浅部能量和物质交换的体现。从能量角度出发，前板块构造控制了地球岩石圈参与地幔对流的形式及总体散热速率，极大地影响了地球整体的热演化；从物质循环角度看，前板块构造控制了壳幔分异的具体方式和速度，这与长英质地壳的出现和大陆的增长密切相关。因此，前板块构造是制约地壳的起源及后期演化的基础和关键控制性过程，也是研究早期地球动力学演化的重要内容。

1. 前板块构造阶段地球的热演化

由于早期关键地质记录和高温高压条件下物质物理化学参数的缺失，以及现有热演化模型对实际地质过程的不合理简化等因素，人们对现有地球内部冷却历史的认识仍远未完善。

一方面，从观测数据来看，目前对于早期地球的内部温度演变主要依赖岩石学温度计估算地幔温度（主要是地幔潜能温度 T_p），并根据所得地温的演变趋势进行外推，以估算早期地幔温度演变趋势（Herzberg et al.，2010；Putirka，2016），其前提是冥古宙—太古宙早期古老岩石样品的获取和建立可靠的地质温度计。岩石样品的年龄越老，样品越稀少，保存越差，这一方法对地幔温度的估算越不可靠。现有的地球热演化的实测数据所依赖的岩石样品年龄仅涵盖约中太古代（约 3.5 Ga）以来的地质历史，据此外推得到的冥古宙—始太古代的地幔温度演变趋势。不过，Herzberg 等（2010）根据上述方法获得的冥古宙—始太古代的地幔温度有"反常"的下降趋势（图 3-3），表明早期地球内部温度较低。这与牛顿冷却定律相悖，其正确性待进一步验

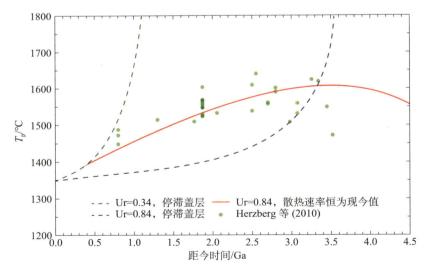

图 3-3　地球周围地幔温度演变的实测和理论推测

（据 Herzberg et al.，2010；Korenaga，2013；刘耘和章清文，2023 修改）

证。按牛顿冷却定律，早期地球的内部温度应随时间单调递减。换言之，地球早期地温演化应具有"早期热、冷却快"而非"早晚冷、中间热"的特征。

另一方面，现有的热演化的理论模型仍有待进一步完善。例如，经典热演化模型主要基于停滞盖层模型，对于地幔温度较高的早期地球而言，会使地表散热速率始终高于生热速率，反推得到早期地幔温度极高，即出现不合理的"过热危机"〔或称为"热突变"（thermal catastrophe）〕（Davies，1980；Korenaga，2013）。此外，停滞盖层模型忽略了一些重要地质过程对地温演化可能造成的影响，如类地天体演化早期普遍存在的剧烈岩浆活动（McEwen et al.，1997；Head et al.，2009；Basilevsky et al.，2010；Byrne et al.，2016；Peterson et al.，2021）。

由此可见，前板块构造阶段的地温演化史的推算结果和热演化理论模型均还存在较大缺陷。

2. 前板块构造的性质

地质记录的缺失，使人们几乎无法确定前板块构造的性质。一般认为，在冥古宙乃至太古宙，由于地球地幔的温度较高，具有现今成分、地温和流变学特征的大洋岩石圈尚未形成，岩石圈可能难以持续俯冲，地球发育现代板块构造的可能性较小（van Hunen and van den Berg，2008；van Hunen and Moyen，2012；Johnson et al.，2014）。因此，早期地球发育的前板块构造还包括以下几点。

（1）岩浆洋构造（magma ocean tectonics）：地球在冥古宙初期因吸积碰撞作用（如形成地月系的最后一次大碰撞）、核幔分异、放射性元素衰变等剧烈的内、外地质作用积累了巨量的内能，足以使整个地球达到极高温度并全体熔融形成岩浆洋（Stevenson，2008；Elkins-Tanton，2012）。地球岩浆洋内部物质在全球尺度上剧烈的热对流和成分对流（受核幔分异过程中金属－硅酸盐相间、硅酸盐矿物相和岩浆之间分离、沉降或上浮，放射性元素衰变热释放导致的热异常等驱动），岩浆洋的表面以热辐射的方式快速散热并冷却（热流值可高达千瓦每平方米量级）。根据对全球构造体制的定义，可将这一时期的构造体制称为"岩浆洋构造"。由于关键地质记录（类似作为月球岩浆洋关键证据的斜长岩壳）的缺失，目前对于地球岩浆洋的冷却、结晶的方式和快慢（尤其是对岩浆洋的存在时间和能否分异出类似月球斜长岩壳的原始地壳）存在很大争议。

（2）停滞盖层构造（stagnant-lid tectonics）：类地天体具有单一的刚性岩石圈且难以参与地幔对流，内部热量仅能通过热传导传递至地表，是现今绝大多数类地天体的构造体制（Solomatov and Moresi，1996；Reese et al.，1998；Ghail，2015；Stern et al.，2018）。由于相应的该体制下的地球整体热演化趋势与观察事实并不符，早期地球不能完全受控于停滞盖层构造，但可作为其他前板块构造体制间歇期的潜在构造体制。

（3）地幔柱构造：地幔对流是地球内部时空尺度最大的物质迁移，主要受地幔内生热、地核从核幔边界处的加热升温以及成分–密度差异导致的浮力驱动。岩浆洋固化后形成的早期地幔温度较高，一方面使地幔黏度降低并导致活跃的地幔对流；另一方面使地幔更易发生部分熔融，促进壳幔分异和镁铁质原始地壳的形成，镁铁质的进一步榴辉岩化可触发拆沉作用和局部地幔上涌，进一步导致地幔的熔融和分异。地幔的强烈对流对应的全球构造体制可称为"地幔柱构造"（van Thienen et al.，2004；李三忠等，2015；Fischer and Gerya，2016），其中，基性地壳及其榴辉岩化产物充当了驱动地球内部大尺度物质对流和热量传递所谓的"榴辉岩引擎"的关键角色（Anderson，2007）。目前，对于这一构造体制与地球热演化史的耦合关系以及对地球内部物质分异的影响须进一步开展工作。

（4）热管构造（heat-pipe tectonics）：对木卫一（伽利略卫星中最靠近木星的一颗卫星）的观测表明，类地天体早期强烈的内生热作用可能导致活跃火山作用，进而引发地幔深部物质的快速相变和深部与地表之间物质的快速迁移，并将其内部大量的热量快速传递至表面，相应的构造体制称为"热管构造"（Turcotte，1989；Moore and Webb，2013）。由于地球早期与木卫一在内部生热量、岩浆作用活跃程度（包括发育超基性岩浆）等方面存在相似性，热管构造可能是早期地球的一种前板块构造体制。但对热管构造发生和持续的具体动力学条件、能否适用于早期地球仍需要进一步明确。

前已述及，前板块构造与地球早期热演化之间关系密切，相关研究还很不完善。一方面，确定前板块构造受控于早期地球的热演化；另一方面，热收支受控于具体的前板块构造体制。要确定早期地球的热和构造演化，对早期热收支和地球内部物质性质进行准确的定量研究是关键。由于地幔放射性元素（如铀、钍和钾等）的衰变是地球内部的主要生热机制之一，早期地球的热收入可通过放射性衰变定律大致估算，但热支出及其随温度的演变则难以确定。需要进一步厘清地幔温度与地幔对流强度、地幔-岩石圈的热传导之间的反馈关系及其对地球的整体散热和温度演变的影响（Korenaga，2017）。同时，需要考虑相关研究中忽略的一些重要地质过程（如水星、月球和木卫一等类地天体演化早期乃至现今普遍存在的剧烈岩浆活动）对地温演化可能造成的影响（Turcotte，1989；Peterson et al.，2021）。目前，核心的问题在于前板块构造运动开始和停止的动力学机制，以及为什么从前板块构造运动转变成了现代的板块构造形式（亦即板块构造如何开始）。未来，通过地球动力学模拟（Geodynamic simulations）结合最古老的天然样品的地球化学特征不失为研究这一问题的选择。

3. 前板块构造与地球第一块地壳的形成

由于地球上不断的构造活动、变质变形等地质作用，现存的最古老的大陆地壳记录的年龄约为 40 亿年前，比如加拿大阿卡斯塔（Acasta）地体、格陵兰西南部奥长花岗岩-英云闪长岩-花岗闪长岩（trondhjemite tonalite granodiorite，TTG）组合地体以及华北克拉通鞍山地块等（Kemp et al.，2010；Reimink et al.，2016；Bauer et al.，2017；万渝生等，2017）。这些长英质岩石记录的年龄与地球和太阳系的形成年代相差较大（500 Ma 左右），显然不能代表地球上的第一块地壳。综合锆石铪同位素、短半衰期 ^{142}Nd 同位素结果和岩石地球化学演化模型显示，这些已知最古老的酸性岩石的原岩为更原始的冥古宙基性地壳（Reimink et al.，2018）。基性地壳的形成可能会导致冥古宙地幔不相容元素亏损（Rizo et al.，2012），这些冥古宙基性原始地壳为后续长英质陆壳的形成提供"原材料"，而地球最早的大陆可能形成于不断改造冥古宙的基性地壳核心（Carlson et al.，2019）。但由于 40 亿年前的地质记录残缺不全，冥古宙壳幔分异过程和基性地壳形成时的前板块构造环境仍有巨大争议。此外，此构造环境如何转变为现代的板块构造模式，也是还未解决的重要问题。解决这些问题对于我们了解板块构造的起因，以及现代板块构造与行星宜居性之间的密切联系有重大意义，但目前这些问题缺乏系统性的研究。同样地，前板块构造的地球动力学数值模拟与精确测定始太古宙和冥古宙壳幔岩石样品的地球化学特征是未来解决此问题的方法。

五、早期地球重大地质事件的定年

地球形成最初的几十到几百个百万年的历史是研究太阳系行星形成与演化的起点，它影响了行星后续的演化进程。这些地球早期重大事件包括地球的物质吸积历史（如星子和星胚的形成）、核幔分异、月球的形成、后期加积和晚期重轰击事件等。由于后期持续不断的构造运动，地球早期的岩石很难保存下来，目前最古老岩石的年龄多晚于40亿年。因此，要研究行星尤其是地球的早期形成和演化过程，很大程度上依赖于对各类陨石的对比研究。陨石大部分来自小行星带，小行星代表行星的初始演化阶段，由于其热历史很短，记录了行星早期的演化信息。因此陨石及其组分的年代学信息可以为行星早期演化历史提供十分关键的时间制约（Elkins-Tanton et al.，2011；Carlson et al.，2014）。

此外，太阳系的年龄通过高精度定年手段，已经可以精确地测定为45.67亿年，然而已知地球上最古老的岩石记录仅为40.3亿年，其间的5亿年（约占九分之一的地球历史）缺失了具体的地质记录。而通过短衰变周期的同位素体系（如 ^{182}Hf-^{182}W、^{146}Sm-^{142}Nd、^{53}Mn-^{53}Cr 等），我们可以通过40亿年之后的岩石记录，精确测定地球最早发生的金属－硅酸盐（核幔分异）和硅酸盐分异（壳幔分异）过程的时间。通过建立合适的方法体系，厘定这5亿年内的各类重大地质过程，具体包括核幔的分异及其伴随的元素分异过程、后期加积过程、早期地磁场的启动和维持、地核的热演化与固态内核结晶的启动等相应的时间序列，限定地球的成长历史，才能进一步了解现今地球的物质结构分布、热演化进程、磁场演化进程、地表生物协同演化的进程等问题。

1. 约束早期地球重大事件时间的方法体系

短半衰期放射性同位素体系是制约行星早期演化的时间尺度的重要手段，母体的半衰期一般在几到几十百万年，与一些太阳系和地球的早期演化事件时间尺度一致。和常见的 ^{238}U、^{235}U 和 ^{87}Rb 等具有较长半衰期的放射性同位素不同，短半衰期核素可以更好地记录太阳系早期发生的化学分异事件，还可以得到比传统长半衰期同位素体系定年更高的精度。目前广泛使用的短半衰期同位素定年体系主要有：① ^{53}Mn-^{53}Cr 体系，其半衰期为 3.4 Ma，适用于制约太阳系形成后初始 10 Ma 与挥发过程相关的演化事件；② ^{26}Al-^{26}Mg 体系，其半衰期为 0.717 Ma，适用于制约太阳系最早期演化事件发生的时间；③ ^{182}Hf-^{182}W 体系，其半衰期为 8.9 Ma，适用于制约太阳系早期金属－硅酸盐相分异过程发生的时间；④ ^{146}Sm-^{142}Nd 体系，其半衰期为 103 Ma，适用于制约硅酸盐壳幔分异过程发生的时间（Lee and Halliday，1996；Lugmair and Shukolyukov，1998；Jacobsen et al.，2008；Trinquier et al.，2008；Kleine et al.，2009；Wadhwa et al.，2009）。

2. 早期地球重大事件的时间序列

富钙铝难熔包体（CAIs）被认为是太阳系最古老的物质，其形成时间代表了太阳系形成的时间，即距今 4567.30±0.16 Ma（Amelin et al.，2010；Connelly et al.，2012），因此通常被认为是研究短半衰期定年体系的时间原点（MacPherson et al.，2012）。铁陨石的 Hf-W 同位素体系研究表明，其母体形成时间为 CAIs 形成之后的 0～1.5 Ma（Qin et al.，2008；Kruijer et al.，2017），而来自"碳质球粒陨石"储库的铁陨石形成时间要明显晚于来自"非碳质陨石"储库的铁陨石，这可能间接反映了木星的形成时间（Kruijer et al.，2017）。而大部分球粒陨石中球粒的形成时间为 CAIs 形成之后的 0～4 Ma，结合其他定年体系，确定球粒陨石母体的形成年龄在 CAIs 形成后的 2～4 Ma（Zhu et al.，2019）。来自分异的小行星陨石（HED 陨石）的 Mn-Cr 同位素体系表明其母体（可能是灶神星）发生大规模熔融和分异的时间为 CAIs 形成之后的约 2.5 Ma（Trinquier et al.，2008）。在行星的分异年龄方面，通过对 Hf-W 体系的研究，科学家初步估算出地球核幔分异的年龄为 CAIs 形成后的 30～100 Ma，月球形成年龄为 CAIs 形成后的 50～150 Ma，以及火星核形成年龄为 CAIs 形成后的 2 Ma（Kleine et al.，2009；Dauphas and Pourmand，2011），这些年龄依赖于具体的核幔分异模型。已有学者总结了上述早期地球相关重大地质事件的时间序列（Carlson et al.，2015）。

3. 存在问题与突破口

尽管短半衰期定年体系在太阳系演化历史研究中具有非常重要的意义，然而，目前该领域的研究基础仍然比较薄弱，诸多关键科学问题和技术问题亟待解决。

（1）元素化学纯化流程和分析测试精度有待改进。以 ^{146}Sm-^{142}Nd 体系为例，为消除质谱测试中 ^{142}Ce 同质异位素对 ^{142}Nd 的干扰，必须从岩石样品中将铈（Ce）完全去除，铈的残留量（Ce/Nd 值）需至少小于 1×10^{-6}，且 $^{142}Nd/^{144}Nd$ 值测定准确度必须优于 ±5 ppm[①] 才有实际地质意义，如此高精度的测试方法难度很大。

（2）放射成因子体的同位素组成可能受到质量相关分馏校正以及其他后期作用（如宇宙射线辐射效应）的影响，导致定年结果发生偏差。以 ^{53}Mn-^{53}Cr 体系为例，天体样品相对于地球标样有很大的质量分馏，或是在化学分离过程中人为造成了很大的质量分馏，经过质量分馏校正后得到的同位素比值很可能还存在剩余质量分馏的贡献，造成额外的子体同位素异常，使得定年结果不准确（Qin et al.，2010；Schiller et al.，2014）。

（3）对某些质量数较大的短半衰期放射同位素体系来说，核体积效应会造成重金属同位素体系发生显著的分馏，且此分馏很可能不遵循质谱测试产生的质量相关的同位素分馏规律（Schauble，2007；Tissot et al.，2017）。该效应会影响诸如 ^{182}Hf-^{182}W 和 ^{146}Sm-^{142}Nd 这样一些短放射性同位素定年方法的精度和准确性（Wang and Carlson，2022）。所以如何保证超高精度的同位素测试（±5 ppm）测定的是实际放射性成因的 ^{182}W 和 ^{142}Nd 异常，而不是实验测试过程产生的核体积效应，是这个领域急需解决的基础问题。

（4）短半衰期定年体系需要通过时标来得到绝对年龄，因此时标准确与否将直接影响定年结果的精度和准确性。以 ^{53}Mn-^{53}Cr 体系最常用的时标样品奥尔比尼（D'Orbigny）钛辉无球粒陨石为例，Glavin 等（2004）通过"二次校正"方法来测定其锰－铬（Mn-Cr）同位素年龄，然而后期研究发现上述"二次校正"前后的 HED 陨石 Mn-Cr 等时线的斜率（以及初始 $^{53}Mn/^{55}Mn$ 值）有近 12% 的差别（Trinquier et al.，2008），这将显著地影响 D'Orbigny 钛辉无

---

① 1 ppm = 1×10^{-6}。

球粒陨石作为时标而确定的绝对年龄的准确性。

六、地幔原始不均一性

地幔是硅酸岩地球的主要组成部分，也是最大的地球化学储库。对早期地幔性质及其在地质历史中如何演化的认知，可为揭示早期地球增生、核幔分异、壳幔分异、初始大气圈、水圈和地磁场的形成等重大地质事件和其他星体演化提供重要制约。20世纪80年代地幔地球化学研究领域最重要的进展是地幔化学不均一性的发现，并基于板块构造理论提出了岩石圈拆沉、俯冲洋壳再循环、地幔交代和地幔对流等来解释地幔不均一性的形成（Zindler and Hart，1986；Hofmann，1997；White，2015）。一些特殊的地幔区域，如 LLSVP，由于其特殊的物理性质，可能未被地幔搅动均一化，并遗留了地球形成最初时的一些地球化学信号。研究这些特殊地幔区域的同位素地球化学特征，对于了解地球原始的构成成分、后期加积的物质来源、核幔相互作用等深地深时过程，具有重要指示意义。

1. 地球地幔中的特殊区域

地幔柱岩浆活动产物（如板内热点）的地球化学研究显示，这些源自地幔深部的岩浆保留了早期地质活动的地球化学特征。经典的案例包含坐落在火山热点之上的洋岛，如夏威夷火山岛链、南太平洋萨摩亚岛和印度洋留尼汪岛。这些残留早期地质活动痕迹的现代洋岛玄武岩（ocean island basalt，OIB）通常具有不相容元素富集地幔源区的特征［即富集地幔端元（EM）］，区分于冰岛等典型的亏损型地幔端元（DDM）。早期地质活动的证据来源于与现代洋中脊地幔和 BSE 不同的同位素地球化学特征，如库克群岛的火山岩具有太古宙特征的硫同位素组成（Cabral et al.，2013），夏威夷群岛和萨摩亚群岛的玄武岩显示出异常的钨同位素丰度（Mundl-Petermeier et al.，2017，2020），留尼汪岛玄武岩的 ^{142}Nd 同位素特征代表了冥古宙的硅酸盐分异事件（Peters et al.，2018）。这些特殊的火山热点之下的地幔都存在 LLSVP 或 ULVZ（Garnero and McNamara，2008）。这些区域形成的原因众说纷纭，如隔绝的原始地幔区域（Wen，2001）、积聚的俯冲洋壳（Mulyukova et al.，2015）

或核幔边缘物质交换（Dubrovinsky et al.，2003）、高密度硅酸盐熔体下沉（Lee et al.，2010）或岩浆洋底结晶产物（Labrosse et al.，2007）等。无独有偶，一些现存规模最大的大火成岩省［如翁通爪哇高原（Ontong Java）、巴芬岛（Baffin island）、西格陵兰、南非干旱台地（Karoo）等］的溢流玄武岩也存在具有古老特征的 Pb-He-W 同位素证据（Jackson et al.，2010；Rizo et al.，2016）。板块重建显示，这些显生宙的大陆溢流玄武岩形成时可能恰好处于南非和太平洋的两个地幔 LLSVP 区域之上（Torsvik et al.，2010）。综合以上地球化学研究，我们认为重点关注地幔中的 LLSVP 或 ULVZ 区域是研究地球地幔不均一性的突破口。

同时，地球上古老物质非常稀少，38 亿年前形成的岩石鲜有出露，因此早期地球地幔是否存在不均一现象仍知之甚少。短半衰期放射性同位素体系（如 ^{53}Mn-^{53}Cr、^{26}Al-^{26}Mg、^{182}Hf-^{182}W、^{146}Sm-^{142}Nd、^{129}I-^{129}Xe 等）分析技术的发展，提升了对地球形成后早期演化的认知能力。对高精度的氙同位素分析发现，洋岛玄武岩（ocean island basalt，OIB）和大洋中脊玄武岩（mid-ocean ridge basalt，MORB）具有不同的 $^{129}Xe/^{130}Xe$ 值和 $^{136}Xe/^{130}Xe$ 值（Poreda and Farley，1992；Kunz et al.，1998；Trieloff et al.，2000；Hopp and Trieloff，2005；Mukhopadhyay，2012；Tucker et al.，2012；Peto et al.，2013），其中，洋岛玄武岩的同位素组成的变化是由地球 I/Xe 和 Pu/Xe 的早期（地球形成后的 1Ma 内）分异造成，且地幔储库（mantle reservoir）一直保存至今。地球上古老岩石的高精度 ^{182}Hf 和 ^{142}Nd 同位素分析也进一步证实了这一观点。

尽管 44 亿年岩浆锆石的氧同位素组成接近现代地幔值（$\delta^{18}O = 5.5‰ \pm 0.5‰$），但 Byerly 等（2017）发现南非巴布顿绿岩带科马提岩（约 32.7 亿年前）中橄榄石的 $\delta^{18}O$ 低于正常地幔值（$\delta^{18}O = 2.9‰ \sim 4.1‰$），认为后者是约 44 亿年前岩浆洋结晶时形成的，其源区与对流地幔的长期分离使得岩浆洋结晶时产生的氧同位素不均一性得到保存，其低 $\delta^{18}O$ 特征是地球早期过程的结果，具体可能是在深部岩浆洋矿物从硅酸盐相向金属氧化物相转变过程中形成的。

就地幔钨同位素而言，传统观点认为地幔的钨同位素组成均一（Lee and Halliday，1996；Kleine et al.，2002；Schoenberg et al.，2002；Irisawa and Hirata，2006；Takamasa et al.，2009），但随着测试精度地不断提高，越来

越多的证据表明地幔岩石普遍存在钨同位素时空分布的不均一性（Touboul et al., 2014；Kruijer et al., 2015；Willbold et al., 2015）。早期测试精度较低，在洋岛玄武岩的研究中均没有发现 ^{182}W 异常（Scherstén et al., 2004；Takamasa et al., 2009），因此认为没有核幔相互作用的影响。Schoenberg 等（2002）在 38 亿年前的伊苏阿（Isua）格陵兰岩石样品中报道了较大的 ^{182}W 负异常，但因为部分样品的分析误差较大（约 50 ppm），导致该数据存在争议。近年来，钨的测试精度有了较大的提高。Willbold 等（2011）在 38 亿年前的伊苏阿格陵兰地区古老地壳样品中发现 ^{182}W/^{184}W 很小的正异常（约 20 ppm），与 Schoenberg 等（2002）发现的负异常完全不同。他们解释这些样品的钨同位素异常代表了地幔在后期加积之前的值。随后 Touboul 等（2012）也在 28 亿年前的科斯托穆克沙（Kostomuksha）科马提岩中发现相似的异常，却在更老的 35 亿年前的科马提岩中没有发现异常，这很难用后期加积理论解释。基于锇和钕同位素证据，他们认为科斯托穆克沙科马提岩的异常反映了地幔的早期岩浆分异过程，暗示核幔边界处局部未知储库的存在。König 等（2011）曾将这种 ^{182}W 同位素的正负异常解释为在地球形成早期岩浆洋结晶分异过程中，Hf/W 值发生不同程度分异，造成原始地幔不均一性。Puchtel 等（2016）发现南非 3.5 Ga 的绍恩堡（Schapenburg）科马提岩具有耦合的 ^{182}W-^{142}Nd 负异常，认为其源区可能来自于早期富集储库。Liu 等（2016）研究了 36 亿年前加拿大努夫亚吉图克（Nuvvagittuq）绿岩带的超基性、基性以及长英质的地表岩石样品，发现所有的样品相对于现代样品具有 ^{182}W 的正异常，值为 +6~+17 ppm，认为可能是富 ^{182}W 的地壳物质通过板块俯冲加入正常地幔中；同时指出经历了交代改造后的地幔橄榄岩，其钨同位素组成可能指示后期地壳物质输入，而不能像其他低流体活动性的 HSE 的同位素体系一样能指示其地幔源区。Mei 等（2020）在 40 亿~38 亿年前的华北鞍山杂岩体样品中同样发现了 14.5±4.0 ppm 的 ^{182}W 同位素正异常，并认为该异常可能是地球形成早期的 Hf/W 分异或者该岩体的源区缺少后期加积物质影响的结果。

2. 地幔不均一性的动力学机理

地幔不均一性通常认为是地壳物质通过俯冲、拆沉进入地幔造成的

（Hofmann and White，1982；Stern，2002；Zhang et al.，2021）。但对这些深部动力学机制了解还很缺乏，且多基于板块构造理论，并假定下地幔和软流圈地幔相对均一。地球早期的构造样式、板块构造是否存在等问题也使相关研究变得困难（Foley et al.，2003）。地球早期地幔不均一性的形成可能还与地球早期地幔分异、地核形成、核幔相互作用以及后期加积作用有关。

在早期地球核幔分异、壳幔分异过程中，地幔分异程度的差异可能造成了早期地幔不均一性。以 ^{182}W 同位素为例，地幔分异通常产生不同 Hf/W 值的亏损区（高 Hf/W）和富集区（低 Hf/W），而 ^{182}Hf 在太阳系形成后约 90 Ma 内衰变并灭绝，Hf/W 值决定了 ^{182}W 同位素组成，最终演化成为 ^{182}W 正异常和负异常的源区，并在后续地幔对流、混合中保存下来。该模型可解释地球早期岩石和部分洋岛玄武岩具有的钨同位素正异常（Willbold et al.，2011）。

地核形成过程也可能造成早期地幔的不均一性。在地核形成过程中，金属－硅酸盐阶段性平衡形成的局部母子体比值（如 Hf/W）差异造成同位素差异（^{182}W/^{184}W）（Touboul et al.，2007；Rizo et al.，2019）。地球增生和地核形成受大型撞击事件控制，其发生很可能是阶段性的，金属－硅酸盐分异可能是幕式的，不同期次的分异事件因温度、压力、氧逸度等条件不同而致使硅酸盐相中 Hf/W 等母子体比值的不同，若此时短周期元素尚未灭绝，将产生同位素异常区，造成地球早期的地幔不均一性。

地球早期核幔分异、地核形成初期，地核中元素的释放与地幔发生相互作用，其中，地核中部分轻元素的出溶可能是地磁场和地球早期大气圈和水圈形成的原因。核幔相互作用和物质交换，带来地幔物质亲铁元素和相关同位素组成的变化，造成地球早期地幔的不均一。如地核 ^{182}W 值被认为远低于地幔，因此，核幔间的物质交换可能会带来地幔钨同位素组成的变化，形成负的钨同位素组成。Mundl-Petermeier 等（2017）在夏威夷群岛年轻的洋岛玄武岩中发现了明显的 ^{182}W 负异常及伴生的高 ^{3}He/^{4}He 值，并将其解释为携带强烈的 ^{182}W 负异常信号的地核物质进入原始地幔源区，在形成洋岛玄武岩的过程中被稀释并最终带到地表的结果，体现了后期的核幔相互作用。同时，近两年更进一步的一些工作发现，具备高 ^{3}He/^{4}He 值的洋岛玄武岩样品也经常

呈现出负的 ^{182}W 同位素异常，这一现象也被解释为潜在核幔相互作用的结果（Mundl-Petermeier et al.，2017；Jones et al.，2019；Rizo et al.，2019；Dottin et al.，2020；Yoshino et al.，2020）。

在地球吸积增生过程中，撞击所产生的高温会导致小型撞击体的气化，无论该小型撞击体是否曾经发生分异，都会在此过程中均一化，即相当于向原始地球中加入球粒陨石质的物质。虽然后积增生过程十分复杂（Rubie et al.，2003；Jacobsen et al.，2008；Canup，2012），但由于加入硅酸盐地幔中的球粒陨石硅酸盐部分具有与地球早期地幔不同的地球化学特征，如 Hf/W 值、铂族元素（PGE）含量等，因而也是造成早期地球不均一性的重要因素。此外，地壳物质的再循环作用（俯冲或拆沉），也可能是造成地球早期地幔不均一的重要原因（Liu et al.，2016）。上述研究均基于短半衰期放射性同位素体系方法，基于这些灭绝核素体系在地球形成后的最初约 500 Ma 内经历分异事件后形成的放射性成因子体同位素的正/负异常（如 ^{142}Nd、^{182}W 等），试图了解最早期的核幔分异和壳幔分异过程及原始地幔不均一性。然而，以 ^{146}Sm-^{142}Nd 和 ^{182}Hf-^{182}W 为代表，^{142}Nd 和 ^{182}W 同位素异常的成因往往存在多解性，具体包括由核体积效应造成的分馏（Cook and Schönbächler，2016；Saji et al.，2016）、后期变质作用产生的额外分馏（Liu et al.，2016）、质谱分析过程产生的分馏（Shirai and Humayun，2011）、样品前处理回收率过低（Saji et al.，2016；Tusch et al.，2019）等。同时，该领域的研究又对 ^{142}Nd 和 ^{182}W 同位素异常的分析精度有着非常高的要求（±5 ppm）。这便要求必须在准确扣除各项非放射性衰变造成的 ^{142}Nd 和 ^{182}W 异常的前提下才能进行下一步的研究工作，导致对化学流程、质谱分析、数据处理以及潜在同位素分馏机制和校正提出了极高的要求。此外，即便在获得了准确的放射性成因同位素异常的前提下，还需要基于其他地球化学指标系统性地分析样品可能的成因模式及潜在经历的后期变质改造过程的影响，才能最终获得真正准确可靠的早期地幔演化信息。基于此，唯有进一步优化化学流程、提高质谱分析的精度，基于实验和理论方法评估上述过程中潜在的同位素分馏，同时辅以系统性元素地球化学分析的研究方法才能真正厘清早期地幔分异及不均一性的演化历程。

七、展望和未来研究方向

（1）对大碰撞及后增生事件对早期地球多个方面的影响研究，包括大碰撞过程中的挥发分逃逸与同位素分馏、大碰撞与地球深部结构之间的联系、大碰撞及后增生事件对早期大气的影响等。

（2）对地幔和陨石样品的元素和同位素组成的测定、核幔分异条件下液态金属和硅酸盐熔体间元素分配和同位素分馏系数的实验测试和理论化学计算、对地核的地球物理学性质观测。

（3）对原始大气成分的研究需要多学科的交叉（包括但不限于大气化学、实验地球化学、同位素地球化学、物理化学、分析化学、前生命化学）。目前，大部分大气前生命化学实验都是基于小型烟雾箱（数十立方厘米），挥发性有机物受到壁效应的影响而无法累积。近年来，现代地球大气化学研究蓬勃发展，通过使用大型烟雾箱（数十立方米）减少壁效应，可以显著改变有机气溶胶生成的途径，更准确地模拟出真实大气中的化学反应。因此，在早期地球大气的研究中，亟须借助大型烟雾箱等最新模拟和观测技术，重新审视早期地球原生大气的化学反应，评估其对生命起源和早期地球气候的影响。同时，自主开发能准确模拟高能撞击过程的科学装置，可有效推动早期地球研究。最后，该领域亟须新的研究思路和方法，对同位素效应（如非质量分馏）的基本原理进行更深入的探索，在此基础上，寻找更多的地球化学指标，从地质记录中准确反演早期大气成分。

（4）当前对前板块构造阶段地球热演化这一关键控制因素的演化规律的知之甚少，对前板块构造运动的方式和性质、前板块构造对早期壳幔分异特征及演化等重要环节方面的认识同样十分有限。未来可着重以下两方面的研究：一是通过比较行星学手段研究地球的早期构造体制，可在深空探测近 70 年来积累的丰富观测基础上，限定早期构造体制相关关键动力学参数的阈值或范围，限定地球的早期热演化史和当时可能的构造体制；二是结合地球早期地质记录，在更加合理的地球热演化模型基础上，厘清当时壳幔物质成分和物性的演变规律、前板块构造的类型与发生条件及其对地球整体热演化及壳幔分异的影响。

（5）在早期地球重大地质事件定年上，应该重点开展以下几个方面的工作：①优化灭绝核素体系，如 ^{53}Mn-^{53}Cr 和 ^{146}Sm-^{142}Nd 的化学分析流程，尽量减少干扰元素的影响，提高同位素分析精度，从而得到更加准确的年龄；②监控并校正同位素质量相关分馏、宇宙射线照射和核体积效应对灭绝核素体系的影响，建立可靠的定年体系；③对灭绝核素体系进行重新定标，确保得到的绝对年龄的准确性。

（6）针对早期地幔不均一性的研究，与早期定年类似，需要进一步地优化诸如 ^{146}Sm-^{142}Nd 和 ^{182}Hf-^{182}W 体系的化学流程，进一步提高质谱分析精度（低于 ±5 ppm）。同时，辅以实验和理论方法准确评估化学流程和质谱分析过程中 ^{142}Nd 和 ^{182}W 同位素潜在的同位素分馏对测试结果的影响（以核体积效应和磁效应为代表的）。

第二节　板块构造的启动时间与启动机制

板块构造理论提出半个多世纪以来，已经深入地质学、地球化学和地球物理等学科，在构造变形、岩浆活动、造山带形成、盆地演化等各个领域全面取代了传统理论；有关大洋玄武岩、洋岛玄武岩和海洋沉积物的研究推动了地球化学的发展，催生了古海洋学；俯冲带地震、海啸等研究为地球物理的发展注入了活力。板块运动通过岩浆活动和板块俯冲控制着地球表面与地球内部的物质循环，影响着大气圈、水圈和岩石圈的演化，是宜居地球形成演化的关键地质过程。板块构造理论已经成为固体地球科学的基石，在地球科学领域占有举足轻重的地位。

遗憾的是，过去半个多世纪以来，板块构造理论始终停留在现象的描述上，而动力学研究进展缓慢。迄今为止，板块运动的驱动力是什么、板块构造体制是何时启动的、启动的机制是什么等重要科学问题仍未得到解决，依然是困扰地学界的科学难题。研究板块构造在地球上何时启动和如何启动是对板块构造理论的重要完善和推动，具有重要的科学意义和战略价值。该问题的最终解决,将打通地球演化历史的认知瓶颈,深化对地球及行星地质过程的理解,揭示人类生活家园的前世今生与未来发展;与此同时,把地球置身于更大时空尺度的太阳系乃至系外行星的演化历史,将有利于更好地探索和认知地球之外的空间环境、行星演化乃至生命过程。

一、早期地球的构造体制类型及其转换

板块构造之前的地球状态和运行模式(前板块构造)是探讨板块构造起源的前提条件,而古老的大陆地壳物质是早期地球保存下来的主要记录,这些地质记录及其观测数据是研究前板块构造的重要基础。至今发现的最古老的地质记录是西澳大利亚杰克山约 44 亿年的锆石(Wilde et al.,2001)和加拿大阿卡斯塔约 40 亿年的片麻岩(Bowring and Williams,1999),说明地球在冥古宙就存在原始大陆地壳。然而,早期大陆的一系列特征是现代板块构造理论难以解释的。譬如太古宙广泛分布的双峰式火山岩组合,缺乏现代岩浆弧安山岩;绿岩带内普遍存在的高温科马提岩,缺少高压低温的蓝片岩 - 榴辉岩。更为重要的是占太古宙陆壳面积 60% 以上奥长花岗岩 - 英云闪长岩 - 花岗闪长岩(TTG)组合是如何几乎同时间快速侵位形成的(Moyen and Martin,2012;翟明国,2012)。这些现象均存在俯冲成因的板块构造模型和无板块构造模型两种。前者认为,TTG 岩石与现代岛弧岩浆中的埃达克岩地球化学特征存在相似性(Foley et al.,2002;Martin et al.,2005;Moyen and Martin,2012)。埃达克岩主要产生于较热的年轻大洋板块俯冲过程中的部分熔融,并与周围地幔楔存在较小程度的相互作用(Defant and Drummond,1990)。因此,推测由于早期地球具有更高的温度和热流值,此时的俯冲大洋板块的温度更高,从而形成类似于现今地球上埃达克岩的地球化学特征(Martin et al.,2005)。而后者认为,早期地球的地球化学结构与现今地球存在差异,TTG 岩石可能来源于已经存在的基性岩的改造(Kemp et al.,2010;Johnson et al.,2017;Moyen and Laurent,2018)。早期地球环境中可能存在的非板块构造活动,如地幔柱、地幔流导致的拆沉及长时间持续的部分熔融和变质作用等因素可能导致 TTG 岩石的形成(Bédard,2006;Moyen and Martin,2012;Moyen and Laurent,2018)。

有关太古宙 TTG 成因的争论涉及早期地球的演化，即地球早期构造体制及其转换（图 3-4）（Condie and Kröner，2008；Cawood et al.，2018；Stern et al.，2018）。Moore 和 Webb（2013）认为地球早期状态可能与木星卫星 Io 上目前正在发生的热管（heat pipe）模式相似［图 3-4（b）］。在该模式中，早期地球表面可能存在大量的岩浆通道，地球内部的熔体通过通道到达地表并冷却固结形成早期的地壳。这不仅解释了 TTG 的形成，同时也为早期地球的冷却过程提供了思路。Beall 等（2018）模拟了早期地球从热管模式到大陆克拉通的形成过程，认为克拉通形成于高构造应力状态下的挤压过程，与大陆克拉通中广泛发育的挤压构造和岩浆活动相印证。

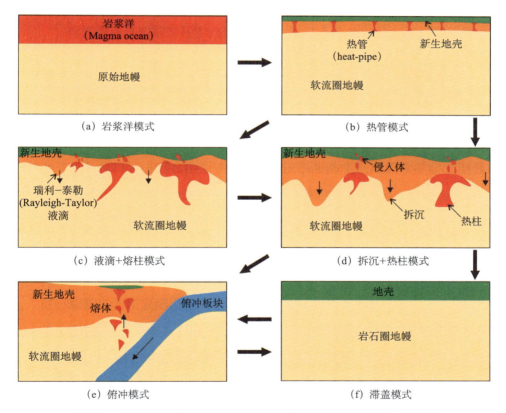

图 3-4　早期地球演化的可能模式及构造体制转换（李忠海等，2021）

各模式之间的黑色粗箭头代表构造体制转换的可能的路径；（e）表示现今地球的板块构造体制

深成黏盖（plutonic-squishy lid）模式［液滴＋熔柱模式和拆沉＋热柱

模式，图 3-4（c）和（d）]是另一类早期地球演化模式（Rozel et al., 2017；O'Neill et al., 2018）。与热管模式不同的是，该模式的热量散失方式以深部活动和岩浆侵入为主。早期地球的热流较高，导致地幔低黏度和局部密度差异，因而可能广泛发育拆沉作用和岩浆底侵作用（Rozel et al., 2017；Lourenco et al., 2020）。Rozel 等（2017）通过数值模拟，分别对热管模式、黏盖模式及两者的结合进行了系统的研究，并将不同模式中 TTG 岩石形成的温压条件与太古宙 TTG 进行了对比，揭示早期地球的 TTG 大陆地壳可能形成于拆沉导致的岩浆上涌和侵位 [图 3-4（d）]，而拆沉和地幔流的作用又可以产生一定的地表速度。Capitanio 等（2019）从流体和熔体活动的角度模拟了早期地球大陆分异固化和形成过程。结果显示在早期地球较高的温度结构中，流体和熔体活动形成的低密度和低强度的原始板块，其运动十分有限。但是在原始大陆下部可以形成强烈不对称形态的拆沉环境，与大陆 TTG 形成环境相吻合。推断这很可能是早期地球从非板块构造到板块构造的过渡形态。

除了上述两类模式外，部分学者认为地球早期也可能和大部分太阳系内类地行星一样，处于十分稳定的滞盖（stagnant lid）模式，即地球表层被一层稳定的岩石圈完整地覆盖，水平和垂直方向的运动都不发育 [图 3-4（f）]（Beall et al., 2018；Cawood et al., 2018；O'Neill et al., 2018；Stern et al., 2018）。该模式从地球初期的岩浆洋模式发展而来，伴随着岩浆洋的冷却而形成一个不太活动的稳定固化盖（滞盖），此时地球内部的热量主要通过地幔柱火山作用等方式进行扩散（Debaille et al., 2013；Stern et al., 2018）。一般认为，该滞盖模式下岩石圈板块俯冲的启动代表板块构造的起源，但与现今大规模的板块构造活动不同，这种广泛存在的滞盖模式十分稳定，它如何转变为全球关联的俯冲系统仍不明确。

综上所述，在地球早期岩浆洋固结之后，地球可能经历了热管模式、黏盖模式或滞盖模式，最终才进入板块构造阶段。无论如何，从非板块构造到板块构造体系的转换是关键。目前已有不同的转换模型，如大洋和大陆岩石圈密度差驱动的渐变模型（Rey et al., 2014）、地幔柱驱动的俯冲起始（subduction initiation）模型（Gerya et al., 2015）、天体大撞击驱动的板块运动模型（O'Neill et al., 2017），以及地球大龟裂模型（Tang et al., 2020）等。这些板块构造起源模式均缺乏足够的地质记录的约束，因而存在巨大争论。

板块构造起源的时间也莫衷一是。有学者认为板块构造在冥古宙就已经出现（Harrison，2006）；也有学者认为（现代）板块构造直到中元古代末期的约十亿年前才出现（Stern，2005）；多数学者认为板块构造开始于太古宙或早元古代。

无论是早期地球的构造体制，还是板块构造的起源都是非常重要且没有解决的科学问题，而残存的古老大陆地壳是现今可以直接观测的重要证据，因此大陆的形成和演化是探讨早期地球动力学过程的关键，记录了板块构造起源的重要信息。但是，现今地球残存的早期大陆地壳物质都相对比较零散（如我国华北的太古宙—早元古代岩石），且经历了强烈的后期改造，因此恢复几十亿年前的构造特征比较困难；如何将这些特征岩石的热力学和岩石地球化学特征与相应的大尺度构造体制及不同构造体制的转换建立有机联系是一个关键问题。基于此，将早期地球大陆地壳的岩石地球化学观测与动力学 - 热力学数值模拟进行耦合，是将这些零散的古老大陆信息和早期地球构造体制建立直接联系的重要手段，也是探讨板块构造起源问题的一个有效途径；地质学家、岩石学家及地球动力学家之间加强交流、通力合作是解决该问题的重要基础。

二、板块构造的起源

板块构造的起源是一个目标明确的科学问题，其核心是要回答板块构造在地球上启动的时间、过程和机制。作为该问题的研究前提，首先需要明确板块构造的定义及其判别标准。在此基础上，一方面需要从早期地球岩石地球化学记录的角度，揭示板块构造启动过程中可能产生的地质响应，从而约束板块构造启动的时间和相关过程；另一方面需要从地球热演化过程和动力学的角度，厘清该重大构造体制转变所需的条件，进而与岩石记录联合反演早期地球构造体制及构造体制转换。此外，板块构造的起源时代久远，现今地球的岩石记录残缺，而其他类地行星的现今状态或与早期地球相仿，或可为早期地球演化提供参考和约束，因此比较行星学研究也是探索板块构造起源问题的一个重要手段。

基于上述逻辑框架，板块构造起源问题可以分解为如下四个关键科学问题或同一科学问题的四个关键研究方向：①板块构造的定义和判别；②地球板块构造的启动时间；③地球板块构造的启动机制；④地球与其他天体构造的对比。通过对这四个方面的联合研究，有助于更好地约束早期地球的构造体制，推动板块构造起源核心科学问题的解决。

1. 板块构造的定义和判别

一般认为，板块构造系统包含三个核心要素：①地球表面由若干近似刚性的岩石圈板块组成，板块内部的应变较小；②一些岩石圈板块沿大洋中脊做离散运动，在洋中脊形成新的洋壳和岩石圈，新岩石圈在运移过程中不断冷却和"刚化"；③一些水平运动的岩石圈板块在汇聚边缘处俯冲消减到另一些板块之下，从而形成大洋板块的生死循环，周而复始。

在这三要素中，板块俯冲带是限制板块构造启动的关键因素，从而将板块构造起源问题转变为一个更直接的、寻找最古老俯冲带的问题，或寻找最古老的俯冲记录，如通过确定古老大陆碰撞带中最老的弧岩浆岩的时代来约束板块俯冲起始的时间下限。当今的岩石学及同位素年代学技术飞速发展，已经可以比较容易地测定特定弧岩浆岩的形成时代；困难在于探测和识别古老大陆碰撞带中的古老弧岩浆记录。此外，在变质记录方面，大陆碰撞带一般具有顺时针温压轨迹，而碰撞前的俯冲带一般具有双变质带特征，并被认为是识别古老俯冲带的可靠标志。

尽管地质学家和岩石地球化学家针对上述各种板块俯冲起始和板块构造启动的标志性地质要素进行了大量的野外勘查和实验测试工作，取得了一些重要的进展和认识，但仍然缺少明确的、简单直接的地质记录判别标准。这个标准的建立将是板块构造起源研究进程中的一个关键点。值得注意的是，板块构造代表一个全球性的构造体制，一个单一的俯冲带无法确定板块构造起始，需要形成全球联动的板块离散和会聚体系方可定义为板块构造。该问题使得板块构造的起源判别变得尤为复杂，因为从残存的岩石记录中厘定全球性的、同时代的古老板块俯冲体系是十分困难的。

确立板块构造起源的地质记录判别标准，一方面，需要对全球克拉通中古老岩浆岩和变质岩进行细致的分析，以识别早期地球构造体制转换可能对应的岩石地球化学规律变化；另一方面，可以采用动力学和热力学数值模拟的手段，针对早期地球的物质属性和温压条件，模拟其可能的地质过程和演化历史，进而合成特定条件下地质产物，揭示板块构造启动阶段的岩石记录。此外，这种古老的、全球性的重大地质事件必然产生全球性的地质和环境响应，也使得地质大数据和人工智能研究走上舞台，可能对该棘手问题的解决产生一定的推动作用。当然这种约束是间接的，可能难以起到一锤定音的效果。

2. 地球板块构造的启动时间

板块构造的启动时间涉及整个地球的演化历史、变化过程和演化规律（翟明国等，2020）。但由于对板块构造的判别标准不同，因而采用的地质数据和解译不同，最终导致板块构造的启动时间存在巨大争议。目前主要有三种观点：①在地球形成后不久的冥古宙时即出现板块构造；②板块构造启动于太古宙或古元古代的某个阶段，对应于大陆克拉通化；③板块构造启动于新元古代。

根据在西澳大利亚杰克山区的太古宙沉积岩中发现的碎屑锆石，其 U-Pb 年龄约为 44 亿年前，Harrison（2006）认为这些冥古宙的碎屑锆石是由长英质熔体与大洋水发生水化作用而形成的，且其形成环境与现今俯冲带环境类似，进而指出地球在冥古宙可能就存在板块构造。但 Valley 等（2006）认为由长英质火山原岩与大洋水作用而形成的碎屑锆石，仅表明当时地球表面已有大洋的存在，并不能指示该锆石形成于汇聚板块边界的俯冲带上。Maruyama 等（2018）根据地球、月球及小行星带的记录，提出板块构造的启动时间为冥古宙中期（43.7 亿～42.0 亿年前）；并认为天外飞体的撞击导致了地球上板块构造的启动，将海洋和大气的成分输送到了完全干燥的地球上。O'Neill 等（2017）基于数值模拟指出，由于 41 亿～40 亿年前天外星体撞击流的增加，早期地球出现持续时间较短的间歇性板块构造活动；且由于俯冲作用，冷的板片进入下地幔并堆积在核幔边界，对应了该时期地球磁场强度的增大。O'Neill 等（2019）通过对天外星体撞击的进一步数值模拟，指出现代板块构造活动应该在太古宙（35 亿～32 亿年前）启动。Bercovici 和 Ricard（2014）认为，距今约 40.5 亿年前，早期地球上最早的俯冲带出现，但其发展极其缓慢；伴随着弱的板块边界逐渐累积，最终在约 30 亿年前地球上形成广泛分布的板块构造；从最早的俯冲带出现到板块和板块边界在地球上广泛分布，大约经历了 10 亿年。

虽然上述学者认为板块构造早在冥古宙就已经启动，但大多数观点认为地球上的板块构造启动于太古宙或古元古宙的某个阶段。现今保存完整的、成规模的太古宙地体主要出露于格陵兰，包括 38 亿～37 亿年前的伊苏阿绿岩带和阿米特索克 TTG 片麻岩地体，以及条带状铁建造的沉积岩，表明该时期陆壳物质的形成和洋壳物质的循环已经开始（Nutman et al.，2002）。Nutman 等（2002）在格陵兰发现了 36.5 亿～36.05 亿年前的糜棱岩，认为在这段时间在板块边界附近发生了大规模的水平运动，进而推测在始太古代（约 36 亿年前），地球上板块构造已经以某种形式开始作用，并促进了太古宙早期地壳的发育。Furnes 等（2007）在伊苏阿绿岩带中发现了太古宙蛇绿岩，进而提出板块构造的启动时间为始太古代，但伊苏阿绿岩带是否为太古宙蛇绿岩目前还存在争议。

Palin 等（2020）总结了关于早期地球俯冲作用的地质构造、岩石地球化学和同位素年代学数据以及地球动力学模拟的结果，认为全球尺度的板块构造活动的开始时间不晚于 30 亿年前，该时期与大多数独立的地质记录和岩石圈尺度的地球动力学模拟结果吻合。Cawood 等（2018）基于沉积岩、岩浆岩、变质岩以及古地磁数据的研究，指出在中太古代—新太古代地球表面的构造活动发生了显著变化：①垂向构造如花岗岩 - 绿岩地体中的穿窿构造，被线性逆冲构造等水平构造所替代；②镁铁质成分的薄陆壳逐渐向中间成分的厚陆壳转变；③卡普瓦尔克拉通、皮尔布拉克拉通在 27.8 亿～27.1 亿年的古地磁数据和苏必利尔克拉通、卡普瓦尔克拉通、科拉 - 卡累利阿克拉通在 27 亿～24.4 亿年前的古地磁数据显示了明显的相对运动。基于这些构造体制的转换，推测中太古代—新太古代（32 亿～25 亿年前）地球发生了强烈的构造体制转换，从非板块构造模式进入板块构造阶段。

25 亿年前是太古宙与元古宙的分界。在 25 亿年前左右，地球发生了重大变化，这些变化与太古宙晚期地球上广泛分布的板块构造有关：一方面，地幔逐渐冷却，从而导致科马提岩丰度和氧化镁含量降低，条带状铁建造中的 Ni/Fe 值降低等；另一方面，在 27 亿～25 亿年前，大陆克拉通化，岩浆类型从 TTG 转变为钙碱性岩浆（Condie and O'Neill，2010）。25 亿年前可能代表了地球历史上某个构造体制转换的时间。Sobolev 和 Brown（2019）认为，地球上间歇性的俯冲事件转变为全球板块构造的时间为 30 亿年前；在该时期，由于大陆的抬升，地表剥蚀增加，沉积物堆积在大陆边缘和海沟处，起到润滑和稳定俯冲的作用，最终触发全球性的板块构造事件。Brown 等（2020）对地球上构造体制转换的时间进行了进一步约束，提出在古元古代之后，双峰式变质岩的广泛出现表明地球上持续性的板块构造完全启动。这与地球化学大数据得到的结论类似（Liu et al.，2019）。

除了上述主流观点之外，Condie 和 Kröner（2008）通过与现代板块构造的特征对比，认为符合或接近现代板块构造的大多数指标出现在新元古代（约 10 亿年前）之后。Stern（2008）进一步认为，板块构造的主要判别依据包括蛇绿岩、蓝片岩、超高压地体、榴辉岩、被动大陆边缘、与俯冲有关的岩基、指示克拉通运动的古地磁数据，以及岩浆岩地球化学和同位素判别等。地球早期的构造为滞盖模式，并伴随着间歇性的原始板块构造运动（27 亿～25 亿年前、20 亿～18 亿年前）；而与现代相似的、可持续的、具有深俯冲和板片拖曳特性的板块构造运动则开始于新元古代（约 10 亿年前）（Stern et al.，2018）。超高压变质岩和蛇绿岩被认为是板块构造活动的初步证据，由于新元古代之前缺少超高压变质岩和蛇绿岩的证据，Stern（2005）认为现代板块构造开始的时间应为新元古代（约 10 亿年前）。此外，Stern 等（2016）考虑了金伯利岩的时间分布规律，发现大约 95% 的金伯利岩年龄小于 7.5 亿年，而在 10 亿年以前关于金伯利岩的记录极少。金伯利岩的喷发是现代板块构造运动的结果；含水地壳和沉积物俯冲进入地幔深部，使得地幔的二氧化碳和水含量增大，导致金伯利岩岩浆的快速上升。

综上可见，前人提出的板块构造的启动时间涵盖了大部分地球历史时期，说明该问题完全没有解决。由于对板块构造机制的理解不同、对早期地球地质资料的不足、对地质数据的选取和解释的差异，关于地球上板块构造的启动时间的争论可能仍会持续相当一段时间。究其原因，很大程度在于板块构造的定义和判别标准没有得到归一，而只是通过某个特定因素的剧烈变化来推测早期地球发生的巨大构造体制转变，进而把该转变对应于板块构造的起源，从而推测一个板块构造启动的时间。为了探讨板块构造的起始，首先需要明确板块构造的精确定义，如是否需要区分现代板块构造和早期板块构造？涉及的板块构造启动是指与现代样式极其相似的板块构造，还是只要出现板块的水平运动和俯冲就可以？早期板块构造的时间尺度、空间范围及全球联动性如何？板块构造启动时间的最终约束需要建立在对上述标准进行明确的说明和厘定的基础之上，才有望使得该问题得到最终归一化解决。

3. 地球板块构造的启动机制

在地球早期岩浆洋固结之后，地球可能经历了热管模式、黏盖模式或滞盖模式等，最终进入板块构造阶段。目前，关于从非板块构造到板块构造体系的转换已经提出了不同的模型，包括大洋和大陆岩石圈密度差驱动的渐变模型（Rey et al.，2014）、地幔柱驱动的俯冲起始模型（Gerya et al.，2015；Baes et al.，2016；Crameri and Tackley，2016）、天外星体的大撞击驱动板块运动模型（O'Neill et al.，2017）（图3-5），以及近来提出的地球大龟裂模型（Tang et al.，2020）等。

早期地球俯冲起始要求早期大陆边缘在组成成分、密度和流变强度上存在不均匀性（Brown et al.，2020）。Rey等（2014）给出了洋-陆板块密度差驱动的渐变模型［图3-5（a）］，模型中较低密度、较高温度和较低流变强度的早期大陆将产生足够大的水平推挤力，使大陆岩石圈长时间向周围扩展，导致相邻的大洋岩石圈被缓慢推挤到大陆边缘之下；当早期大陆产生的水平力足以克服大洋岩石圈的屈服应力时，俯冲就逐渐启动。在俯冲过程中，大陆岩石圈向周围扩展，岩石圈平均厚度从225 km降低至75 km；而大洋岩石圈由于较低的流变强度，发生断离；俯冲过程持续了约50 Ma后，最终停止，整个系统再次回到滞盖模式。该模型认为，大陆/大洋岩石圈的密度差可能导致俯冲起始，引起早期地球短暂的板块构造事件。但在模型中，没有考虑早期大陆如何形成的问题，而在没有板块构造的情况下，能否形成大型的、重力不稳定的大陆目前还存在争议。

早期地球由于温度较高，通过减压熔融形成的岩石圈结构不同于现代的岩石圈，即地球早期岩石圈的洋壳较厚而岩石圈地幔较薄。同时，早期地球内部比现在更加灼热，岩浆作用更加剧烈，因此岩石圈可能无法逐渐冷却，密度也无法逐步升高，难以形成足够大的负浮力。早期地球板块俯冲的驱动力是比较欠缺的，所幸的是由于较高的温度，其岩石流变强度及阻碍力也比现今地球小。因此，有学者认为地球早期即使有板块构造存在，其分布也比较零星（Stern，2008）；只有当地球冷却到一定程度，扩张脊的减压熔融形

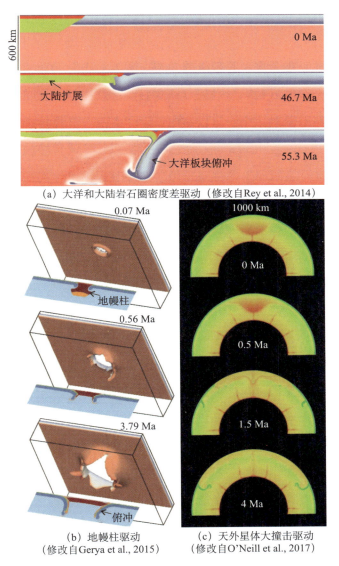

(a) 大洋和大陆岩石圈密度差驱动（修改自Rey et al., 2014）

(b) 地幔柱驱动
（修改自Gerya et al., 2015）

(c) 天外星体大撞击驱动
（修改自O'Neill et al., 2017）

图 3-5 俯冲起始和板块构造起源的动力学数值模型

成薄的洋壳且大洋岩石圈在较短的时间尺度（几十百万年），即可产生负浮力时，才可能形成与现今板块构造类似的、持续的板块俯冲带。

除了这种时间尺度较大的渐变模型之外，前人还提出了相对短时间尺度的"瞬变"模式，即地幔柱上涌和天外飞体的大撞击［图 3-5（b）和（c）］。Gerya 等（2015）认为，地幔柱的上涌是使岩石圈破裂并发生俯冲过程的主要驱动力。在该模型中，一个足够热并且体积足够大的地幔柱上涌，破坏上层的岩石圈。同时，地幔柱头部岩浆的熔融提取作用弱化了上覆岩石圈并加大了密度差异，最终导致了俯冲的开始［图 3-5（b）］。Gerya 等（2015）认为在早期地球较高的温度下，只有古老的、负浮力的大洋岩石圈可以开始俯冲，而年轻的大洋岩石圈更倾向于发生对流减薄。Crameri 和 Tackley（2016）模拟了多个地幔柱上涌最终驱动俯冲起始的过程；地幔柱撞击在岩石圈底部，使岩石圈局部温度升高、强度变弱、厚度减小，而相邻的岩石圈不断加厚，最终两侧岩石圈发生解耦，岩石圈被破坏，厚度较大的岩石圈由于负浮力的作用开始下沉，俯冲开始。数值模型的结果指出，岩石圈－软流圈边界处差异地形的产生，以及地幔柱的加热作用是引发俯冲起始的关键因素。地幔柱上涌模式可以在没有板块构造、没有先存薄弱带的情况下，触发俯冲起始。但是，早期地球中的热状态和现今地球存在差异，早期地球上的地幔柱的样式、大小、动力学和数量目前无法准确约束。

早期地球俯冲起始的另一种机制是天外星体的大撞击［图 3-5（c）］。Maruyama 等（2018）指出在冥古宙，直径 1000 km 的天外飞体碰撞地球，破坏地球表面的滞盖，并形成大洋岩石圈，最终导致俯冲的开始。O'Neill 等（2017）认为"大撞击"事件中的流星撞击事件会在地幔中产生热异常，可能导致地球在冥古宙发生俯冲起始。其数值模型的结果显示，直径 1000 km 的巨大天外飞体的撞击可能破坏早期地球的岩石圈，并在地幔中产生大规模的热异常，较热的地幔物质由于浮力的作用形成大规模的上升流；上升流到达岩石圈的底部之后向周围扩展，导致岩石圈发生加厚；随着上升流的扩展，上升流边缘两侧厚度不同的岩石圈发生解耦，俯冲开始［图 3-5（c）］。在该模型中，较大的天外星体（直径＞500 km）可以产生大规模的地幔热异常，明显影响岩石圈的构造，触发俯冲事件；而规模较小的天外星体（直径＜500 km）可能无法驱动俯冲起始。然而，根据对陨石坑等的研究，在约 35 亿年前，撞击地球的天外星体的直径可能小于 100 km，并不清楚这种撞击是否会影响早期地球的构造体制。天外星体撞击处的岩石圈局部的厚度梯度是决定俯冲起始的关键因素。碰撞诱发的上升流会导致厚度梯度较大的岩石圈部分再次加厚，并使其周围的岩石圈减薄弱化，导致俯冲开始。但是，与 Gerya 等（2015）的结论类似，早期地球较弱的岩石圈能否形成明显的厚度梯度需要进一步论证。

虽然早期地球上大撞击事件确实存在，但它对构造的影响目前并不明确。

O'Neill 和 Debaille（2014）认为，早期地球的构造体制和演化模式可能是滞盖模式并伴随间歇性的俯冲事件。该模型以及地幔柱上涌或天外星体的大撞击作用模型，都是基于滞盖模式之下的早期地球俯冲起始事件。除此之外，早期地球也可能从热管模式（Moore and Webb，2013）或黏盖模式（Sizova et al.，2015）转换为板块构造模式。Moore 和 Webb（2013）模拟了地球冥古宙的热管模式，认为地幔熔体通过早期地球表面狭窄的岩浆通道上涌到达地表，快速冷却至地表温度后固结，使得岩石圈加厚；同时，熔体将大量的热带到地表，有效地使地幔冷却；最终形成冷而厚的岩石圈［图 3-6（a）］。Moore 和 Webb（2013）指出，地幔温度降低，导致热管火山作用迅速减少，可能造成 32 亿年前左右板块构造的启动。随着地幔温度的降低，作用在岩石圈上的对流应力逐渐增大，超过岩石圈的强度，导致岩石圈被破坏；最终由于岩石圈负浮力的作用，俯冲开始。但在该数值模型中，所有的熔体均会在地表喷发，即没有考虑岩浆的侵入作用；而实际上大约 80% 的地幔熔体是侵入岩石圈的，只有 20% 的熔体会喷出地表。故 Rozel 等（2017）考虑了岩浆侵入对早期地球大陆地壳形成的影响，指出在热管模式下无法形成早期地球的大陆地壳，太古宙地球更可能处于黏盖模式。

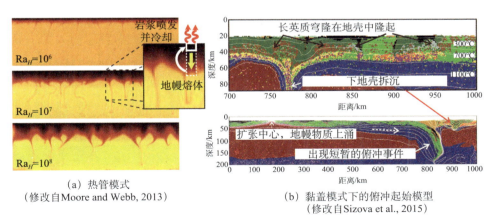

（a）热管模式
（修改自Moore and Webb, 2013）

（b）黏盖模式下的俯冲起始模型
（修改自Sizova et al., 2015）

图 3-6　热管模式或黏盖模式转变为板块构造的数值模型

Sizova 等（2015）模拟了太古宙地球黏盖模式下出现俯冲起始的过程。在黏盖模式下，岩石圈广泛发育拆沉作用和对流减薄作用，并出现岩浆的上涌和底侵作用；这些作用除了垂向的运动之外，也产生一定的水平速度。巨大的地幔上升流到达地表，形成新的玄武岩地壳，产生大洋岩石圈板块；且上升流形成一系列的扩张中心，向周围扩展，推挤大洋岩石圈水平运动，使得其周围大陆岩石圈缩短加厚。随着长英质物质在大洋、大陆岩石圈接触处的底辟上涌，两侧岩石圈之间产生薄弱带，大洋岩石圈开始短暂的俯冲［图3-6（b）］。值得注意的是，滞盖模式和黏盖模式具有相似的、区别于板块构造的运动学特征，即水平方向的运动欠缺；但两者又具有明显的区别，滞盖模式代表比较强硬的岩石圈，变形很弱；而黏盖模式的岩石圈流变强度较低，可发育广泛的垂向变形和垂向构造。至于哪个更可能是板块构造启动之前的构造体制，至今仍没有定论。

上述动力学模型都是在流体力学的研究框架下提出的，而最近 Tang 等（2020）基于固体力学理论，概念性地模拟了地球岩石圈在内部膨胀作用下的破裂过程，提出了一个地球早期板块起源新说——地球大龟裂。数值模拟揭示早期地球岩浆洋在冷却固结过程中形成坚硬岩石圈；热管模式进一步释放地球内热，冷却并加厚岩石圈，逐渐形成阻碍地球内部热能有效释放的盖层，引起地球回暖膨胀，并导致岩石圈以龟裂形式快速破裂，从而形成多个板块。模拟结果还揭示板块大小与岩石圈厚度之间存在尺度率关系。早期地球较热，岩石圈较薄，破裂形成的板块尺度较小；随着地球整体冷却，晚期的岩石圈较厚，破裂形成的板块尺寸更大。这一模拟结果合理解释了前人关于近代地球板块尺寸大于早期地球板块尺寸的发现（De Wit and Hart，1993；Van Kranendonk and Kirkland，2016）。

大量的数值模型给出了早期地球在不同模式下、受到不同因素的作用，最终导致俯冲起始及板块构造启动的模拟结果。由于早期地球温度较高，地幔流变强度较低，俯冲过程可能具有较快的速率。同时，由于岩石圈的强度较低，整个俯冲过程可能持续较短的时间，之后俯冲板片发生断离，俯冲停止。Bercovici 和 Ricard（2014）根据矿物和岩石高温变形模拟实验和计算结果，提出早期地球由一个滞盖演变成若干个岩石圈板块并相对运动的过程极其漫长，其主要机制是岩石圈内一些局部的、持久的薄弱带逐渐演化成全球性的板块边界，并导致全球联动的板块俯冲；该过程可能需要10亿年的时间才能完成。O'Neill 等（2018）根据数值模型的结果和实际的地质记录进一步指出，地球从非板块构造到俯冲起始，进而形成现代板块构造的过程，这并不是一个单调进行的过程，而是可能存在着多期次的俯冲起始及俯冲停止的事件。随着地球内部温度降低，大洋岩石圈强度和负浮力增大，地球上才最终出现稳定的板块俯冲。Sobolev 和 Brown（2019）认为，距今 30 亿~20 亿年前，由于大陆的抬升，地表剥蚀增加，这些沉积物堆积在大陆边缘和海沟处，起到润滑和稳定俯冲的作用，地球上间歇性的俯冲事件转变为全球板块构造。最终，在新元古代（距今约 10 亿年前），地球上的构造样式发生转变，进入现代板块构造体系（Stern，2008）。

综上可见，围绕地球板块构造的启动机制，前人进行了大量的数值模拟研究，为早期地球构造体制的转换提供了系统的动力学约束，促进和加深了对该前沿问题的认识。虽然这些动力学模拟研究与早期地球的岩石记录进行了一定的对比，但是由于残存地质记录极其不完整，很难与连续过程动力学模型进行直接的对比。同时，动力学模型往往基于相对简单可靠的热－力学物理机理，而忽视地质过程的复杂性，忽略了地质演化过程中的流体－熔体活动、岩石矿物相变等难以定量化模拟计算的过程，因而进一步加剧了动力学模型与地质观测之间的差距。在未来研究中，基于地球长期热演化历史，将动力学框架和热力学模式进行耦合，进而通过构建整合数值模型，将零散的古老大陆信息和早期地球构造体制建立有机联系，以期联合揭示地球板块构造的启动机制。

4. 地球与其他天体构造的对比

根据对绕太阳运行的约 30 个最大天体的探查，发现它们的密度、流变性等重要物理性质与地球具有较大差异，如木星、土星、天王星和海王星为气态或冰态星球，而水星、金星、地球、火星等为硅酸盐星球。对太阳系的七个硅酸盐星球（水星、金星、地球、火星、月球、木卫一、木卫二）进行对比研究，有利于推动地球板块构造启动机制的研究。

水星和月球的半径要比地球小得多，因此它们的散热和冷却速率较快，可能在 30 亿年前就失去绝大部分的热量而成为不活跃的星球，并且经历了持续性地收缩，因此挤压构造占主导；目前没有任何迹象表明这两个星球在地质历史上曾存在过板块构造。金星的大小、整体成分和内部结构与地球高度相似，但构造特征却与地球相差甚远，也没有任何迹象表明该星球的历史上曾存在过板块构造；目前金星的表面约 70% 被熔岩平原覆盖，其余的区域被火山 - 构造组合覆盖，并且内部依然处于活跃状态（Smrekar et al.，2010；Gülcher et al.，2020）。一些学者认为，金星表面温度较高且缺少水圈的存在可能是阻碍其板块构造运行的重要因素，而地球表面的水对于板块构造的启动和运行具有重要作用（Martin et al.，2005）。与金星相反，火星的表面形貌特征与地球相似，如可能存在着与表面耦合的大气圈、水圈等；一些学者认为，火星表面的一些对称磁条带和构造特征与板块构造比较类似（Yin，2012）；但是，火星表面大量古老的冲击坑和火山口的存在，并不支持板块构造的存在。有学者用滞盖模式来描述当前金星和火星的构造体制，其岩石圈沿着薄弱带变形，并伴随着岩浆活动，只不过火星的岩浆作用要远小于金星（Breuer and Spohn，2003；Rozel et al.，2017；Stern et al.，2018）。

木卫一目前正在经历热管模式，其表面可能存在大量的岩浆通道，内部的熔体通过通道到达地表并冷却固结形成新生地壳；同样的，木卫一上未曾发现有过板块构造的证据。木卫二是当前太阳系中唯一可能和地球相似并存在全球板块运动的天体（Kattenhorn and Prockter，2014），其表面撞击坑很少（Moore et al.，2001）。并且木卫二可能是除了木卫一之外，太阳系平均年龄最小的天体（Bierhaus et al.，2009），这意味着木卫二表面经历了十分丰富的地质过程；木卫二的冰层之下存在液态水圈（Khurana et al.，1998），且满足板块俯冲所需的动力机制（肖智勇和许志琴，2021）；木卫二表面 40% 的区域被扩张条带覆盖（Figueredo and Greeley，2004），其形貌特征和形成过程与地球洋底的新生洋壳类似；对木卫二板块重建发现大约有 2 万 km^2 的区域无法恢复，这就意味着在构造运动过程中可能发生了俯冲消亡（Kattenhorn and Prockter，2014）。

与太阳系其他 6 个硅酸盐星球不同的是，地球在核幔形成之后经过进一步演化，形成了长英质硅酸岩为特征的大陆地壳和被海水所覆盖的大洋地壳。因此，一些学者认为，大陆的形成和水的存在是地球上出现板块构造的重要条件。较轻的大陆岩石圈和较重的大洋岩石圈共存的确有利于产生重力不稳定性，并促进两者之间发生俯冲。此外，地球与太阳之间的距离正好使地球表面温度维持在液态水的温度区间（0～100℃），从而适合大量液态水的稳定存在。而水不仅能够通过热液循环快速冷却新形成的大洋岩石圈，并且有利于弱化或润滑岩石圈板块，使其容易弯曲下沉，从而发生俯冲作用。

在对比太阳系天体的地质构造和地球物理特性时，可以按照天体内部热量透过岩石圈散失的机制，将构造应力的来源分为三种（Solomon and Head，1982）：热传导、板块循环和热管式火山作用。当前，水星、月球、火星，可能也包括金星的岩石圈散热机制主要是热传导，热传导作为岩石圈的主要散热机制，可能是所有类地天体热演化的终点（Stern et al.，2018）。木卫一的岩石圈主要通过全球大面积分布，以热管模式进行构造活动，地质构造主要受火山活动的影响，这可能是冥古宙地球的主要散热机制（Moore and Webb，2013）；全球板块循环是当前地球（可能也包括木卫二）的主要散热机制（肖智勇和许志琴，2021）。通过研究比较行星的散热机制，可以探究行星演化的路径，进而研究地球的演化历史。从散热机制来看，早期地球内部生热效率远高于岩石圈散热效率，因而可能以热管式火山作用作为其主要散热机制。随着年龄的增长以及经历频繁的外部干扰，地球逐渐过渡到了目前的板块俯冲模式，以全球板块循环作为其主要散热机制。在板块活动后期，地球可能进入滞盖模式，降低了岩石圈散热效率，以热传导方式散热，后续内部温度升高导致地幔对流加强而破坏盖层的稳定性（Ernst，2008；Stern et al.，2018），回到板块俯冲模式。因此，在形成目前的板块俯冲之前，地球可能经历过一次或者多次滞盖模式。

比较行星学的研究提供了地球板块构造体制区别于其他星球的非板块构造体制的可能原因。但目前可获取的其他星球的地质资料过少，许多地貌成因无法通过影像资料获悉。如何进一步厘定这些差异性条件和模式，仍有待于深空探测及动力学模拟进一步实施。无论如何，比较行星学的发展对于研究地球的演化历史，以及通过地球的演化历史推断其他行星的构造过程有着深远的意义。

三、研究展望

板块构造的起源问题涉及早期地球的构造体制及演化历史，而现存的地质记录比较零散且残缺，因此该问题的研究极具挑战性。要解决这些问题，需要重点关注以下几点。

（1）加强多学科的交叉和联合攻关。一方面，需要加强地质和岩石地球化学观测及地球物理探测，以在大陆克拉通上识别出最古老的大陆碰撞带及其中最古老的弧岩浆作用时代，进而标定板块构造在该克拉通的启动时间下限；另一方面，需要区域尺度和全球尺度的动力学－热力学数值模拟，约束早期地球构造体制，厘清构造体制转换的动力学条件及地质响应，进而与实际观测的岩石记录进行联合反演研究。

（2）需要深空探测的协助，对类地行星（及卫星）开展观测，相关数据可为比较行星学的研究提供基础条件，并进而与早期地球的观测和模拟进行有效对比，有利于促进对于板块起源的认识。

（3）结合机器学习（machine learning）、人工智能、大数据挖掘以及地球动力学模拟等先进的技术。相关的关键技术问题有大洋钻探技术、大数据建设与数据挖掘、人工智能和地球动力学模拟等。今后需要支持海底钻探研究，加强大数据建设及数据挖掘和地球动力学模拟方面的课题设置和团队建设。

本章参考文献

李三忠，郭玲莉，戴黎明，等. 2015. 前寒武纪地球动力学（Ⅴ）：板块构造起源. 地学前缘，22（6）：65-76.

李忠海，崔起华，钟辛易，等. 2021. 大陆动力学数值模拟：问题、进展与展望. 地质学报，95（1）：238-258.

刘耘，章清文. 2023. 冥古宙地球的冷却、分异和构造体制及其比较行星学研究. 科学通报，68（18）：2284-2295.

万渝生，董春艳，任鹏，等. 2017. 华北克拉通太古宙 TTG 岩石的时空分布、组成特征及形成演化：综述. 科学通报，33：1405-1419.

肖智勇，许志琴. 2021. 行星构造：寻求地球演化的踪迹. 地质学报，95（1）：259-275.

翟明国. 2012. 华北克拉通的形成以及早期板块构造. 地质学报，86（9）：1335-1349.

翟明国，赵磊，祝禧艳，等. 2020. 早期大陆与板块构造启动——前沿热点介绍与展望. 岩石学报，36（8）：2249-2275.

Albarède F, Albalat E, Lee C T. 2015. An intrinsic volatility scale relevant to the Earth and Moon and the status of water in the Moon. Meteoritics and Planetary Science, 50(4): 568-577.

Alexander C M O. 2022. An exploration of whether Earth can be built from chondritic components, not bulk chondrites. Geochimica et Cosmochimica Acta, 318: 428-451.

Alfè D, Price G D, Gillan M J. 2002. Iron under Earth's core conditions: Liquid-state thermodynamics and high-pressure melting curve from ab initio calculations. Physical Review B, 65(16): 165118.

Amelin Y, Kaltenbach A, Iizuka T, et al. 2010. U-Pb chronology of the Solar System's oldest solids with variable ^{238}U/^{235}U. Earth and Planetary Science Letters, 300: 343-350.

Anderson D L. 2007. New Theory of the Earth. Cambridge: Cambridge University Press.

Arveson S M, Deng J, Karki B B, et al. 2019. Evidence for Fe-Si-O liquid immiscibility at deep Earth pressures. Proceedings of the National Academy of Sciences of the United States of America, 116(21): 10238-10243.

Badro J, Aubert J, Hirose K, et al. 2018. Magnesium partitioning between Earth's mantle and core and its potential to drive an early exsolution geodynamo. Geophysical Research Letters, 45(24): 240-248.

Badro J, Brodholt J P, Piet H, et al. 2015. Core formation and core composition from coupled geochemical and geophysical constraints. Proceedings of the National Academy of Sciences of the United States of America, 112(40): 12310-12314.

Badro J, Siebert J, Nimmo F. 2016. An early geodynamo driven by exsolution of mantle components from Earth's core. Nature, 536: 326-328.

Baes M, Gerya T, Sobolev S V. 2016. 3-D thermo-mechanical modeling of plume-induced subduction initiation. Earth and Planetary Science Letters, 453: 193-203.

Bao H M, Lyons J R, Zhou C M. 2008. Triple oxygen isotope evidence for elevated CO_2 levels after a Neoproterozoic glaciation. Nature, 453: 504-506.

Basilevsky A T, Neukum G, Nyquist L. 2010. The spatial and temporal distribution of lunar mare basalts as deduced from analysis of data for Lunar meteorites. Planetary and Space Science, 58(14/15): 1900-1905.

Bauer A M, Fisher C M, Vervoort J D, et al. 2017. Coupled zircon Lu-Hf and U-Pb isotopic analyses of the oldest terrestrial crust, the >4.03 Ga Acasta Gneiss Complex. Earth and Planetary Science Letters, 458: 37-48.

Beall A P, Moresi L, Cooper C M. 2018. Formation of cratonic lithosphere during the initiation of plate tectonics. Geology, 46(6): 487-490.

Becker H, Horan M F, Walker R J, et al. 2006. Highly siderophile element composition of the Earth's primitive upper mantle: Constraints from new data on peridotite massifs and xenoliths. Geochimica et Cosmochimica Acta, 70(17): 4528-4550.

Bédard J H. 2006. A catalytic delamination-driven model for coupled genesis of Archaean crust and sub-continental lithospheric mantle. Geochimica et Cosmochimica Acta, 70(5): 1188-1214.

Bercovici D, Ricard Y. 2014. Plate tectonics, damage and inheritance. Nature, 508(7497): 513-516.

Bierhaus E B, Zahnle K, Chapman C R. 2009. Europa's crater distribution and surface ages// Pappaalardo R T, McKinnon W B, Khurana K. Europa. Tucson: University of Arizona Press.

Blanchard I, Badro J, Siebert J, et al. 2015. Composition of the core from gallium metal-silicate partitioning experiments. Earth and Planetary Science Letters, 427: 191-201.

Blanchard I, Siebert J, Borensztajn S, et al. 2017. The solubility of heat-producing elements in Earth's core. Geochemical Perspectives Letters, 5: 1-5.

Bottke W F, Walker R J, Day J M D, et al. 2010. Stochastic late accretion to Earth, the Moon, and Mars. Science, 330(6010): 1527-1530.

Bowring S A, Williams I S. 1999. Priscoan (4.00~4.03 Ga) orthogneisses from northwestern Canada. Contributions to Mineralogy and Petrology, 134(1): 3-16.

Breuer D, Spohn T. 2003. Early plate tectonics versus single-plate tectonics on Mars: Evidence from magnetic field history and crust evolution. Journal of Geophysical Research-planets, 108(E7): 801-813.

Brown M, Johnson T, Gardiner N J. 2020. Plate Tectonics and the Archean Earth. Annual Review of Earth and Planetary Sciences, 48: 291-320.

Bukowinski M S T. 1976. The effect of pressure on the physics and chemistry of potassium. Geophysical Research Letters, 3 (8): 491-494.

Byerly B L, Kareem K, Bao H M, et al. 2017. Early Earth mantle heterogeneity revealed by light oxygen isotopes of Archaean komatiites. Nature Geoscience, 10: 871-875.

Byrne P K, Ostrach L R, Fassett C I, et al. 2016. Widespread effusive volcanism on Mercury likely ended by about 3.5 Ga. Geophysical Research Letters, 43(14): 7408-7416.

Cabral R A, Jackson M G, Rose-Koga E F, et al. 2013. Anomalous sulphur isotopes in plume lavas reveal deep mantle storage of Archaean crust. Nature, 496: 490-493.

Cano E J, Sharp Z D, Shearer C K. 2019. Oxygen Isotope Variation in the Moon and Implications for the Giant Impact. Houston: 50th Annual Lunar and Planetary Science Conference.

Cano E J, Sharp Z D, Shearer C K. 2020. Distinct oxygen isotope compositions of the Earth and Moon. Nature Geoscience, 13(4): 270-274.

Canup R M. 2012. Forming a Moon with an Earth-like composition via a giant impact. Science, 338(6110): 1052-1055.

Canup R M, Asphaug E. 2001. Origin of the Moon in a giant impact near the end of the Earth's formation. Nature, 412(6848): 708-712.

Cao X B, Bao H M. 2013. Dynamic model constraints on oxygen-17 depletion in atmospheric O_2 after a snowball Earth. Proceedings of the National Academy of Sciences of the United States of America, 110: 14546-14550.

Capitanio F A, Nebel O, Cawood P A, et al. 2019. Lithosphere differentiation in the early Earth controls Archean tectonics. Earth and Planetary Science Letters, 525: 115755.

Carlson R W, Borg L E, Gaffney A M, et al. 2014. Rb-Sr, Sm-Nd and Lu-Hf isotope systematics of the lunar Mg-suite: The age of the Lunar crust and its relation to the time of Moon formation. Philosophical Transactions Series A. Mathematical Physical and Engineering Sciences, 372(2024): 20130246.

Carlson R W, Boyet M, O'Neil J, et al. 2015. Early differentiation and its long-term consequences for Earth Evolution. Washington D C American Geophysical Union Geophysical Monograph Series, 212: 143-172.

Carlson R W, Garçon M, O'Neil J, et al. 2019. The nature of Earth's first crust. Chemical Geology, 530: 119321.

Carter P J, Leinhardt Z M, Elliott T, et al. 2015. Compositional evolution during rocky protoplanet accretion. The Astrophysical Journal, 813(1): 72.

Catling D C, Zahnle K J. 2020. The Archean atmosphere. Science Advances, 6(9): eaax1420.

Cawood P A, Hawkesworth C J, Pisarevsky S A, et al. 2018. Geological archive of the onset of plate tectonics. Philosophical Transactions of the Royal Society A: Mathematical, Physical and Engineering Sciences, 376(2132): 20170405.

Chidester B A, Rahman Z, Righter K, et al. 2017. Metal-silicate partitioning of U: Implications for the heat budget of the core and evidence for reduced U in the mantle. Geochimica et Cosmochimica Acta, 199: 1-12.

Claire M W, Kasting J F, Domagal-Goldman S D, et al. 2014. Modeling the signature of sulfur mass-independent fractionation produced in the Archean atmosphere. Geochimica et Cosmochimica Acta, 141: 365-380.

Condie K C, Kröner A. 2008. When did plate tectonics begin?. Evidence from the geologic record. Geological Society of America Special Paper, 440: 281-294.

Condie K C, O'Neill C. 2010. The Archean-Proterozoic boundary: 500 My of tectonic transition in Earth history. American Journal of Science, 310(9): 775-790.

Connelly J N, Bizzarro M, Krot A N, et al. 2012. The absolute chronology and thermal processing of solids in the solar protoplanetary disk. Science, 338(6107): 651-655.

Cook D L, Schönbächler M. 2016. High-precision measurement of W isotopes in Fe-Ni alloy and the effects from the nuclear field shift. Journal of Analytical Atomic Spectrometry, 31(7): 1400-1405.

Crameri F, Tackley P J. 2016. Subduction initiation from a stagnant lid and global overturn: New insights from numerical models with a free surface. Progress in Earth and Planetary Science, 3(1): 30.

Creech J B, Moynier F, Bizzarro M. 2017. Tracing metal-silicate segregation and late veneer in the Earth and the ureilite parent body with palladium stable isotopes. Geochimica et Cosmochimica Acta, 216: 28-41.

Crockford P W, Hayles J A, Bao H M, et al. 2018. Triple oxygen isotope evidence for limited mid-Proterozoic primary productivity. Nature, 559(7715): 613-616.

Ćuk M, Stewart S T. 2012. Making the moon from a fast-spinning Earth: A giant impact followed by resonant despinning. Science, 338(6110): 1047-1052.

Dalou C, Füri E, Deligny C, et al. 2019. Redox control on nitrogen isotope fractionation during planetary core formation. Proceedings of the National Academy of Sciences of the United States of America, 116(29): 14485-14494.

Dauphas N. 2017. The isotopic nature of the Earth's accreting material through time. Nature, 541(7638): 521-524.

Dauphas N, Pourmand A. 2011. Hf-W-Th evidence for rapid growth of Mars and its status as a planetary embryo. Nature, 473(7348): 489-492.

Davies G F. 1980. Thermal histories of convective Earth models and constraints on radiogenic heat-production in the Earth. Journal of Geophysical Research, 85(B5): 2517-2530.

De Koker N, Steinle-Neumann G, Vlcek V. 2012. Electrical resistivity and thermal conductivity of liquid Fe alloys at high P and T, and heat flux in Earth's core. Proceedings of the National Academy of Sciences of the United States of America, 109(11): 4070-4073.

De Wit M, Hart R A. 1993. Earth's earliest continental lithosphere, hydrothermal flux and crustal recycling. Lithos, 30(3-4): 309-335.

Debaille V, O'Neill C, Brandon A D, et al. 2013. Stagnant-lid tectonics in early Earth revealed by ^{142}Nd variations in late Archean rocks. Earth and Planetary Science Letters, 373: 83-92.

Defant M J, Drummond M S. 1990. Derivation of some modern arc magmas by melting of young subducted lithosphere. Nature, 347(6294): 662-665.

Deguen R, Landeau M, Olson P. 2014. Turbulent metal-silicate mixing, fragmentation, and equilibration in magma oceans. Earth and Planetary Science Letters, 391: 274-287.

Deng X L, Lü M F, Meng J. 2013. Effect of heavy doping of nickel in compound Mo_3Sb_7: Structure and the rmoelectric properties. Journal of Alloys and Compounds, 577: 183-188.

Deng Z B, Chaussidon M, Savage P, et al. 2019. Titanium isotopes as a tracer for the plume or island arc affinity of felsic rocks. Proceedings of the National Academy of Sciences of the United States of America, 116(4): 1132-1135.

Dottin J W, Labidi J, Lekic V, et al. 2020. Sulfur isotope characterization of primordial and recycled sources feeding the Samoan mantle plume. Earth and Planetary Science Letters, 534: 116073.

Driscoll P, Davies C. 2023. The "New Core Paradox": Challenges and potential solutions. Journal of Geophysical Research: Solid Earth, 128(1): e2022JB025355.

Driscoll P E, Du Z X. 2019. Geodynamo conductivity limits. Geophysical Research Letters, 46(14): 7982-7989.

Du Z X, Boujibar A, Driscoll P, et al. 2019. Experimental constraints on an MgO exsolution-driven geodynamo. Geophysical Research Letters, 46(13): 7379-7385.

Du Z X, Jackson C, Bennett N, et al. 2017. Insufficient energy from MgO exsolution to power early geodynamo. Geophysical Research Letters, 44(22): 11376-11381.

Dubrovinsky L, Dubrosinskaia N, Langenhorst F, et al. 2003. Iron-silica interaction at extreme conditions and the electrically conducting layer at the base of Earth's mantle. Nature, 422(6927): 58-61.

Dziewonski A M, Anderson D L. 1981. Preliminary reference earth model. Physics of the Earth and Planetary Interiors, 25(4): 297-356.

Ek M, Hunt A C, Schönbächler M. 2017. A new method for high-precision palladium isotope analyses of iron meteorites and other metal samples. Journal of Analytical Atomic Spectrometry, 32(3): 647-656.

Elkins-Tanton L T. 2012. Magma Oceans in the Inner Solar System. Annual Review of Earth and Planetary Sciences, 40: 113-139.

Elkins-Tanton L T, Weiss B P, Zuber M T. 2011. Chondrites as samples of differentiated planetesimals. Earth and Planetary Science Letters, 305(1/2): 1-10.

Ernst W G. 2009. Archean plate tectonics, rise of Proterozoic super continentality and onset of regional, episodic stagnant-lid behavior. Gondwana Research, 15(3-4): 243-253.

Fichtner C E, Schmidt M W, Liebske C, et al. 2021. Carbon partitioning between metal and silicate melts during Earth accretion. Earth and Planetary Science Letters, 554: 116659.

Figueredo P H, Greeley R. 2004. Resurfacing history of Europa from pole-to-pole geological mapping. Icarus, 167(2): 287-312.

Fischer R, Gerya T. 2016. Regimes of subduction and lithospheric dynamics in the Precambrian: 3D thermomechanical modelling. Gondwana Research, 37: 53-70.

Fischer R A, Nakajima Y, Campbell A J, et al. 2015. High pressure metal-silicate partitioning of Ni, Co, V, Cr, Si, and O. Geochimica et Cosmochimica Acta, 167: 177-194.

Fischer-Gödde M, Burkhardt C, Kruijer T S, et al. 2015. Ru isotope heterogeneity in the solar protoplanetary disk. Geochimica et Cosmochimica Acta, 168: 151-171.

Fischer-Gödde M, Elfers B M, Münker C, et al. 2020. Ruthenium isotope vestige of Earth's pre-late-veneer mantle preserved in Archaean rocks. Nature, 579(7798): 240-244.

Fischer-Gödde M, Kleine T. 2017. Ruthenium isotopic evidence for an inner Solar System origin of the late veneer. Nature, 541(7638): 525-527.

Foley S, Buhre S, Jacob D E. 2003. Evolution of the Archaean crust by delamination and shallow subduction. Nature, 421(6920): 249-252.

Foley S, Tiepolo M, Vannucci R. 2002. Growth of early continental crust controlled by melting of amphibolite in subduction zones. Nature, 417(6891): 837-840.

Furnes H, Banerjee N R, Staudigel H, et al. 2007. Comparing petrographic signatures of bioalteration in recent to Mesoarchean pillow lavas: Tracing subsurface life in oceanic igneous rocks. Precambrian Research, 158(3-4): 156-176.

Garnero E J, McNamara A K. 2008. Structure and dynamics of Earth's lower mantle. Science, 320(5876): 626-628.

Genda H, Brasser R, Mojzsis S J. 2017. The terrestrial late veneer from core disruption of a lunar-sized impactor. Earth and Planetary Science Letters, 480: 25-32.

Georg R B, Halliday A N, Schauble E A, et al. 2007. Silicon in the Earth's core. Nature, 447(7148): 1102-1106.

Georg R B, Shahar A. 2015. The accretion and differentiation of Earth under oxidizing conditions. American Mineralogist, 100(11/12): 2739-2748.

Gerya T V, Stern R J, Baes M, et al. 2015. Plate tectonics on the Earth triggered by plume-induced subduction initiation. Nature, 527(7577): 221-225.

Ghail R. 2015. Rheological and petrological implications for a stagnant lid regime on Venus. Planetary and Space Science, 113-114: 2-9.

Glavin D P, Kubny A, Jagoutz E, et al. 2004. Mn-Cr isotope systematics of the D'Orbigny angrite. Meteoritics & Planetary Science, 39: 693-700.

GleiBner P, Becker H. 2017. Formation of Apollo 16 impactites and the composition of late accreted material: Constraints from Os isotopes, highly siderophile elements and sulfur abundances. Geochimica et Cosmochimica Acta, 200: 1-24.

Gomi H, Hirose K. 2023. Impurity resistivity of the Earth's Inner Core. Journal of Geophysical Research: Solid Earth, 128(11): e2023JB027097.

Greenwood R C, Barrat J A, Miller M F, et al. 2018. Oxygen isotopic evidence for accretion of Earth's water before a high-energy Moon-forming giant impact. Science Advances, 4(3): eaao5928.

Guo M, Korenaga J. 2020. Argon constraints on the early growth of felsic continental crust. Science Advances, 6(21): eaaz6234.

Gülcher A J P, Gerya T V, Montési L G J, et al. 2020. Gorona structures driven by plume-lithosphere interactions and evidence for ongoing plume activity on Venus. Nature Geoscience, 13(8): 547-554.

Harrison T M. 2006. Exploring the Hadean Earth. Geochimica et Cosmochimica Acta, 70(18): A234.

Hart S R. 1984. A large-scale isotope anomaly in the southern-hemisphere mantle. Nature, 309(5971): 753-757.

Head J W, Murchie S L, Prockter L M, et al. 2009. Volcanism on Mercury: Evidence from the first MESSENGER flyby for extrusive and explosive activity and the Volcanic origin of plains. Earth and Planetary Science Letters, 285(3/4): 227-242.

Herwartz D, Pack A, Friedrichs B, et al. 2014. Identification of the giant impactor Theia in lunar rocks. Science, 344(6188): 1146-1150.

Herzberg C, Condie K, Korenaga J. 2010. Thermal history of the Earth and its petrological expression. Earth and Planetary Science Letters, 292(1/2): 79-88.

Hirose K, Morard G, Sinmyo R, et al. 2017. Crystallization of silicon dioxide and compositional evolution of the Earth's core. Nature, 543: 99-102.

Hirose K, Wood B, Vočadlo L. 2021. Light elements in the Earth's core. Nature Reviews Earth & Environment, 2: 645-658.

Hofmann A W. 1997. Mantle geochemistry: The message from oceanic volcanism. Nature, 385(6613): 219-229.

Hofmann A W, White W M. 1982. Mantle plumes from ancient oceanic-crust. Earth and Planetary Science Letters, 57: 421-436.

Hopp J, Trieloff M. 2005. Refining the Noble gas record of the Réunion mantle plume source: Implications on mantle geochemistry. Earth and Planetary Science Letters, 240: 573-588.

Hosono N, Karato S I, Makino J, et al. 2019. Terrestrial magma ocean origin of the Moon. Nature Geoscience, 12: 418-423.

Hsieh W P, Goncharov A F, Labrosse S, et al. 2020. Low thermal conductivity of iron-silicon alloys at Earth's core conditions with implications for the Geodynamo. Nature Communications, 11(1): 3332.

Huang D Y, Badro J, Brodholt, J, et al. 2019. Ab initio molecular dynamics investigation of molten Fe-Si-O in Earth's core. Geophysical Research Letters, 46(12): 6397-6405.

Hyung E, Jacobsen S B. 2020. The $^{142}Nd/^{144}Nd$ variations in mantle-derived rocks provide constraints on the stirring rate of the Mantle from the Hadean to the present. Proceedings of the National Academy of Sciences of the United States of America, 117(26): 14738-14744.

Irisawa K, Hirata T. 2006. Tungsten isotopic analysis on six geochemical reference materials using multiple Collector-ICP-Mass spectrometry coupled with Rhenium-External correction technique. Journal of Analytical Atomic Spectrometry, 21(12): 1387-1395.

Izon G, Zerkle A L, Williford K H, et al. 2017. Biological regulation of atmospheric chemistry en route to planetary oxygenation. Proceedings of the National Academy of Sciences of the United States of America, 114(13): E2571-E2579.

Jackson M G, Carlson R W. 2011. An ancient recipe for flood-basalt genesis. Nature, 476(7360): 316-319.

Jackson M G, Carlson R W, Kurz M D, et al. 2010. Evidence for the survival of the oldest terrestrial mantle reservoir. Nature, 466(7308): 853-856.

Jacobsen B, Yin Q Z, Moynier F, et al. 2008. ^{26}Al-^{26}Mg and ^{207}Pb-^{206}Pb systematics of Allende CAIs: Canonical solar initial ^{26}Al/^{27}Al ratio reinstated. Earth and Planetary Science Letters, 272: 353-364.

Javaux E J. 2019. Challenges in evidencing the earliest traces of life. Nature, 572(7770): 451-460.

Jennings E S, Jacobson S A, Rubie D C, et al. 2021. Metal-silicate partitioning of W and Mo and the role of carbon in controlling their abundances in the bulk silicate earth. Geochimica et Cosmochimica Acta, 293: 40-69.

Jones T D, Davies D R, Sossi P A. 2019. Tungsten isotopes in mantle plumes: Heads it's positive, tails it's negative. Earth and Planetary Science Letters, 506: 255-267.

Johnson T E, Brown M, Gardiner N J, et al. 2017. Earth's first stable continents did not form by subduction. Nature, 543(7644): 239-242.

Johnson T E, Brown M, Kaus B J P, et al. 2014. Delamination and recycling of archaean crust caused by gravitational instabilities. Nature Geoscience, 7: 47-52.

Kasting J F. 1990. Bolide impacts and the oxidation-state of carbon in the Earth's early atmosphere. Origins of Life and Evolution of the Biosphere, 20(3): 199-231.

Kattenhorn S A, Prockter L M. 2014. Evidence for subduction in the ice shell of Europa. Nature Geoscience, 7(10): 762-767.

Kaula W M. 1990. Venus: A contrast in evolution to Earth. Science, 247(4947): 1191-1196.

Kaula W M. 1994. The tectonics of Venus. Philosophical Transactions of the Royal Society of London. Series A: Physical and Engineering Sciences, 349(1690): 345-355.

Kemp A I S, Wilde S A, Hawkesworth C J, et al. 2010. Hadean crustal evolution revisited: New constraints from Pb-Hf isotope systematics of the Jack Hills zircons. Earth and Planetary Science Letters, 296(1-2): 45-56.

Khurana K K, Kivelson M G, Stevenson D J, et al. 1998. Induced magnetic fields as evidence for subsurface oceans in Europa and Callisto. Nature, 395(6704): 777-780.

Kleine T, Münker C, Mezger K, et al. 2002. Rapid accretion and early core formation on asteroids and the terrestrial planets from Hf-W chronometry. Nature, 418(6901): 952-955.

Kleine T, Touboul M, Bourdon, B, et al. 2009. Hf-W chronology of the accretion and early evolution of asteroids and terrestrial planets. Geochimica et Cosmochimica Acta, 73(17): 5150-5188.

Korenaga J. 2013. Initiation and evolution of plate tectonics on Earth: Theories and observations. Annual Review of Earth and Planetary Sciences, 41(1): 117-151.

Korenaga J. 2017. Pitfalls in modeling mantle convection with internal heat production. Journal of Geophysical Research: Solid Earth, 122(5): 4064-4085.

König S, Münker C, Hohl S, et al. 2011. The Earth's tungsten budget during mantle melting and crust formation. Geochimica et Cosmochimica Acta, 75(8): 2119-2136.

Kruijer T S, Burkhardt C, Budde G, et al. 2017. Age of Jupiter inferred from the distinct genetics and formation times of meteorites. Proceedings of the National Academy of Sciences of the United States of America, 114(26): 6712-6716.

Kruijer T S, Kleine T, Fischer-Gödde M, et al. 2015. Lunar tungsten isotopic evidence for the late veneer. Nature, 520: 534-537.

Kunz J, Staudacher T, Allegre C J. 1998. Plutonium-fission xenon found in Earth's mantle. Science, 280: 877-880.

Labidi J, Cartigny P, Moreira M. 2013. Non-chondritic sulphur isotope composition of the terrestrial mantle. Nature, 501(7466): 208-211.

Labidi J, Shahar A, Le Losq C, et al. 2016. Experimentally determined sulfur isotope fractionation between metal and silicate and implications for planetary differentiation. Geochimica et Cosmochimica Acta, 175: 181-194.

Labrosse S, Hernlund J W, Coltice N. 2007. A crystallizing dense magma ocean at the base of the Earth's mantle. Nature, 450: 866-869.

Landeau M, Olson P, Deguen R, et al. 2016. Core merging and stratification following giant impact. Nature Geoscience, 9: 786-789.

Laurenz V, Rubie D C, Frost D J, et al. 2016. The importance of sulfur for the behavior of highly-siderophile elements during Earth's differentiation. Geochimica et Cosmochimica Acta, 194: 123-138.

Lee C T A, Luffi P, Höink T, et al. 2010. Upside-down differentiation and generation of a 'primordial' lower mantle. Nature, 463(7283): 930-933.

Lee D C, Halliday A N. 1996. Hf-W isotopic evidence for rapid accretion and differentiation in the early solar system. Science, 274(5294): 1876-1879.

Li C H. 2022. Late veneer and the origins of volatiles of Earth. Acta Geochimica, 41(4): 650-664.

Li J, Agee C B. 1996. Geochemistry of mantle-core differentiation at high pressure. Nature, 381(6584): 686-689.

Li Y, Marty B, Shcheka S, et al. 2016. Nitrogen isotope fractionation during terrestrial core-mantle separation. Geochemical Perspectives Letters, 2: 138-147.

Lin M, Kang S C, Shaheen R, et al. 2018a. Atmospheric sulfur isotopic anomalies recorded at Mt. Everest across the Anthropocene. Proceedings of the National Academy of Sciences of the United States of America, 115(27): 6964-6969.

Lin M, Thiemens M H. 2020. A simple elemental sulfur reduction method for isotopic analysis and pilot experimental tests of symmetry-dependent sulfur isotope effects in planetary processes. Geochemistry, Geophysics, Geosystems, 21(7): e2020GC009051.

Lin M, Zhang X L, Li M H, et al. 2018b. Five-S-isotope evidence of two distinct mass-independent sulfur isotope effects and implications for the modern and Archean atmospheres. Proceedings of the National Academy of Sciences of the United States of America, 115(34): 8541-8546.

Liu H, Sun W D, Zartman R, et al. 2019. Continuous plate subduction marked by the rise of alkali magmatism 2.1 billion years ago. Nature Communications, 10(1): 3408.

Liu J G, Touboul M, Ishikawa A, et al. 2016. Widespread tungsten isotope anomalies and W mobility in crustal and mantle rocks of the Eoarchean saglek block, northern Labrador, Canada: Implications for early Earth processes and W recycling. Earth and Planetary Science Letters, 448: 13-23.

Liu P, Liu J J, Ji A S, et al. 2021. Triple oxygen isotope constraints on atmospheric O_2 and biological productivity during the mid-Proterozoic. Proceedings of the National Academy of Sciences, 118: e2105074118.

Lock S J, Stewart S T, Petaev M I, et al. 2018. The origin of the Moon within a terrestrial synestia. Journal of Geophysical Research: Planets, 123(4): 910-951.

Lourenço D L, Rozel A B, Ballmer M D, et al. 2020. Plutonic-squishy lid: A new global tectonic regime generated by intrusive magmatism on Earth-like planets. Geochemistry, Geophysics,

Geosystems, 21(4): e2019GC008756.

Lugmair G W, Shukolyukov A. 1998. Early solar system timescales according to ^{53}Mn-^{53}Cr systematics. Geochimica et Cosmochimica Acta, 62(16): 2863-2886.

Lyons T W, Reinhard C T, Planavsky N J. 2014. The rise of oxygen in Earth's early ocean and atmosphere. Nature, 506(7488): 307-315.

MacPherson G J, Kita N T, Ushikubo T, et al. 2012. Well-resolved variations in the formation ages for Ca-Al-rich inclusions in the early Solar System. Earth and Planetary Science Letters, 331: 43-54.

Marchi S, Black B A, Elkins-Tanton L T, et al. 2016. Massive impact-induced release of carbon and sulfur gases in the early Earth's atmosphere. Earth and Planetary Science Letters, 449: 96-104.

Marchi S, Canup R M, Walker R J. 2018. Heterogeneous delivery of silicate and metal to the Earth by large planetesimals. Nature Geoscience, 11: 77-81.

Marshall M. 2024. Geology's biggest mystery: When did plate tectonics start to reshape Earth?. Nature, 632(8025): 490-492.

Martin H, Smithies R H, Rapp R, et al. 2005. An overview of adakite, tonalite-trondhjemite-granodiorite (TTG), and sanukitoid: Relationships and some implications for crustal evolution. Lithos, 79(1-2): 1-24.

Maruyama S, Santosh M, Azuma S. 2018. Initiation of plate tectonics in the Hadean: Eclogitization triggered by the ABEL bombardment. Geoscience Frontiers, 9(4): 1033-1048.

McCollom T M. 2013. Miller-Urey and beyond: What have we learned about prebiotic organic synthesis reactions in the past 60 years?. Annual Review of Earth and Planetary Sciences, 41: 207-229.

McEwen A S, Simonelli D P, Senske D R, et al. 1997. High-temperature hot spots on Io as seen by the Galileo solid state imaging (SSI) experiment. Geophysical Research Letters, 24(20): 2443-2446.

Mei Q F, Yang J H, Wang Y F, et al. 2020. Tungsten isotopic constraints on homogenization of the Archean silicate Earth: Implications for the transition of tectonic regimes. Geochimica et Cosmochimica Acta, 278: 51-64.

Meisel T, Walker R J, Morgan J W. 1996. The osmium isotopic composition of the Earth's primitive upper mantle. Nature, 383: 517-520.

Miller S L. 1953. A production of amino acids under possible primitive Earth conditions. Science, 117(3046): 528-529.

Moore J M, Asphaug E, Belton M J S, et al. 2001. Impact features on Europa: Results of the Galileo Europa Mission (GEM). Icarus, 151(1): 93-111.

Moore W, Webb A. 2013. Heat-pipe Earth. Nature, 501(7468): 501-505.

Moore W B, Simon J I, Webb A A G. 2017. Heat-pipe planets. Earth and Planetary Science Letters, 474: 13-19.

Moyen J F, Laurent O. 2018. Archaean tectonic systems: A view from igneous rocks. Lithos, 302: 99-125.

Moyen J F, Martin H. 2012. Forty years of TTG research. Lithos, 148: 312-336.

Mukhopadhyay S. 2012. Early differentiation and volatile accretion recorded in deep-mantle neon and xenon. Nature, 486(7401): 101-104.

Muller E, Philippot P, Rollion-Bard C, et al. 2016. Multiple sulfur-isotope signatures in Archean sulfates and their implications for the chemistry and dynamics of the early atmosphere. Proceedings of the National Academy of Sciences of the United States of America, 113(27): 7432-7437.

Mulyukova E, Steinberger B, Dabrowski M, et al. 2015. Survival of LLSVPs for billions of years in a vigorously convecting mantle: Replenishment and destruction of chemical anomaly. Journal of Geophysical Research: Solid Earth, 120(5): 3824-3847.

Mundl A, Touboul M, Jackson M G, et al. 2017. Tungsten-182 heterogeneity in modern ocean island basalts. Science, 356(6333): 66-69.

Mundl-Petermeier A, Walker R J, Fischer R A, et al. 2020. Anomalous ^{182}W in high ^{3}He/^{4}He ocean island basalts: Fingerprints of Earth's core?. Geochimica et Cosmochimica Acta, 271: 194-211.

Nakajima M, Stevenson D J. 2014. Investigation of the initial state of the Moon-forming disk: Bridging SPH simulations and hydrostatic models. Icarus, 233: 259-267.

Nimmo F, Agnor C B. 2006. Isotopic outcomes of N-body accretion simulations: Constraints on equilibration processes during large impacts from Hf/W observations. Earth and Planetary Science Letters, 243(1/2): 26-43.

Nimmo F, Price G D, Brodholt J, et al. 2004. The influence of potassium on core and geodynamo evolution. Geophysical Journal International, 156(2): 363-376.

Nutman A P, Friend C R L, Bennett V C. 2002. Evidence for 3650~3600 Ma assembly of the northern end of the Itsaq gneiss complex, greenland: Implication for early Archean tectonics. Tectonics, 21(1): 1005.

Ohta K, Kuwayama Y, Hirose K, et al. 2016. Experimental determination of the electrical resistivity of iron at Earth's core conditions. Nature, 534: 95-98.

Ohta K, Suehiro S, Kawaguchi S I, et al. 2023. Measuring the electrical resistivity of liquid iron to 1.4 mbar. Physical Review Letters, 130(26): 266301.

Olson P. 2013. The new core paradox. Science, 342(6157): 431-432.

O'Neil J, Carlson R W. 2017. Building archean cratons from Hadean mafic crust. Science, 355(6330): 1199-1202.

O'Neil J, Carlson R W, Francis, D, et al. 2008. Neodymium-142 evidence for Hadean mafic crust. Science, 321(5897): 1828-1831.

O'Neill C, Debaille V. 2014. The evolution of Hadean-Eoarchaean geodynamics. Earth and Planetary Science Letters, 406: 49-58.

O'Neill C, Marchi S, Bottke W F, et al. 2019. The role of impacts on Archaean tectonics. Geology, 48(2): 174-178.

O'Neill C, Marchi S, Zhang S, et al. 2017. Impact-driven subduction on the Hadean Earth. Nature Geoscience, 10(10): 793-797.

O'Neill C, Turner S, Rushmer T. 2018. The Inception of plate tectonics: A record of failure. Philosophical Transactions of the Royal Society A: Mathematical, Physical and Engineering Sciences, 376(2132): 20170414.

O'Rourke J G, Stevenson D J. 2016. Powering Earth's dynamo with magnesium precipitation from the core. Nature, 529(7586): 387-389.

Pahlevan K, Stevenson D J. 2007. Equilibration in the aftermath of the lunar-forming giant impact. Earth and Planetary Science Letters, 262(3/4): 438-449.

Palin R M, Santosh M, Cao W T, et al. 2020. Secular change and the onset of plate tectonics on Earth. Earth- Science Reviews, 207: 103172.

Peters B J, Carlson R W, Day J M D, et al. 2018. Hadean silicate differentiation preserved by anomalous $^{142}Nd/^{144}Nd$ ratios in the Réunion hotspot source. Nature, 555: 89-93.

Peters S T M, Fischer M B, Pack A, et al. 2021. Tight bounds on missing late veneer in early Archean peridotite from triple oxygen isotopes. Geochemical Perspectives Letters, 18: 27-31.

Peterson G A, Johnson C L, Jellinek A M. 2021. Thermal evolution of Mercury with a volcanic heat-pipe flux: Reconciling early volcanism, tectonism, and magnetism. Science Advances, 7(40): eabh2482.

Peto M K, Mukhopadhyay S, Kelley K A. 2013. Heterogeneities from the first 100 million years recorded in deep mantle noble gases from the Northern Lau Back-arc Basin. Earth and Planetary Science Letters, 369: 13-23.

Philippot P, van Zuilen M, Rollion-Bard C. 2012. Variations in atmospheric sulphur chemistry on early Earth linked to volcanic activity. Nature Geoscience, 5: 668-674.

Poreda R J, Farley K A. 1992. Rare-gases in samoan xenoliths. Earth and Planetary Science Letters, 113(1/2): 129-144.

Pourovskii L V, Mravlje J, Pozzo M, et al. 2020. Electronic correlations and transport in iron at Earth's core conditions. Nature Communications, 11: 4105.

Pozzo M, Davies C, Gubbins D, et al. 2012. Thermal and electrical conductivity of iron at Earth's core conditions. Nature, 485(7398): 355-358.

Puchtel I S, Blichert-Toft J, Touboul M, et al. 2016. The coupled ^{182}W-^{142}Nd record of early terrestrial mantle differentiation. Geochemistry, Geophysics, Geosystems, 17: 2168-2193.

Puchtel I S, Blichert-Toft J, Touboul M, et al. 2018. ^{182}W and HSE constraints from 2.7 Ga komatiites on the heterogeneous nature of the Archean mantle. Geochimica et Cosmochimica Acta, 228: 1-26.

Putirka K. 2016. Rates and styles of planetary cooling on Earth, Moon, Mars, and Vesta, using new models for oxygen fugacity, ferric-ferrous ratios, olivine-liquid Fe-Mg exchange, and mantle potential temperature. American Mineralogist, 101(4): 819-840.

Qin L P, Alexander C M O, Carlson R W, et al. 2010. Contributors to chromium isotope variation of meteorites. Geochimica et Cosmochimica Acta, 74(3): 1122-1145.

Qin L P, Dauphas N, Wadhwa M, et al. 2008. Rapid accretion and differentiation of iron meteorite parent bodies inferred from ^{182}Hf-^{182}W chronometry and thermal modeling. Earth and Planetary Science Letters, 273(1-2): 94-104.

Raymond S N, Schlichting H E, Hersant F, et al. 2013. Dynamical and collisional constraints on a stochastic late veneer on the terrestrial planets. Icarus, 226(1): 671-681.

Reese C C, Solomatov V S, Moresi L N. 1998. Heat transport efficiency for stagnant lid convection with dislocation viscosity: Application to Mars and Venus. Journal of Geophysical Research: Planets, 103(E6): 13643-13657.

Reimink J R, Chacko T, Stern R A, et al. 2016. The birth of a cratonic nucleus: Lithogeochemical evolution of the 4.02~2.94 Ga Acasta Gneiss Complex. Precambrian Research, 281: 453-472.

Reimink J R, Chacko T, Carlson R W, et al. 2018. Petrogenesis and tectonics of the Acasta Gneiss Complex derived from integrated petrology and ^{142}Nd and ^{182}W extinct nuclide-geochemistry. Earth and Planetary Science Letters, 494: 12-22.

Reufer A, Meier M M M, Benz W, et al. 2012. A hit-and-run giant impact scenario. Icarus, 221: 296-299.

Rey P F, Coltice N, Flament N. 2014. Spreading continents kick-started plate tectonics. Nature, 513(7518): 405-408.

Righter K, Humayun M, Danielson L. 2008. Partitioning of palladium at high pressures and temperatures during core formation. Nature Geoscience, 1(5): 321-323.

Righter K, Pando K, Humayun M, et al. 2018. Effect of silicon on activity coefficients of siderophile elements (Au, Pd, Pt, P, Ga, Cu, Zn, and Pb) in liquid Fe: Roles of core formation, late sulfide matte, and late veneer in shaping terrestrial mantle geochemistry. Geochimica et Cosmochimica Acta, 232: 101-123.

Rizo H, Andrault D, Bennett N R, et al. 2019. ^{182}W evidence for core-mantle interaction in the source of mantle plumes. Geochemical Perspectives Letters, 11: 6-11.

Rizo H, Boyet M, Blichert-Toft J, et al. 2012. The elusive Hadean enriched reservoir revealed by ^{142}Nd deficits in Isua Archaean rocks. Nature, 491(7422): 96-100.

Rizo H, Walker R J, Carlson R W, et al. 2016. Preservation of Earth-forming events in the tungsten isotopic composition of modern flood basalts. Science, 352(6287): 809-812.

Rozel A B, Golabek G J, Jain C, et al. 2017. Continental crust formation on early Earth controlled by intrusive magmatism. Nature, 545(7654): 332-335.

Rubie D C, Laurenz V, Jacobson S A, et al. 2016. Highly siderophile elements were stripped from Earth's mantle by iron sulfide segregation. Science, 353(6304): 1141-1144.

Rubie D C, Melosh H J, Reid J E, et al. 2003. Mechanisms of metal-silicate equilibration in the terrestrial magma ocean. Earth and Planetary Science Letters, 205(3-4): 239-255.

Rudge J F, Kleine T, Bourdon B. 2010. Broad bounds on Earth's accretion and core formation constrained by geochemical models. Nature Geoscience, 3: 439-443.

Rufu R, Aharonson O, Perets H B. 2017. A multiple-impact origin for the Moon. Nature Geoscience, 10: 89-94.

Sagan C, Mullen G. 1972. Earth and mars: Evolution of atmospheres and surface temperatures. Science, 177(4043): 52-56.

Saji N S, Wielandt D, Paton C, et al. 2016. Ultra-high-precision Nd-isotope measurements of geological materials by MC-ICPMS. Journal of Analytical Atomic Spectrometry, 31(7): 1490-1504.

Satish-Kumar M, So H, Yoshino T, et al. 2011. Experimental determination of carbon isotope fractionation between iron carbide melt and carbon: ^{12}C -enriched carbon in the Earth's core?. Earth and Planetary Science Letters, 310(3/4): 340-348.

Schatten K, Sofia S. 1981. The Schwarzschild criterion for convection in the presence of a magnetic field. Astrophysical Lettters, 21(3-4): 93-96.

Schauble E A. 2007. Role of nuclear volume in driving equilibrium stable isotope fractionation of mercury, thallium, and other very heavy elements. Geochimica et Cosmochimica Acta, 71(9): 2170-2189.

Scherstén A, Elliott T, Hawkesworth C, et al. 2004. Tungsten isotope evidence that mantle plumes contain no contribution from the Earth's core. Nature, 427(6971): 234-237.

Schiller M, van Kooten E, Holst J C, et al. 2014. Precise measurement of chromium isotopes by MC-ICPMS. Journal of Analytical Atomic Spectrometry, 29: 1406-1416.

Schneider K P, Hoffmann J E, Boyet M, et al. 2018. Coexistence of enriched and modern-like ^{142}Nd signatures in Archean igneous rocks of the eastern Kaapvaal Craton, southern Africa. Earth and Planetary Science Letters, 487: 54-66.

Schoenberg R, Kamber B S, Collerson K D, et al. 2002. Tungsten isotope evidence from 3.8-Gyr metamorphosed sediments for early meteorite bombardment of the Earth. Nature, 418: 403-405.

Shahar A, Elardo S M, Macris C A. 2017. Equilibrium fractionation of non-traditional stable isotopes: An experimental perspective. Reviews in mineralogy and geochemistry, 82(1): 65-83.

Shahar A, Young E D. 2020. An assessment of iron isotope fractionation during core formation. Chemical Geology, 554: 119800.

Shahar A, Ziegler K, Young E D, et al. 2009. Experimentally determined Si isotope fractionation between silicate and Fe metal and implications for Earth's core formation. Earth and Planetary Science Letters, 288(1/2): 228-234.

Shirai N, Humayun M. 2011. Mass independent bias in W isotopes in MC-ICP-MS instruments. Journal of Analytical Atomic Spectrometry, 26(7): 1414.

Siebert J, Corgne A, Ryerson F J. 2011. Systematics of metal-silicate partitioning for many siderophile elements applied to Earth's core formation. Geochimica et Cosmochimica Acta, 75(6): 1451-1489.

Siebert J, Badro J, Antonangeli D, et al. 2012. Metal-silicate partitioning of Ni and Co in a deep magma ocean. Earth and Planetary Science Letters, 321: 189-197.

Siebert J, Badro J, Antonangeli D, et al. 2013. Terrestrial accretion under oxidizing conditions. Science, 339(6124): 1194-1197.

Siebert J, Shahar A. 2015. An Experimental Geochemistry Perspective On Earth's Core Formation. AGU: The Early Earth: Accretion and Differentiation.

Sizova E, Gerya T, Stüwe K, et al. 2015. Generation of felsic crust in the Archean: A geodynamic modeling perspective. Precambrian Research, 271: 198-224.

Sleep N H. 2000. Evolution of the mode of convection within terrestrial planets. Journal of Geophysical Research: Planets, 105(E7): 17563-17578.

Smrekar S E, Stofan E R, Mueller N, et al. 2010. Recent hotspot volcanism on Venus from VIRTIS emissivity data. Science, 328(5978): 605-608.

Sobolev S V, Brown M. 2019. Surface erosion events controlled the evolution of plate tectonics on Earth. Nature, 570(7759): 52-57.

Solomatov V S, Moresi L N. 1996. Stagnant lid convection on Venus. Journal of Geophysical Research: Planets, 101(E2): 4737-4753.

Solomon S C, Head J W. 1982. Mechanisms for lithospheric heat transport on Venus: Implications for tectonic style and volcanism. Journal of Geophysical Research; Solid Earth, 87(B11): 9236-9246.

Stacey F D, Loper D E. 2007. A revised estimate of the conductivity of iron alloy at high pressure and implications for the core energy balance. Physics of the Earth and Planetary Interiors, 161(1/2): 13-18.

Stern R J. 2002. Subduction zones. Reviews of Geophysics, 40(4): 1012.

Stern R J. 2005. Evidence from ophiolites, blueschists, and ultrahigh-pressure metamorphic terranes that the modern episode of subduction tectonics began in Neoproterozoic time. Geology, 33(7): 557-560.

Stern R J. 2008. Modern-style plate tectonics began in Neoproterozoic time: An alternative interpretation of Earth's tectonic history. When did plate tectonics begin on planet Earth, 440:

265-280.

Stern R J. 2018. The evolution of plate tectonics. Philosophical Transactions of the Royal Society A: Mathematical, Physical and Engineering Sciences, 376(2132): 20170406.

Stern R J, Leybourne M I, Tsujimori T. 2016. Kimberlites and the start of plate tectonics. Geology, 44(10): 799-802.

Stern R J, Gerya T, Tackley P J. 2018. Stagnant lid tectonics: Perspectives from silicate planets, dwarf planets, large moons, and large asteroids. Geoscience frontiers, 9(1): 103-119.

Stevenson D J. 1981. Models of the Earth′s core. Science, 214(4521): 611-619.

Stevenson D J. 2008. A planetary perspective on the deep Earth. Nature, 451(7176): 261-265.

Stewart A J, van Westrenen W, Schmidt M W, et al. 2009. Minor element partitioning between fcc Fe metal and Fe-S liquid at high pressure: The role of crystal lattice strain. Earth and Planetary Science Letters, 284(3-4): 302-309.

Stixrude L, Scipioni R, Desjarlais M P. 2020. A silicate dynamo in the early Earth. Nature Communications, 11(1): 935.

Takamasa A, Nakai S, Sahoo Y V, et al. 2009. Tungsten isotopic composition in terrestrial rock samples: Constraint on the homogenization of the Hf-W system after the giant impact event. Geochimica Et Cosmochimica Acta, 73: A1307.

Tang C A, Webb A A G, Moore W B, et al. 2020. Breaking Earth′s shell into a global plate network. Nature Communications, 11(1): 3621.

Tarduno J A, Cottrell R D, Davis W J, et al. 2015. A Hadean to Paleoarchean geodynamo recorded by single zircon crystals. Science, 349(6247): 521-524.

Thiemens M H, Lin M. 2019. Use of isotope effects to understand the present and past of the atmosphere and climate and track the origin of life. Angewandte Chemie-International Edition, 58: (21) 6826-6844.

Thomassot E, O′Neil J, Francis D, et al. 2015. Atmospheric record in the Hadean Eon from multiple sulfur isotope measurements in Nuvvuagittuq Greenstone Belt (Nunavik, Quebec). Proceedings of the National Academy of Sciences of the United States of America, 112(3): 707-712.

Tissot F L H, Dauphas N, Grove T L. 2017. Distinct $^{238}U/^{235}U$ ratios and REE patterns in plutonic and volcanic angrites: Geochronologic implications and evidence for U isotope fractionation during magmatic processes. Geochimica et Cosmochimica Acta, 213: 593-617.

Torsvik T H, Burke K, Steinberger, B, et al. 2010. Diamonds sampled by plumes from the core-mantle boundary. Nature, 466(7304): 352-355.

Touboul M, Kleine T, Bourdon, B, et al. 2007. Late formation and prolonged differentiation of the Moon inferred from W isotopes in lunar metals. Nature, 450: 1206-1209.

Touboul M, Puchtel I S, Walker R J. 2012. ^{182}W evidence for long-term preservation of early mantle differentiation products. Science, 335(6072): 1065-1069.

Touboul M, Liu J G, O'Neil J, et al. 2014. New insights into the Hadean mantle revealed by ^{182}W and highly siderophile element abundances of supracrustal rocks from the Nuvvuagittuq Greenstone Belt, Quebec, Canada. Chemical Geology, 383: 63-75.

Trieloff M, Kunz J, Clague D A, et al. 2000. The nature of pristine noble gases in mantle plumes. Science, 288(5468): 1036-1038.

Trinquier A, Birck J L, Allègre C J, et al. 2008. ^{53}Mn-^{53}Cr systematics of the early Solar System revisited. Geochimica et Cosmochimica Acta, 72(20): 5146-5163.

Tucker J M, Mukhopadhyay S, Schilling J G. 2012. The heavy noble gas composition of the depleted MORB mantle (DMM) and its implications for the preservation of heterogeneities in the mantle. Earth and Planetary Science Letters, 355: 244-254.

Turcotte D L. 1989. A heat pipe mechanism for volcanism and tectonics on Venus. Journal of Geophysical Research, 94(B3): 2779-2785.

Tusch J, Sprung P, Löcht J van de, et al. 2019. Uniform ^{182}W isotope compositions in Eoarchean rocks from the Isua region, SW Greenland: The role of early silicate differentiation and missing late veneer. Geochimica et Cosmochimica Acta, 257: 284-310.

Valley J W, Cavosie A J, Wilde S A. 2006. What have we learned from pre-4 Ga zircons?. Geochimica et Cosmochimica Acta, 70(18): A664.

van Hunen J, Moyen J F. 2012. Archean Subduction: Fact or Fiction?. Annual Review of Earth and Planetary Sciences, 40: 195-219.

van Hunen J, van den Berg A P. 2008. Plate tectonics on the early Earth: Limitations imposed by strength and buoyancy of subducted lithosphere. Lithos, 103(1/2): 217-235.

van Kranendonk M J, Kirkland C L. 2016. Conditioned duality of the Earth system: Geochemical tracing of the supercontinent cycle through Earth history. Earth-Science Reviews, 160: 171-187.

van Thienen P, van den Berg A P, Vlaar N J. 2004. Production and recycling of oceanic crust in the early Earth. Tectonophysics, 386(1-2): 41-65.

Varas-Reus M I, König S, Yierpan A, et al. 2019. Selenium isotopes as tracers of a late volatile contribution to Earth from the outer Solar System. Nature Geoscience, 12(9): 779-782.

Wade J, Wood B J. 2005. Core formation and the oxidation state of the Earth. Earth and Planetary Science Letters, 236(1/2): 78-95.

Wade J, Wood B J, Tuff J. 2012. Metal-silicate partitioning of Mo and W at high pressures and temperatures: Evidence for late accretion of sulphur to the Earth. Geochimica et Cosmochimica Acta, 85: 58-74.

Wadhwa M, Amelin Y, Bogdanovski O, et al. 2009. Ancient relative and absolute ages for a basaltic meteorite: Implications for timescales of planetesimal accretion and differentiation. Geochimica et Cosmochimica Acta, 73(17): 5189-5201.

Wächtershäuser G. 2006. From volcanic origins of chemoautotrophic life to bacteria, archaea and eukarya. Philosophical Transactions of the Royal Society B, Biological Sciences, 361: 1787-1806.

Walker R J. 2009. Highly siderophile elements in the Earth, Moon and Mars: Update and implications for planetary accretion and differentiation. Chemie der Erde, 69(2): 101-125.

Walker R J. 2012. Evidence for homogeneous distribution of osmium in the protosolar nebula. Earth and Planetary Science Letters, 351: 36-44.

Walker R J. 2014. Siderophile element constraints on the origin of the Moon. Philosophical Transactions of the Royal Society A: Mathematical, Physical and Engineering Sciences, 372: 20130258.

Walker R J, Bermingham K, Liu J G, et al. 2015. In search of late-stage planetary building blocks. Chemical Geology, 411: 125-142.

Wang D, Carlson R W. 2022. Tandem-column extraction chromatography for Nd separation: Minimizing mass-independent isotope fractionation for ultrahigh-precision Nd isotope-ratio analysis. Journal of Analytical Atomic Spectrometry, 37(1): 185-193.

Wang W Z, Li C H, Brodholt J P, et al. 2021. Sulfur isotopic signature of Earth established by planetesimal volatile evaporation. Nature Geoscience, 14: 806-811.

Wang Z C, Becker H. 2013. Ratios of S, Se and Te in the silicate Earth require a volatile-rich late veneer. Nature, 499(7458): 328-331.

Wen L X. 2001. Seismic evidence for a rapidly varying compositional anomaly at the base of the

Earth's mantle beneath the Indian Ocean. Earth and Planetary Science Letters, 194(1/2): 83-95.

White W M. 2015. Isotopes, DUPAL, LLSVPs, and Anekantavada. Chemical Geology, 419: 10-28.

Wiechert U, Halliday A N, Lee D C, et al. 2001. Oxygen isotopes and the moon-forming giant impact. Science, 294(5541): 345-348.

Wilde S A, Valley J W, Peck W H, et al. 2001. Evidence from detrital zircons for the existence of continental crust and oceans on the Earth 4.4 Gyr ago. Nature, 409(6817): 175-178.

Willbold M, Elliott T, Moorbath S. 2011. The tungsten isotopic composition of the Earth's mantle before the terminal bombardment. Nature, 477(7363): 195-198.

Willbold M, Mojzsis S J, Chen H W, et al. 2015. Tungsten isotope composition of the Acasta Gneiss Complex. Earth and Planetary Science Letters, 419: 168-177.

Wohlers A, Wood B J. 2015. A Mercury-like component of early Earth yields uranium in the core and high mantle ^{142}Nd. Nature, 520: 337-340.

Wood B J, Li J, Shahar A. 2013. Carbon in the Core: Its Influence on the Properties of Core and Mantle. Reviews in mineralogy and geochemistry, 75(1): 231-250.

Xiong F, Sun W, Ba, J, et al. 2020. Effects of fluid rheology and pore connectivity on rock permeability based on a network model. Journal of Geophysical Research: Solid Earth, 125(3): 10467-10481.

Xu J Q, Zhang P, Haule K, et al. 2018. Thermal conductivity and electrical resistivity of solid iron at Earth's core conditions from first principles. Physical Review Letters, 121(9): 096601.

Yin A. 2012. An episodic slab-rollback model for the origin of the Tharsis rise on Mars: Implications for initiation of local plate subduction and final unification of a kinematically linked global plate-tectonic network on Earth. Lithosphere, 4(6): 553-593.

Yin Q Z, Jacobsen S B, Yamashita K, et al. 2002. A short timescale for terrestrial planet formation from Hf-W chronometry of meteorites. Nature, 418(6901): 949-952.

Yoshino T, Makino Y, Suzuki T, et al. 2020. Grain boundary diffusion of W in lower mantle phase with implications for isotopic heterogeneity in oceanic island basalts by core-mantle interactions. Earth and Planetary Science Letters, 530: 115887.

Young E D, Kohl I E, Warren P H, et al. 2016. Oxygen isotopic evidence for vigorous mixing during the Moon-forming giant impact. Science, 351(6272): 493-496.

Yue S Y, Hu M. 2019. Insight of the thermal conductivity of ε-iron at Earth's core conditions from the newly developed direct ab initio methodology. Journal of Applied Physics, 125(4): 045102.

Zahnle K J, Lupu R, Catling D C, et al. 2020. Creation and evolution of impact-generated reduced atmospheres of early Earth. The Planetary Science Journal, 1(1): 11.

Zerkle A L, Claire M, Domagal-Goldman S D, et al. 2012. A bistable organic-rich atmosphere on the Neoarchaean Earth. Nature Geoscience, 5(5): 359-363.

Zhang Y J, Hou M Q, Driscoll P, et al. 2021. Transport properties of Fe-Ni-Si alloys at Earth's core conditions: Insight into the viability of thermal and compositional convection. Earth and Planetary Science Letters, 553: 116614.

Zhang Y J, Luo K, Hou M Q, et al. 2022. Thermal conductivity of Fe-Si alloys and thermal stratification in Earth's core. Proceedings of the National Academy of Sciences, 119(1): e2119001119.

Zhao G C, Zhai M G. 2013. Lithotectonic elements of Precambrian basement in the North China Craton: Review and tectonic implications. Gondwana Research, 23(4): 1207-1240.

Zhu M H, Artemieva N, Morbidelli A, et al. 2019. Reconstructing the late-accretion history of the Moon. Nature, 571: 226-229.

Zindler A, Hart S. 1986. Chemical geodynamics. Annual Review of Earth and Planetary Sciences, 14: 493-571.

第四章

深地科学前沿 Ⅱ——地球深部
结构、物质循环与深地引擎

　　虽然早在一个世纪以前，人类就已经知道地球的圈层结构；在半个多世纪以前就发现了板块构造，但今天我们仍比以往任何时候都更想了解地球深部的精细结构和状态，以及它是如何运作并控制表生系统演化的。这是因为活跃的地球内部是地球区别于太阳系其他类地行星的根本；如果没有一个活跃的内部，地球就会像月球一样死寂，人类赖以生存的环境就不复存在。地球深部氧化还原状态的变化以及地幔持续的去气作用不断改变着大气圈的组成；外核的对流导致了地磁场的形成，对生物圈和水圈起到了重要的保护作用；地幔对流是板块运动的主要驱动力，而板块运动又形成了巨型造山带、地震带、岛弧岩浆带和成矿带，对表层系统的三大圈层状态和运行产生巨大的影响。板块俯冲穿越地球各圈层将地球表层的物质送达地球深部，地幔柱则将核幔边界的物质和能量向地球表层输送，两者共同构成了地球内部的主要物质循环途径，是联系地球深部和表层间的重要纽带。

　　尽管我们知道地球深部是整个地球运行的引擎，但由于地球的不可入性，人类对深部地球的认知非常有限。地球内部的主要边界层的精细结构如何？地球深部大引擎的组成和动力原料是什么？如何运转？地球深部物质是如何循环的？地球深部环境和其他类地行星有何差异，才使地球成为唯一（或极少数）的宜居星球？深部引擎在过去 46 亿年中如何主导地球环境的演变？对这些问题的解答将成为构建地球科学新理论的奠基石。

第一节　地球内部界面的复杂特征及其动力学效应

地球是高度动态的行星，经过长期的演化，其内部在径向和横向上都存在不均一性。地球的不均一性既是地球内部物质运动与演化的产物，又是推动地球演化的动力。地球径向的不均一性，主要表现为圈层结构，包括地壳、地幔、液态外核、固体内核四个主要圈层，而地幔内部也存在若干全球性或者局部的次级分层。地球内部界面（Internal discontinuities）两侧的物理化学性质往往具有明显的差异，从而可以通过地震波到时和波形差异等来探测。地球内部主要的界面从浅到深包括：莫霍面（Moho）、岩石圈中部不连续面（mid-lithosphere discontinuity，MLD）及岩石圈 - 软流圈边界（lithosphere-asthenosphere boundary，LAB）、地幔转换带（又称地幔过渡带）的上下间断面及内部界面（410 km、660 km 等界面）、核幔边界及内核边界面。研究表明，界面在横向上存在高度的起伏变化。界面两侧物性（地震波速度、密度等）具有多种形式的变化特征，展现出跳变、渐变以及其他复杂结构（图 4-1），与温度、矿物组成、化学成分（包括挥发分、含水量等）具有密切的关系。

地球圈层内部在横向和垂向上也具有不均一性，可以通过地震层析成像来揭示。综合圈层之间的界面形态结构以及对圈层内部的横向不均一性（lateral heterogeneity）进行研究，才能获得更完整的地球内部物理化学性质及状态信息，从而为探索地球系统动力学演化过程提供基础观测约束。正因为如此，地球内部圈层之间各界面或者圈层内部界面的特征与成因，一直是深地科学领域研究的重要内容。

地球圈层结构除了表现为地震波速和密度的分层外，还体现在流变学性

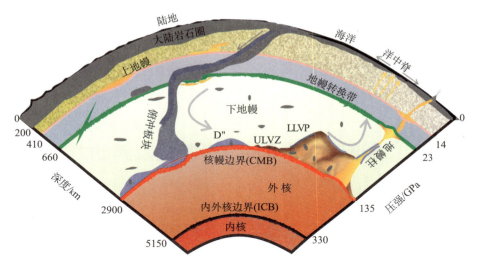

图 4-1 地球圈层、内部界面与地球动力学过程

质的分层上。地表的岩石圈横向上包括大小不同的板块，垂向上由地壳和地幔岩石圈组成。其表层温度较低，在应力作用下表现出明显的弹性性质。当施加应力超过板块的屈服应力时，弹性板块发生弱化和断裂，表现出塑性性质。因此，岩石圈构成地球流变学分层的弹塑性层。人们早已认识到大陆岩石圈最上部的地壳在结构、成分和流变性上均具有分层性（Chen and Molnar，1983；Christensen and Mooney，1995），并发现不论是在地震周期的短时间尺度，还是在百万年以上的长时间尺度，上、下地壳都表现出显著不同的力学性质和行为。但对于占大陆岩石圈主体的地幔部分，以及经典板块构造理论认为的刚性大洋岩石圈的分层性则缺乏约束，限制了我们对岩石圈整体性质和流变行为以及对岩石圈-软流圈系统演化的认识。

岩石圈之下的地幔温度迅速升高，地幔整体的运动可以视为高黏滞流体在地质时间尺度下的黏性流动。而大洋岩石圈自身的重力使其能够发生俯冲，在地幔中进行物质和能量循环。因此，地球内部从岩石圈到核幔边界均参与地幔对流运动，在长时间尺度和大空间范围上持续地改变地球内部的物质与能量分布，并将热量从核幔边界和深部地幔输送到地球表面。岩石圈和地幔的流变学性质是控制地幔对流运动的关键因素，不仅影响地幔对流的强度、形态、几何尺度等动力学效应，还直接控制岩石圈和地幔乃至地核的整体构造－热演化过程。因此，研究地球内部流变学的分层结构对理解"地球内部是如何演化的"这一重大前沿科学问题具有十分重要的意义。

一、地球内部主要界面的复杂特征及成因

随着地球物理与大地测量探测精度的提升和矿物学与地球动力学研究的深入，人们认识到地球内部界面并非具有规则的形状或是简单的物性跃变间断面，而可能呈现复杂的界面起伏以及界面物性变化特征，这引发了对界面复杂特征成因问题的争论（图 4-1）。以下由浅至深，分别对岩石圈内部及底部界面、地幔转换带界面（410 km、660 km 界面）、D″ 层、核幔边界、内核边界的研究进行阐述。

1. 岩石圈内部界面及底部界面的特征与成因

岩石圈结构和性质的分层性是决定岩石圈流变行为、影响板块构造和大陆稳定性以及岩石圈－软流圈系统演化的关键因素，因而一直是国际地球科学的研究前沿。岩石圈－软流圈边界是岩石圈底部的界面，在一些稳定大陆地区表现为地震波速度平缓降低的过渡带，而在大洋和大陆构造活动区往往表现为地震波速锐变的界面（Fischer et al., 2020；Rychert et al., 2020）。近年来新的地震学观测发现，在全球大陆上地幔浅部普遍存在一个地震波速随深度明显下降的界面（Chen, 2017；Hopper and Fischer, 2018），其深度变化范围为 60～160 km，大多集中在 70～100 km。在具有厚岩石圈（＞160 km）的前寒武纪稳定克拉通地区，这一界面位于岩石圈地幔中，因此被称为岩石圈中部不连续面。MLD 对应于高速岩石圈地幔中一层相对低速结构的上界面（图 4-2），是一个强速度间断面，S 波速度在 40 km 深度范围以内下降了 2%以上（Chen, 2017）；而且克拉通 MLD 与活动构造区 LAB 的深度大致相当、结构（波速变化）特征相似（Rychert et al., 2010；Chen et al., 2014）。在某些地区，克拉通 MLD 与紧邻的年轻活动构造带 LAB 在地震学图像上甚至表现为一条连续的间断面（Foster et al., 2014）。此外，克拉通 MLD 的结构与大洋岩石圈 LAB 也具有可比性，但却明显区别于更深处波速变化弱、常常难以探测的克拉通 LAB（Eaton et al., 2009）。除了波速的垂向变化之外，在一

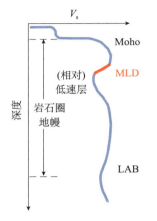

图 4-2 克拉通岩石圈地幔结构分层性示意图

些克拉通地区 MLD 深度处还伴随有地震波各向异性、电导率或岩石成分等的分层特征，但这些现象的全球普遍性尚未得到确证。

克拉通岩石圈地幔中的 MLD 及其反映的结构分层性显然是大陆岩石圈形成与长期演化的产物，MLD 所表现的强波速间断面结构特征难以用温度变化单独解释。综合地球物理、地质、岩石－地球化学等多学科观测，考虑温度、成分、变形等不同效应，目前已对 MLD 成因提出了多种模型和认识，其中就包括以下几点。

（1）部分熔融或富含流体模型，即认为现今克拉通岩石圈地幔中存在熔体或流体，造成了 MLD 地震波速的明显下降（Thybo，2006）。但这一机制与克拉通地区大地电磁测深（electromagnetic sounding）数据以及 MLD 处温度（大多不足 1000℃）远低于固相线的观测不符。

（2）滞弹性效应引起的晶粒边界滑移模型，认为 MLD 处的地震波速明显下降是地幔介质随着温度升高从弹性行为向非弹性行为转变的结果（Karato et al.，2015）。由于对晶粒大小在这一过程中的作用约束和认识不足，该机制能否完全解释地震学观测尚存在争议。

（3）成分分层模型，即将 MLD 及其之下的低速层认为是克拉通岩石圈在太古宙形成时垂向增生的构造印迹（Chen et al.，2009；Lee et al.，2011），或是在后期演化过程中发生熔－流体交代的产物（Aulbach et al.，2017）。无论哪种情况，MLD 处的波速下降都对应含水或富挥发分矿物（如金云母、角闪石、辉石、碳酸盐等）的聚集。然而，目前仍不确定究竟是哪种（些）矿物起了主要作用，且这种机制难以解释 MLD 处波速下降幅度超过 6% 的观测（Saha et al.，2018）。另外，全球地幔包体中鲜有含水矿物存在也对其提出了挑战（Pearson et al.，2014a）。

（4）分层变形模型，认为 MLD 结构反映了克拉通岩石圈地幔地震波各向异性结构即变形的分层性（Fichtner et al.，2010）。这一模型与成分分层模型并不互相排斥，但也在解释全球观测上存在困难，特别是难以解释为什么演化历史各异的不同克拉通大都在70～100 km深度出现地震波各向异性（变形）特征的显著变化。

无论是哪种成因，克拉通地区普遍观测到的MLD既可能是具有不同形成机制和不同形成时代的岩石圈地幔上部和下部的分界面，也可能是在长期演化过程中经历明显改造的岩石圈下部的顶界面，抑或是上述两种过程的叠加结果。因此，MLD及其反映的大陆岩石圈地幔分层性为探索大陆形成与演化动力学提供了重要线索。

稳定克拉通地区约100 km深度处普遍存在MLD的新观察提出了一系列新的科学问题。如前所述，MLD自身的结构、性质和成因可能与厚而高强度的克拉通岩石圈地幔根的形成与改造过程密切相关。MLD主体分布在70～100 km深度范围的现象表明，具有不同构造演化历史的古老克拉通可能在其形成和演化过程中存在某些共同特征。对克拉通之间共性及差异性的全面认识需要以详细的MLD和大陆岩石圈地幔以及地壳结构信息为基本依据，以多科学观测综合分析为基本手段。

克拉通岩石圈MLD与活动构造区LAB深度相当、结构类似，表明两者虽然构造含义不同，但可能具有成因联系。对此已提出了三种模型：①当克拉通受到强烈活化时，原先的MLD成为岩石圈改造后新的LAB（Chen et al.，2014；Aulbach et al.，2017）；②克拉通形成早期、岩石圈较薄时的LAB与现今活动构造区LAB类似，之后随着岩石圈的冷却增厚，原先的LAB变深演化成为现在的MLD（Rader et al.，2015）；③克拉通岩石圈的MLD源自大洋岩石圈的LAB，即在大陆垂向增生过程中，大洋岩石圈通过板块构造或板块构造启动之前的其他构造过程，或简单的冷却增生，使其LAB转变成为大陆岩石圈内部的MLD（徐义贤等，2019）。后两种模型均将MLD看作"冻结"的LAB，不同之处在于原始岩石圈的属性以及LAB转变为MLD的过程存在差异。

对于上述三种模型，第一种模型仍有待于动力学模拟的进一步论证，第二种模型则存在明显问题，因为克拉通现今的厚岩石圈根并不是从薄的岩石圈简单地经冷却增厚而形成的（Lee et al.，2011）。从一些显生宙遭受地幔柱强烈影响的地区来看，其中一种可能性是，地幔柱物质熔融后形成的轻的、高度亏损的高黏度层垂向增生至原先的薄岩石圈底部，从而使克拉通岩石圈增厚（Yuan et al.，2017；Liu et al.，2021）。同样，该模型能否解释全球范围克拉通 MLD 与活动构造区 LAB 深度相当、结构类似的观测尚不清楚。第三种模型涉及厚的大陆克拉通岩石圈的形成机制及其与薄的大洋岩石圈的成因联系，目前对这些问题均未获得统一认识，因此该模型也仍是一种有待验证的假说。

以 MLD 为顶界面的（相对）低速层代表高强度克拉通岩石圈地幔内部的一个（相对）力学薄弱层（Chen et al.，2014；Rader et al.，2015）。那么一个相关问题是这个力学薄弱层如何影响克拉通的长期演化？在大陆岩浆－构造活动过程中，垂向力学薄弱层与岩石圈中的横向力学薄弱带（活动构造带）类似，也会成为受热强烈和应变集中区，从而易于发生韧性变形。例如，在 MLD 深度处发生韧性变形可能诱发大陆岩石圈地幔地震（Prieto et al.，2017），并可能在挤压作用下或地幔柱与岩石圈相互作用过程中导致下部岩石圈地幔拆沉（Wang et al.，2018b）；在岩石圈伸展过程中，MLD 薄弱层的存在能够促进岩石圈变形（Liao et al.，2013），特别在俯冲作用下能够明显加速克拉通岩石圈的改造和破坏（Chen et al.，2014；Liu et al.，2018）。另外，动力学模拟研究结果与 MLD 广泛分布于现今稳定克拉通之下的地震学观测均表明，MLD 薄弱层并非影响克拉通稳定性的主导因素（Chen，2017）。然而，目前对这一薄弱层相对于正常地幔"弱"（力学性质差异）的程度尚无明确约束；对在不同构造背景下这一薄弱层与下地壳、软流圈等其他可能的垂向薄弱层和／或横向先存薄弱带共同作用的效应缺乏系统研究，从而制约了对岩石圈分层性在大陆演化中所起作用的全面理解。

大陆岩石圈内部可能存在比 MLD 所反映的更复杂的分层结构（Sodoudi et al.，2013；Calò et al.，2016）；薄的大洋岩石圈内部也表现出结构和性质的显著垂向变化（Beghein et al.，2014；Qin and Singh，2015）；甚至软流圈也具有明显分层性，特别是在大洋地区和大陆活动构造区（Stern et al.，2015；Wu et al.，2021）。这些新观测获得的分层结构及其所对应的界面与 MLD、LAB 以及 Moho 等壳幔界面共同揭示了岩石圈－软流圈系统的复杂性，其结构和性质不仅空间差异显著，而且因岩石圈与软流圈的动态相互作用而可能随时间发生变化，并强烈影响板块构造和深部 - 浅表耦合过程（Debayle et al.，2020）。因此，全面获取岩石圈 - 软流圈系统界面（MLD、LAB 等）和分层结构的详细信息并约束其时空变化特征，将会改变我们对岩石圈、软流圈性质和行为的认识，推进对板块构造和地球系统时空演化规律的探索研究。

2. 地幔转换带界面特征与成因

上地幔中有两个重要的速度和密度界面，根据其深度命名为 410 km 间断面和 660 km 间断面，两者围成的区域称为地幔转换带，是上、下地幔物质和能量传输、交换的枢纽区域（图 4-3）。410 km 间断面和 660 km 间断面是一种全球性结构，由上地幔的主要构成矿物——橄榄石的多相相变引起。相变产生的物性差异及其流变特性对板片俯冲、地幔柱上涌的速率、形态和样式产生显著影响；其主要构成矿物的高储水能力也表明地幔转换带是地球内部一个潜在的超级"储水库"，对地幔物质的运移和化学分异起到重要作用。对地幔转换带间断面基本特性的认识直接关系到地幔对流尺度、深部地球化学储库，以及浅部岩石圈构造环境的形成，可以为地球深部的热状态、物质组成，以及地球演化进程中最基本的地幔对流模式等问题提供关键制约。

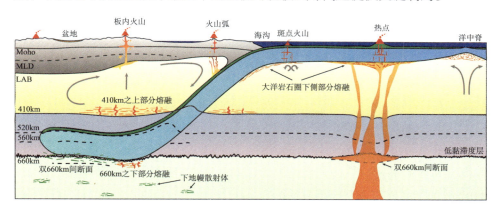

图 4-3 岩石圈界面、地幔转换带界面与地球动力学过程

410 km 间断面和 660 km 间断面是典型的矿物相变面，受温度、压力状态和物质成分的控制，矿物相变发生的速率和深度范围会随之变化，反应在间断面的形态结构等可观测特征上，包括深度起伏、尖锐程度、粗糙程度以及地幔转换带内部是否存在其他深度间断面等问题（Shearer，1990；Helffrich，

2000；Deuss et al.，2006；Wu et al.，2019）。这两个全球间断面对温度的敏感性使其成为"测量"地幔内部温度的重要参考面，而它们表现出来的宏观结构特性则可以由采集地幔转换带的不同类型地震波（反射波、折射波或转换波）的到时或波形探测获得。

1）410 km 间断面

410 km 间断面主要是由橄榄石到瓦兹利石的相变引起。该相变发生的深度和宽度受温度的影响显著，并受控于橄榄石和瓦兹利石中铁和水的含量（Hirschmann，2006；Frost and Dolejs，2007）。由于上地幔橄榄石中铁的含量在 10% 左右，且变化较小，通常用温度和水含量的变化来解释不同区域观测到的 410 km 间断面的起伏和宽度差异。当温度低于 1200℃ 时，如果将橄榄石中的水从零增加到接近饱和的状态，410 km 间断面的宽度可从 7 km 增加到 22～24 km（Frost and Dolejs，2007）。这一加宽的 410 km 间断面符合在地中海、非洲和中国南部等区域的地震学观测结果（Vinnik et al.，2020）。但地幔中的水一旦超过橄榄石的最大储存量，则会引发部分熔融，使 410 km 间断面的宽度减小（Frost and Dolejs，2007）。另外，如果温度接近于地幔温度（1400℃），即使在水饱和的状态下，410 km 间断面的宽度也仅有 11 km。因此，水对 410 km 间断面宽度的影响极大地依赖地幔温度，超过 20 km 宽的 410 km 间断面只能出现在温度较低并接近水饱和的状态。

温度和水含量的改变还会带来 410 km 间断面深度的起伏。在较冷的俯冲板片附近或者有水出现时，410 km 间断面通常会发生在较浅深度，因为降低温度和提高水含量均能有效地降低橄榄石到瓦兹利石的相变压力。对全球尺度 410 km 间断面的地震学观测表明，该间断面深度变化总体没有表现出与温度异常较好的相关性，在受俯冲影响 660 km 间断面出现显著下沉的区域，410 km 间断面没有表现出相应的抬升（Gu and Dziewonski，2002）。这意味着除了热状态以外，还必须综合考虑物质成分的改变给相变带来的效应。

联合高温高压实验和对 410 km 间断面宽度和深度的地震学观测，是限定上地幔底部的温度和水含量的一种重要途径。近期不断有地震学观测发现较冷的俯冲板片附近存在 410 km 间断面下沉现象（Schmerr and Garnero，2007；Sun et al.，2020）。由于水对瓦兹利石相变速度的影响远大于橄榄石，在地幔温压条件下水的出现可以完全抵消橄榄石到瓦兹利石相变带来的速度跳变，因此观测到的下沉的 410 km 间断面很可能是含水到无水瓦兹利石的界面。但已有的高温高压实验和理论计算结果表明，橄榄石到瓦兹利石相变的速度跃变高达 10%～12%，水的出现无法完全抵消这一显著的速度变化（Li and Liebermann，2007；Mao et al.，2015），因此在俯冲板片邻近区域观测到的普遍加深的 410 km 间断面的成因仍不清楚。新的观测结果要求在不同铁、水含量和温度条件下，对橄榄石至瓦兹利石的相变进行更为细致和深入的实验或者理论计算研究。

2）660 km 间断面

作为橄榄石和瓦兹利石的同质异象体，林伍德石在 660 km 深度附近分解为布里奇曼石［bridgmanite，$(Mg，Fe)SiO_3$］和铁方镁石，是全球尺度 660 km 间断面的主要成因（Ye et al.，2014），660 km 间断面的性质影响俯冲板片和上升地幔流在上下地幔交界处的形态和行为，直接关系到地幔对流的尺度。

降低温度或者增加水含量能有效增加林伍德石的相变深度，而升高温度，660 km 间断面则会出现在更浅的深度（Kei，2002；Ghosh et al.，2013）。SS 前驱波观测显示，全球范围的 660 km 间断面起伏可以达到 40 km，在较冷的俯冲地区大多表现出明显下沉；在热物质上涌地区 660 km 间断面大都出现 10～20 km 的抬升，与受温度影响的相变面深度变化预期总体吻合（Gu and Dziewonski，2002），体现了速度成像探测到的大尺度不均匀体、相变面深度变化和地幔热异常之间的关联。660 km 间断面的起伏可以反映区域温度和物质成分的变化，常被用来估计区域的温度和水含量。

另外，利用散射波对间断面粗糙程度的小尺度精细刻画揭示，660 km 间断面局部小尺度地形起伏高达 30 km，而 410 km 间断面却较为光滑（Wu et al.，2019），表明 660 km 间断面作为上下地幔的分界，起到了局部阻止地幔物质交换的作用，地幔对流表现出混合对流模式。近期对全球 SS 前驱波、PP 前驱波到时和波形的解译也表明，660 km 间断面起到了动态屏障作用，阻碍了上下地幔物质和热量的充分交换及循环（Waszek et al.，2021），暗示地球深部存在被地幔转换带分隔开的化学性质完全不同的地幔储库。

地震学研究还在俯冲板片附近 700～750 km 深度观测到大于 2% 的速度跳变，称为双 -660 km 或多 -660 km 间断面，也称为 660 km 间断面分裂现象（Deuss et al.，2006；Gao et al.，2010）。一般认为，700～750 km 深度速度界面的形成主要与秋本石到下地幔布里奇曼石的相变相关（Kubo and Akaogi，2000；Kei，2002）。在地幔转换带底部较低温度下（<1600℃），秋本石由斜方辉石－高压相单斜辉石－瓦兹利石（林伍德石）+ 斯石英的一系列相变而来（Sawamoto，1987）。秋本石到下地幔布里奇曼石的相变深度与温度密切相关（Kei，2002）。当温度低至 800℃ 时，秋本石在约 750 km 深度才相变至布里奇曼石（Kubo and Akaogi，2000）；而温度超过 1600 ℃ 后，秋本石则不会出现在地幔转换带中（Kei，2002）。秋本石到布里奇曼石相变的理论计算模拟表明（Hao et al.，2019），尽管地幔转换带秋本石含量可高达 40%，但相变为布里奇曼石只能造成不到 2% 的 P 波速度跳变，无法满足地震学观测。而在俯冲板片较冷的环境下，镁铝榴石和辉石可以一直稳定至约 735 km 深度，其相变为布里奇曼石对应的相变宽度和造成的速度跳变能更好符合在 700～750 km 深度地震学观测到的速度界面（Nishi et al.，2013）。不论是秋本石、镁铝榴石还是辉石，都说明除去占地幔转换带 60% 的橄榄石组分外，非橄榄石组分相变导致的物质成分变化会对 660 km 间断产生显著影响，甚至会改变俯冲板片的行为（Agrusta et al.，2014）。对不断丰富的 660 km 间断面观测现象形成机理的认识，亟须高温高压实验和理论计算对矿物弹性性质的深入研究。

3）地幔转换带内部的其他间断面

与全球范围广泛分布的 410 km 间断面和 660 km 间断面不同，地震学对 520 km 间断面的存在性一直存在争议（Shearer，1990；Cummins et al.，1992）。从地幔物质组成的角度来看，作为上地幔含量最为丰富的橄榄石，其同质异象体瓦兹利石在 520 km 深度相变为林伍德石，并造成 2.5%、2.4%、3.4% 的密度、P 波速度和 S 波速度跳变（Sinogeikin et al.，2003）。考虑到地幔橄榄石及其同质异象体的体积百分比为 50%～60%，瓦兹利石到林伍德石相变在 520 km 深度的密度和速度跳变为 1.5%～2.0%，与全球尺度地震学观测到的 520 km 间断面速度跃变吻合较好（Shearer，1990）。然而，很多短周期地震波观测无法识别这一速度界面，该问题一直未能解决。

更复杂的是，在俯冲板片附近，如在中国东部地区的下方，不仅观测到了明显的 520 km 间断面，还在部分区域发现位于约 560 km 深度的速度界面，称为 520 km 间断面分裂（Deuss and Woodhouse，2001；Ai et al.，2003）。钙铝榴石在 560 km 深度出溶形成的钙钛矿可带来 0.6%～1.0% 的速度跳变（Saikia et al.，2008），但模拟 560 km 速度跳变所采用的矿物弹性数据存在很大不确定性。即使当只考虑石榴子石这一上地幔和地幔转换带主要矿物时，由于其可以在钙铝 - 钙铁、镁铝 - 铁铝间形成完美的固溶体，物质组成仍十分复杂。而针对石榴子石弹性性质的高温高压研究大部分局限于钙铝榴石、镁铝榴石等端元组分，实验温压条件远小于地幔转换带的温度和压力（Conrad et al.，1999；Arimoto et al.，2015）。对真实地幔条件下矿物弹性性质认识的缺乏极大地限制了人们对 560 km 速度界面成因的理解。最近，Tian 等（2020）对比了全球范围内 560 km 深度地震波速度跳变观测和矿物学模拟结果，认为只有当钙在地幔转换带极度富集时才能解释观测到的 560 km 速度界面。但是钙是通过何种方式在 560 km 深度富集的？是否与下沉的俯冲板片和地球内部物质循环有关？这些问题的回答不仅对理解地幔转换带 520 km 间断面分裂的成因至关重要，对进一步揭示地球内部物质循环和演化过程也具有重要意义。

4）地幔转换带的水含量

地幔转换带内占比 60% 的矿物瓦兹利石和林伍德石具有 1%～3% 的高储水能力。地幔转换带内的水含量、水的赋存方式、水在地幔中的循环、水如何改变物性以及对地幔物质熔融的影响成为近年来研究的热点。来源于地幔转换带的金刚石包裹体中的林伍德石矿物提供了深部地幔含水的直接证据，至少在局部地区，地幔转换带中的水含量可以达到 1.5%（Pearson et al.，2014b）；对来自地幔深部的金刚石中冰七（Ice-VII，水的高压态）的发现也说明，直至 660 km 间断面深度的地幔转换带内部都可能是富含流体的（Tschauner et al.，2018）。地幔转换带内总的水量可能相当于一个至数个地表大洋中的水含量（Peslier et al.，2017）。尽管其平均厚度仅有 242 km（Gu and Dziewonski，2002），且体积较小，但矿物较高的储水能力决定了该区域很可能是地球上最具潜力的深部储水库，对地球内部物质的物理属性、化学过程和元素的分布迁移等都起到了至关重要的作用。

地幔转换带内水存在的其他证据来自对水含量敏感的地球物理场，如电导率的观测和实验研究。基于绝热地温曲线和单矿物的电导率实验结果表明，低含水地幔原岩在 410 km 间断面处几乎没有电导率跳跃；520 km 深度处有略高于半个量级的跳跃，660 km 间断面处有略低于半个量级的跳跃（Huang et al.，2005）。对卫星磁场数据和潮汐磁信号进行全球电导率的联合反演结果显示，地幔转换带内的电导率从 410 km 间断面处的 0.1 S/m 缓慢增加到 660 km 间断面处的 1.0 S/m，而在 410 km 间断面附近和 520 km 深度处都没有大的电导率跳跃。含水 0.1% 的瓦兹利石和含水 0.01% 的石榴子石的电导率实验结果可以很好地匹配这一地幔转换带内的联合反演结果，说明地幔转换带内含水约 0.1%。这和利用不同类型地震波波速异常估算的东北亚地区地幔转换带内含水 0.2%～0.4% 的估计一致（Li et al.，2013）。

地磁测深和大地电磁测深数据反演得到的区域电导率结果显示，地幔转换带内电导率横向变化较大。如中国东北部（长白山）和美国西南部（图森）等地 410 km 深度存在明显的电导率跳跃，厚度为 5～30 km，或许可以用岩石的部分熔融来解释这一突跳（Toffelmier and Tyburczy，2007）。但在大多数地方，场反演结果没有看到 410 km 处电导率跳跃，似乎与全球性"水滤模型"不符（Bercovici and Karato，2003），这可能由于电导率反演的分辨率不够，也或许不存在全球性的 410 km 之上熔融层。对 410 km 上覆低速层的地震波探测表明，在受俯冲板块影响显著的东北亚区域，存在清晰可辨、厚度为 55～80 km 的低波速层，S 波速度下降可达 2.5%，部分熔融现象的发生至少说明在地幔转换带浅部存在水（Han et al.，2021），板块的俯冲很可提供了水的来源。

因为电导率反演方法和分辨率等方面的原因，地幔转换带内几乎没有获得精细的二维或三维电性结构信息，而实验室内含水瓦兹利石和林伍德石的电导率数据也存在较大差异，所以区域电导率资料解释较为困难。多地球物理观测场、多方法的联合反演（如速度反演、电导率反演）将会有助于全面认识地幔转换带内水的存在和含量，以及界面上下物理性质的变化及原因。

3. 核幔边界异常体特征与成因

下地幔底部的核幔边界是地球内部变化最剧烈的物质和温度界面，它不仅是硅镁质地幔和铁质地核的物质分界面，也是地幔对流过程中俯冲板片的最终归宿和地幔热柱上涌的最初起点。作为连接地幔和地核的中间带，核幔边界的结构直接决定了地球内部热传导过程。而这一过程直接限定了地球外核的对流，并进一步影响了地球磁场的演化。同时，核幔边界可能存在原始地幔结晶分异的残留物，也有可能是地球早期俯冲板片的堆积场所。因此，了解核幔边界的精细结构，对认识地球早期的演化过程和板块运动重构至关重要。核幔边界的主要结构单元包括LLSVP、地幔柱、超低速带、D″层等（图4-1）。这些异常体在尺度上相差很大，从千米量级的散射体、几十千米的ULVZ到近千千米的LLSVP，反映了地幔在不同尺度上的动力学过程。

1）下地幔D″层

在核幔边界以上300 km左右的区域被称为D″层，其顶界面称为D″间断面，对应的S波波速有1%～3%的跳变。D″层中的横向不均一性已经被三维地震层析成像所证明。在大尺度上，通常在波速较大（温度较低）的区域，D″间断面的深度较浅；而在波速较小（温度较高）的区域，该间断面更接近核幔边界或消失（Lay et al.，2006）。依据地震学上观测到的D″间断面的深度和波速异常之间的相关性，Sidorin等（1999）提出了D″间断面对应一个相变面。

目前普遍认为D″间断面的形成与布里奇曼石到后钙钛矿的相变有关（Murakami et al.，2004；Oganov and Ono，2004）。然而地震学对于D″间断面成像缺乏全球采样，只局限于有限区域，并且在中太平洋和非洲下方的LLSVP内发现的D″间断面说明其成因非常复杂（Lay et al.，2006）。在很多区域，D″间断面在数百千米横向尺度上存在数百千米的径向跳变（Hutko et al.，2006），这一方面反映核幔边界的横向温度差异巨大，另一方面也反映了化学成分的差异性。而矿物相变和化学成分的不均匀如何影响D″间断面和D″层的地震学特性尚未有明确的结论。D″层也是一个各向异性比较强烈的区域。尽管对D″层的各向异性特征的研究非常不足，大部分研究区域发现SH波波速比SV波波速要快1%～3%，这也给后钙钛矿和D″层的相关性提供了额外的佐证。在约10 km的小尺度上，D″层是否存在很强的不均一性仍存在较大争议。D″层的另外一个显著特征取决于地温曲线，可能存在从布里奇曼石相变成后钙钛矿以及更靠近核幔边界时从后钙钛矿变回布里奇曼石的两个界面（Hernlund et al.，2005）。这也在地震学中找到了相关证据，反过来利用这两个界面的深度可以更好地了解核幔边界的温度特征（van der Hilst et al.，

2007）。因此联合地震学观测和相变矿物物理实验数据对有效约束核幔边界和 D″ 层的温度梯度至关重要。

由于布里奇曼石相变成后钙钛矿发生在 110 GPa 压力以上，温度高达 2000～3000 K，实验测量和理论计算相变带来的速度跳变均十分困难。理论研究预测这一相变在核幔边界温压条件下可造成 1.5%～3.75% 的 S 波和 0%～1% 的 P 波速度跳变，符合地震学观测（Shukla et al.，2019）。但目前实验对后钙钛矿相的波速和弹性性质的测量还局限在常温高压。300 K 下的高压实验发现这一相变会带来 1% 的 S 波波速增加，远低于地震学观测到的 2.5%～3% 的 S 波跳变和理论预测（Murakami et al.，2007）。是否因为布里奇曼石和钙钛矿相变在核幔边界造成强烈的波速各向异性，其相变可能带来大于 1% 的实验测量值误差？这还有待于进一步研究。

实验和理论计算非常关注成分变化（如铁、铝含量的改变）、温度和共存相之间的相互作用对布里奇曼石至后钙钛矿相变深度和宽度的影响，期望由此破解 D″ 间断面不同区域复杂形态特征的难题。正常含有 10% 铁和铝的布里奇曼石在往后钙钛矿相变时产生的相变宽度为约 400 km，并位于核幔边界上 400 km 处，这与观测并不相符（Catalli et al.，2009）。Sun 等（2018）通过高温高压实验指出，布里奇曼石至后钙钛矿的相变行为与核幔边界强烈的温度和物质成分分布不均一密切相关。在核幔物质交换强烈或受俯冲洋壳影响的区域，铁在布里奇曼石和后钙钛矿中的富集将引起速度梯度的变化，这与阿拉斯加东部地区下方的观测吻合；而核幔边界上 30～150 km 某区域明显的速度跳变和独有的棱镜形状特征，则反映出该区域缺乏铁和铝；而在正常地幔或者热柱附近，则无法观测到 D″ 间断面的存在。虽然通过对地幔岩和俯冲洋壳结构相变的高温高压实验，Grocholski 等（2012）也认为在正常地幔组分下无法观测到 D″ 间断面的存在，但他们同时也指出，只有富铝的俯冲洋壳才能产生与地震学观测匹配的 D″ 间断面，这一结论与 Sun 等（2018）的结果正好相反。可见，对 D″ 间断面在不同区域复杂、多变的地震学特征和形态的理解，仍存在较大争议。

2）核幔边界大尺度低速异常结构

作为核幔边界上最显著的低速异常，位于非洲和太平洋下方的 LLSVP 一直是地球深部研究的热点。近年来，也有学者认为该结构不仅具有低的 S 波速度，其 P 波速度也较低，因此应称为 LLSVP。LLSVP 面积占核幔边界的三分之一，在部分区域，其高度可达 1300 km，S 波波速比周围地幔低 2%~4%。尽管地震学上发现非洲 LLSVP 的南边和西边边界都是相对尖锐的（Ni et al.，2002），一定程度上支持了 LLSVP 是一个热化学异常体，然而其动力学成因仍不清楚。受成像精度所限，约束两个 LLSVP 的具体几何形态非常困难。一方面，对 LLSVP 的高度还缺乏很好的认识；另一方面，波形模拟结果（He and Wen，2009）和近期全波形成像结果发现中太平洋下方呈现出由多个"宽地幔柱"构成的地幔柱簇（plume cluster）的结构（French and Romanowicz，2015），与大部分研究结果认为位于非洲下方的一个整体 LLSVP 有明显差别。LLSVP 的三维密度结构是解决 LLSVP 动力学成因的根本，然而相关研究一直是个难题。基于地球自由振荡数据反演地幔三维密度结构现阶段还存在较大的不确定性（Romanowicz，2001），近期利用固体潮来对 LLSVP 的密度进行约束则提供了一个新思路（Lau et al.，2017）。而利用矿物高温高压波速数据，通过约束不同成分和温度对核幔边界以及 LLSVP 的精细波速结构的影响，我们可获得核幔边界及 LLSVP 的精细密度结构。

LLSVP 的边界位置和特征是现有深部地幔研究的一个重点对象。一方面利用聚类分析可以提取不同层析成像模型的共同特征；另一方面，通过波形模拟（Ni et al.，2005）及人工智能对地震波形数据的多路径效应进行分析（Kim et al.，2020），可以获得 LLSVP 边界的精细三维结构特征。其中受到俯冲板片影响的 LLSVP 边界可能表现为一个"地幔柱源区"，一个 ULVZ 形态集中变化区和一个 D″ 层的聚合边界，是研究地球深部动力学演化和化学成分的重要目标。但由于该区域具有横向多尺度复杂结构（小尺度散射体约为 10 km、中等尺度 ULVZ 约为 100 km、大尺度 LLSVP 及 D″ 层约为 1000 km），对采样这些结构不同频率的地震波走时、振幅及波形等均会产生很大影响，因此在地震成像（seismic imaging）上有很大挑战性。而作为从核幔边界起源的地幔柱则是地震学成像的一个巨大挑战，能否和如何对传统意义上动力学地幔柱进行成像，现阶段还存在广泛争议。

LLSVP 的成因可归为两大类，一类模型认为是由地球早期原始地幔物质组成，如基底岩浆洋模型（Labrosse et al.，2007）认为地球早期经历了全地幔熔融，地幔矿物在岩浆洋中部结晶，在其上下形成两个岩浆洋，基底岩浆洋的演化后期在核幔边界形成富铁的硅酸盐层，它们有低波速和高密度的特点。近期的研究发现含适量的极富铁布里奇曼石确实能很好地解释 LLSVP 的波速特征（Wang et al.，2021），地球动力学模拟也显示该层物质能演化形成 LLSVP 的结构特征（Huang et al.，2015a）。基底岩浆洋受到盖层保护，没有经历明显的去气作用，也能解释很多地球化学方面的观察。另一类模型认为 LLSVP 主要由俯冲的洋壳组成，由于洋壳比周围地幔密度高，能够俯冲到核幔边界，地球动力学模拟也显示俯冲的洋壳可以形成 LLSVP 的结构，虽然 LLSVP 的界面不是很清晰（Huang et al.，2020）。而至于洋壳的波速能否解释 LLSVP 则存在争议，Wang 等（2020）通过第一性原理计算发现洋壳在下地幔底部是高速异常，不能解释 LLSVP 的波速特征，而 Thomson 等（2019）将测量的下地幔顶部压力下的毛钙硅石的波速外推到核幔边界，认为洋壳可以解释 LLSVP 的波速特点。毛钙硅石在下地幔底部温压条件下的波速是解决上述分歧的关键。

3）核幔边界超低速区

在核幔边界同样存在大量的超低速带，其高度为 5～100 km，横向大小为 10～100 km，S 波波速降达 5%～30%。ULVZ 由于其特殊的物理性质，被认为有可能代表了地球冷却过程中残余的原始岩浆洋的部分结晶；地幔柱可能把这些原始地幔成分的信息携带到地表，因此 ULVZ 的详细特征在地球演化研究中有特殊意义。ULVZ 主要分布在 LLSVP 的边界处，表明 ULVZ 的形成演化可能和 LLSVP 相关（McNamara et al.，2010），同时也意味着 ULVZ 的位置对确定 LLSVP 边界起到关键作用。ULVZ 地震学成像的大部分工作主要集中在一维模型的模拟，对其弹性参数和几何形状的确定存在较大的误差，因而难以确定 ULVZ 的成因。基于二维和三维的波形模拟工作表明其中存在一些具有极端性质的 ULVZ（Yuan and Romanowicz，2017）。例如，位于 Samoa 和中美洲地区下方的 ULVZ 波速下降达到约 50%；而在夏威夷、冰岛等地区下方发现了直径达 900 km 的超级 ULVZ。这些特别大的 ULVZ 是否在更大范围内存在于核幔边界还是一个未知数。

为解释 ULVZ 的急剧速度下降，提出了不同的机制，其中包括富铁氧化物（Wicks et al.，2010）、后钙钛矿（Mao et al.，2006）、俯冲大洋地壳（Dobson and Brodholt，2005）、地核硅酸盐沉积物（Buffett et al.，2000）、富铁俯冲大洋地壳内的熔体（Ohtani and Maeda，2001）、俯冲板块的金属熔体

（Liu et al.，2016）、具有黄铁矿结构中的过氧化铁（FeO_2）（Hu et al.，2016）和最经典的部分熔融假说（Williams and Garnero，1996）等。地球动力学模拟表明，ULVZ 可能存在于 LLSVP 内部最热的区域，抑或由于密度差别聚集而沿 LLSVP 边缘分布（Li et al.，2017a，2017b）。然而，对于 ULVZ 化学起源和形成仍然没有共识，是固体地球科学中的有待解决的难题。

4. 内核边界

自从 Lehmann 于 1936 年首次发现地核固态内核以来，内核边界层的研究就受到广泛关注。内核边界（inner core boundary，ICB）是地核内部物质与能量交换的重要界面。外核物质结晶产生的成分对流和驱动地球磁场，是地磁场主要的动力来源（Buffett，2000）。ICB 处于固液热平衡处，是限制地核热状态的关键部位。获取 ICB 的密度差、精细结构及地核物质固液相平衡数据一直是研究热点，对限定地核物质组成、地核热演化以及地磁场形成机制尤为重要。

首先，获取对 ICB 直接测量数据尤为重要。其中，重力及自由振荡数据对一维及大尺度（几千千米）三维密度结构十分敏感，初步地球参考模型（preliminary reference earth model，PREM）的一维密度分布便是利用这些数据所获得（Dziewonski and Anderson，1981）。Shearer 和 Masters（1990）叠加了对 ICB 敏感的简正模，约束了界面两侧的密度差小于 $1.0\ \text{g/cm}^3$。但他们的研究结果存在密度与速度相互影响等问题，带来较大不确定性。相比之下，特大地震（如印尼、日本等特大地震）激发的自由振荡信号强，简正模谱峰分裂观测更为准确；三维地球情形下简正模谱峰分裂的准确计算也已经实现，可以有效提高密度结构研究的精度（Deuss et al.，2011），并且还发现了内核东西半球的各向异性和不对称性。

内核结晶凝固过程中析出轻元素，会造成 ICB 处的局部过冷，在内核表面形成树突状结晶糊状层或者外核底部悬浮固体晶体颗粒的浆状层，抑或是 ICB 局部起伏等异常，理论预测这些异常结构是亚千米或千米尺度（Bergman，2003）。高频地震波提供了直接测量 ICB 精细结构物性特征的唯一手段。ICB 外侧反射波 PKiKP 及内侧反射波 PKIIKP 与它们参考震相的走时差、幅度比及波形变化等信息对约束 ICB 密度差、地形起伏及模糊层等至关重要。然而，由于地壳与上地幔小尺度不均一性很强（Shearer and Earle，2004）（数千米尺度），PKiKP 与核幔边界反射波 PcP 的振幅比会受到显著的影响，从而严重影响 ICB 密度差的测量精度（Tkalčić et al.，2009）。同样的，地幔底部强烈的横向不均一性也会影响通过 PKiKP 与 PcP 走时差信息获得的ICB 地形起伏研究结果的精度。可见，依据地震波有限信息，约束 ICB 的密度差和精细结构依然面临巨大挑战。需要发展高频地震震相全波形方法以实现 ICB 的密度差别和小尺度结构的准确测量。

另外，ICB 是固体与液体的共存点，界面的温度对应地核物质的熔融温度或液相点，利用高温高压实验和第一性原理计算探究金属铁合金便成为限定 ICB 温度的重要手段（Buffett，2003）。通过获得金属铁合金的平衡相图，可以推算界面的化学成分差异，再结合不同金属合金在界面附近的密度关系，可以预测此界面的密度差异，进而与地震学观测的界面附近的密度差异相比较，可获得地核物质成分的信息。现有的地核物质液相线高压实验研究表明，ICB 界面温度在 5000~7000 K（Boehler，1993）。基于外核处于全对流状态，推算出核幔边界近外核一侧温度为 3000~5000 K，这为地球内部，尤其是地幔底部、地核内部的热结构提供了基本框架。然而，高压实验及第一性原理计算的不一致性导致此界面的温度差别多达数千度，从而对限制地球内部热结构带来了极大的不确定性。近 30 年，高温高压实验及理论计算领域一系列研究试图约束金属铁合金在此界面条件下的熔融温度，不过鉴于此界面的极端的温度压力条件，其温度依然扑朔迷离。Alfè 等（2000）由第一性原理计算得出了地核主要由铁、氧合金组成的结论，为地核成分提供了重要的约束。近期的高温高压实验同样构建此界面物质的平衡相图，研究了 Fe-Si、Fe-O、Fe-S 等二元体系，获得了地核成分的关键信息（Ozawa et al.，2016；Mori et al.，2017；Oka et al.，2019）。

二、地球流变性圈层结构与动力学效应

人们很早就观测到加拿大和北欧区域存在着冰期之后的地表回弹现象。地表气温回升造成的冰川消失使得地球表面缓慢地上升，该过程可以通过将岩石圈和地幔视为黏弹性体而建立模型进行研究（Turcotte and Schubert，

2002）。结果显示，当地幔的平均黏滞度约为10^{21} Pa·s时，模型可以很好地解释地表观测到的回弹速率。如果将地幔划分为多个圈层，通过冰后期回弹数据对各层的黏滞度分布进行整体反演，可以得到地幔内部的黏滞度分层结构（Peltier，2004）。需要注意的是，当分层超过两层时，这种反演的结果存在着较大的不唯一性（Paulson et al.，2007），因此对得到的多层结构是否可靠存在着一定的疑问。

除了冰后期回弹数据，地球表面的大地水准面数据也能为地球内部的黏性分层提供约束。研究发现，地幔中的上升流和下降流能够造成地球内部界面的起伏，起伏的幅度取决于界面上下方的黏滞度比值，而这种黏滞度比值可以通过地表观测到的大地水准面异常进行约束（Hager，1984）。要产生观测到的长波长大地水准面异常数据，上地幔的黏滞度需要比下地幔小一到两个数量级（Hager and Richards，1989）。基于以上研究，目前在使用动力学模型研究地幔演化时，一般将地幔的流变性分为四个主要圈层。从地表到岩石圈底部，为超高黏滞度的黏弹塑性层；从岩石圈底部到地幔转换带，为低黏滞度的上地幔层；从地幔转换带到D"间断面，为高黏滞度的下地幔层；从D"间断面到核幔边界，由于温度快速升高，黏滞度快速降低到与上地幔接近的量级（Zhang et al.，2010）。

地球内部的流变学分层结构对地幔对流的动力学形态和热演化具有关键的控制作用。首先，从全球地幔对流来看，如果整体地幔的水平平均黏滞度不随深度改变，地幔对流展示出短波长为主的特征；而当地幔的水平平均黏滞度在地幔转换带出现分层时（上下地幔分别为低黏性和高黏性层），地幔对流的波长出现明显的增加（Bunge et al.，1996）。特别是如前所述，当地幔的黏滞度分为四层时，地幔对流的波长能够增加到极大，使得整个地幔仅存在一个上升流区域和一个下降流区域，形成一阶地幔对流（图4-4）。一阶地幔对流形成后，地表分散的大陆块体会在下降流区域汇聚拼合，形成超大陆。之后由于超大陆本身对传热效应的阻隔，在超大陆下方会形成另一个上升流区域，即形成二阶地幔对流，造成超大陆的裂解（图4-4）。其次，从局部地幔对流来看，如果在转换带底部区域存在一个低黏滞度层，会对俯冲板块和地幔热柱的动力学效应和热演化产生重要影响。一方面，俯冲板块在该层的作用下，会形成明显的板块停滞作用，在俯冲区域形成大地幔楔结构（Mao and Zhong，2018）；另一方面，地幔热柱在该层的作用下，会在转换带区域产生热物质堆积并在上地幔形成热柱的分叉现象（Liu and Leng，2020）。

（a）一阶地幔对流　　　　　　　（b）二阶地幔对流
（对应超大陆的拼合过程）　　　　　（对应超大陆的裂解过程）

图 4-4　一阶地幔对流和二阶地幔对流（Zhong et al.，2007）

图中的蓝色部分代表冷的下降流；黄色部分代表热的上升流

三、研究展望

地球内部界面及其成因涉及地球深部引擎研究，是固体地球系统科学的核心。其深入研究依赖地震学、高温高压矿物学、地球流变学与动力学等学科的发展。在未来研究中需重点关注以下几个方面。

1. 全球化地震信息的提取及三维成像研究

现在地震台网每年可以记录到数百万条地震波形序列，如何有效利用这些海量数据，充分分析和评估每条波形记录，自动提取研究者感兴趣的信息，进而高效准确约束地球深部温度状态、物质成分和物性参数，已成为现代地震学研究的新挑战。获取全球地震波数据，广泛开展与全世界科学界的合作，包括在关键区域布设地震台站，从而获得高质量、大范围的观测数据。现阶段不断扩充的全球和区域固定台网，以及大量的流动台阵，极大地改善了地震数据的空间覆盖；同时，除了天然地震产生的体波信号，从环境噪声中提取采样内部界面体波信号的方法已成为地球深部结构研究的有力工具。

受到地震和台站分布的限制，仅依靠常用的震相数据难以获取全球尺度上地球内部界面的精细结构和分布特征，在确定异常体的物性参数方面也存在很大难度。同时受计算能力限制，多数研究主要集中在一维和二维结构的模拟；而已有的三维模拟结果表明，一维和二维结构模拟存在局限性和偏差。因此，应集中发展利用基于多种震相波形和大数据的成像方法，获取各主要界面的三维各向异性、衰减、小尺度不均一性以及起伏特征；更好地利用布设于海底和海上的地震仪数据对深部地幔进行成像；通过结合地震和大地测量数据，对深部密度结构提供关键约束；进而认识各界面多尺度不均一性的化学、热学、矿物学和动力学成因。

2. 地球内部的流变学分层研究

与地壳的流变学分层模型相比，地幔的流变学分层模型相对粗略，不确定性较大。例如，660 km 间断面可能是一个从上地幔到下地幔的黏滞度跳变面；在 1000 km 深度可能存在着高黏滞度区域（Rudolph et al.，2015）；此外，深部地幔存在的铁自旋转变效应，以及核幔边界上方的 D″ 层区域都可能导致特别的黏滞度分层结构。然而，对这些流变学分层结构的认识仍存在很大争议，其对地幔对流形态和热演化的影响也尚未得到系统性研究。目前的深部流变学分层结果主要是通过使用冰后期回弹或者大地水准面异常数据建立模型反演得到，对其具体的物理机制并没有理解清楚。由于用实验岩石学方法测量地幔岩石，特别是测量深部高温高压岩石的黏滞度存在着很大的技术挑战，目前很难通过测量直接得到地幔中各层物质的黏滞度。通过技术革新，突破深部岩石流变学的直接测量技术，并与地震学各向异性观测和第一性原理计算相结合，将是未来在认识深部岩石流变性方面取得突破的关键。

地表的黏弹塑性流变层对板块的运动和变形具有关键控制作用。然而，由于分辨率的限制，这一重要流变层在以往的全地幔对流模型研究中通常被简化为一个高黏滞度层。这一简化忽略了板块的弹塑性性质，导致无法进行板块的弹性弯曲、破裂、断层错动等物理机制的研究。今后需要开发新一代的数值模型，使用局部网格加密等前沿技术，实现地表黏弹塑性流变层与深部地幔黏性层之间的耦合，进而在整体地幔对流中研究板块的复杂变形模式和板块边界的精细耦合过程。同时，通过多信号、多尺度联合的地震学各向异性结构研究，约束壳幔不同深度的变形强度和变形模式，从地表黏弹塑性流变层的横向和垂向不均一性角度并结合动力学数值模拟，认识板块变形及其与深部地幔的相互作用。

3. 加强高温高压实验、理论计算和地震学探测的多学科结合

地球深部物质组成、矿物相变、热力学性质、流变学特征，甚至到微观的电子层结构等多种物理性质，对地震学探测结果的解释具有重要意义。美国、日本和欧洲等地区在深部地球物理探测方面取得了巨大突破和快速发展，其成功经验是与高温高压实验研究和第一性原理计算分析紧密合作。随着同步辐射光源技术的不断发展，极端条件下物性研究的实验能力也随之提升；第一性原理计算具有精度高、容易实现高温高压的特点，特别是跟人工智能方法结合，可以有效拓宽研究物性的种类和研究体系的复杂度，构建更完善的包括弹性、热力学以及热导、电导、扩散系数等输运性质在内的矿物高温高压物性数据库。因此，发展结合矿物物性数据和地震观测结果，反演地核、地幔及地球内部界面物理化学性质的方法，对深入理解这些界面的性质和动力学过程及其在地球系统演化中的效应具有重要意义。

第二节　地球深部挥发分

固体地球深部储存了包括氢、碳、硫、氮、氟、氯和惰性气体等在内的很多种挥发性元素。在地球深部变化的温度、压力、氧逸度等物理化学条件下，挥发分以复杂多变的形式存在于矿物、流体和熔体等不同物相之中（氢通常以 +1 价存在并与氧结合，被称为"水"），而且在地球内部圈层和块体中的分布很不均一。板块俯冲将地表的挥发分带入地球深部，挥发分经历漫长而复杂的迁移和演化过程之后，通过火山喷发等方式回到地表，完成在地球深部的循环（Bekaert et al.，2021）。

挥发分的赋存和循环对地球深部的物质属性和动力学过程产生显著和深远的影响。例如，水会使矿物的弹性模量和流变强度降低（Kohlstedt，2006；Mao and Li，2016）、电导率升高（Karato，2011）；会使地壳和地幔岩石的熔融温度降低、熔融程度增大（Ni et al.，2016），形成地震波低速带和电导率异常区，促进地幔对流和板块运动。S-C-N 等变价挥发性元素调控着地球深

部的氧化还原状态（Li and Ni，2020）。俯冲板片岩石变质脱水可能导致岩石发生脆性破裂，引发地震（Okazaki and Hirth，2016）。富含挥发分的流体和岩浆熔体是地球内部物质与能量迁移的重要载体，也是成矿作用的关键介质（Liebscher and Heinrich，2007）。挥发分从岩浆中出溶，驱动爆发式火山喷发（Popa et al.，2021）。

深部储库与地表储库之间的挥发分交换也是影响水圈和大气圈的形成和演化、调控地表宜居性的重要机制。水和氮气分别是海洋和现代大气的主要组分，海平面高度和大气组成受控于深部水和氮循环。还原性碳被俯冲与火山喷发释放二氧化碳联合实现"减碳增氧"，这可能是使地表环境从早期还原状态转变为氧化状态（大氧化事件）的重要机制（Duncan and Dasgupta，2017），而火山喷出二氧化碳造成的温室效应也可能是解放新元古代雪球地球事件的关键原因（Hoffman et al.，1998）。超级火山喷发释放的二氧化硫和硫化氢在平流层被氧化形成含硫酸的气溶胶，阻挡太阳辐射，导致全球变冷（Self and Blake，2008）。形成大火成岩省时释放的巨量硫可以导致全球生态系统发生剧烈变化，造成生命大灭绝（Callegaro et al.，2014）。

地球深部挥发分的分布、循环和作用是探索地球深部状态和运行机制的一条关键线索，也可以为认识矿产资源的形成、火山喷发和深部地震的发生、地球宜居性演化提供重要启示。随着金刚石压腔、显微红外光谱、拉曼光谱和离子探针等实验技术和分子模拟计算技术的快速发展，深部挥发分（特别是H-C-S-N）对地球深部过程和生命宜居环境所起的关键作用越发凸显，地球深部挥发分研究已成为国际深地科学方兴未艾的重要前沿方向。

一、地球深部挥发分的赋存形式和储量

在地球深部，氢主要通过替代其他阳离子的方式（即点缺陷）存在于橄榄石（以及同质多象的瓦兹利石和林伍德石）、辉石、石榴子石等名义上无水的矿物晶格内部，与氧结合形成OH^-，被称为结构水。只有长石等少量矿物的晶格孔隙足以容纳水（H_2O）分子。含水矿物的化学式中本来就包含OH^-，折算成水含量一般在%量级。除了结构水之外，矿物中还可以含有流体包裹体等富水相（即体缺陷）。硅酸盐熔体中溶解的水既包括OH^-，也包括分

子水。在深部地幔的强还原条件下，矿物和熔体中还可能存在氢分子（Yang et al.，2016）。氢也经常被视为地核中可能存在的一种轻元素。

通过天然岩石样品分析、地球物理探测与高温高压实验研究的结合，人们发现水在地球内部的分布是高度不均一的（Ni et al.，2017a）。大陆上地壳的平均水含量小于1%，中下地壳水含量不足0.1%。受到热液蚀变的洋壳平均含有约1.5%的水。普通上地幔（洋中脊玄武岩源区）的平均水含量在50～300 ppm，而受流体交代的地幔可含有超过1%的水。地幔过渡带的主要矿物——瓦兹利石和林伍德石的储水能力超过2%，与含水矿物相仿。Pearson等（2014a）报道巴西产出的超深金刚石中的林伍德石包裹体含有1.5%的水。如果地幔过渡带普遍富水且平均含水量为1%，那么仅地幔过渡带就含有 4.5×10^{12} Mt（兆吨）的水，达地表水总量（1.6×10^{12} Mt）的三倍之多。下地幔矿物的储水能力和实际水含量还存在很大争议。若假设地幔的平均含水量为300 ppm，地幔含水总量约等于0.75个地表水总量（Hirschmann，2018）。

碳的赋存形式更为复杂（Hazen et al.，2013）。在地球浅表，碳既可以在生物、其他有机质和石墨中以还原价态存在，也可以在沉积物、流体和熔体中以+4价氧化态（包括 CO_3^{2-}、HCO_3^-、H_2CO_3 和 CO_2 等形式）存在。在地球深部高压条件下，碳酸盐矿物单独可以保持稳定，但由于与硅酸盐共存和反应，在深部地幔的低氧逸度环境中碳可能主要以金刚石形式存在。在深部流体中，二氧化碳也可能转变为还原性的种型，如 CH_4 和 C_2H_6（Tao et al.，2018）。在地核中，碳可能以碳化物形式存在。

与氢分散在矿物相中因而存在含量上限的情况不同，对几乎不溶于硅酸盐矿物、一般以独立相（金刚石或碳酸盐矿物）存在的碳含量的约束更加困难。通过对幔源岩石样品的研究，目前估计上地幔中碳的平均含量约为100 ppm（Hirschmann，2018）。对于更深部的地幔乃至地核，目前只能通过实验模拟、理论模型以及与球粒陨石对比等方法给出一些不太严格的约束，其碳含量很可能高于上地幔。即便假设整个地幔的平均碳含量仅为100 ppm，地幔中碳的总量也可达 4×10^{11} Mt，为地表碳总量的四倍之多。

地球深部的硫主要以 -2 价存在于硫化物（矿物或熔体）以及 Fe-Ni 合金相之中，在局部条件下（特别是流体和熔体中）可以以硫酸盐（SO_4^{2-}）、SO_2、H_2S、S_3^- 等形式存在。如果认为造山带橄榄岩中硫的含量（约200 ppm）可以代表地幔平均值，那么地幔中硫的总量达 8×10^{11} Mt，为地表硫总量的 40 倍（Palme and O'Neill，2014）。

当前地球大气圈含有 4×10^9 Mt 的氮，包括地壳在内的地表储库共含氮约 6×10^9 Mt。在地球深部，氮以 NH_4^+ 形式替代矿物中的 K^+，在流体中以 −3 价（NH_3 和 NH_4^+）和 0 价（N_2）存在，或以 −3 价存在于 Fe-Ni 合金相中。通过对幔源岩石样品的测量以及与氩含量的比较，目前估计地幔中氮的平均含量为 1～6 ppm（Johnson and Goldblatt，2015；Hirschmann，2018），总量不低于 4×10^9 Mt（相当于地表氮总量的 0.7 倍）。

虽然不同研究者做出的估计之间仍存在一些差异，但一般均认为地幔储存的 H-C-S-N 与地表储库的总量相当（图 4-5），甚至可以达到其几倍到数十倍之多。因此，地幔是挥发分的巨大储库，足以有效调控地表。举例来说，在挥发分总量守恒的前提下，地幔中的水含量每变化 0.1 ppm，海平面高度就会相应变化 1 m。

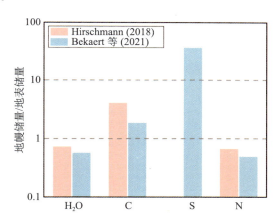

图 4-5　对地幔挥发分储量与地表（外部圈层＋地壳）储量之比的两项估计

二、地球深部挥发分循环和演化

板块俯冲将包括挥发分在内的地表物质输送进入地球深部。全球俯冲带输送沉积物约 1800 Mt/a，蚀变洋壳约 60 000 Mt/a。尽管不同俯冲带的沉积物化学组成存在很大差别，但有研究者对全球俯冲沉积物的平均化学组成作出估计（Plank，2014）。只要知道俯冲沉积物和洋壳中的挥发分平均含量，就可以计算出从地表储库向地球深部储库的挥发分输入通量（俯冲的岩石圈地幔不计入地表储库）。综合不同研究的结果，目前估计水、碳、硫、氮的输入通量分别为 1000 Mt/a、82 Mt/a、26～132 Mt/a、0.7～2.3 Mt/a。

火山喷发是深部挥发分得以返回地表储库的主要途径。洋中脊、俯冲带、板块内部火山喷出岩浆的通量分别为 50 000 Mt/a、8000 Mt/a、2000 Mt/a。尽管不同火山喷出物的化学组成存在很大差别（如俯冲带弧岩浆较富集挥发分），但研究者结合火山岩样品化学分析数据与火山气体观测结果，对不同构造环境中的挥发分平均含量也作出了估计（Le Voyer et al., 2019）。除火山喷发之外，在板块内部和俯冲带，消极弥散式去气的贡献也相当可观。综合不同研究的结果，目前估计俯冲带向地表输出水、碳、硫、氮的输出通量分别为 300 Mt/a、23 Mt/a、3～23 Mt/a、0.55 Mt/a；洋中脊水、碳、硫、氮的输出通量分别为 120 Mt/a、16 Mt/a、50 Mt/a、0.1 Mt/a；板内水、碳、硫的输出通量分别为 90 Mt/a、40 Mt/a、2 Mt/a（图 4-6）。

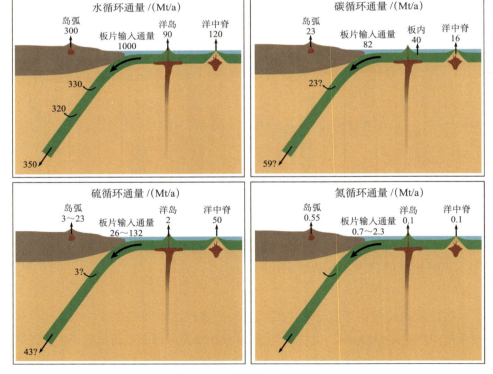

图 4-6　全球挥发分循环通量

"?"表示有争议，全书余同

　　尽管对挥发分通量的估计仍存在很大的不确定性,将输出通量与输入通量相除,可以得到水、碳、硫、氮的再循环效率分别约为50%、100%、100%±50%、70%±30%。这暗示C-S的输出通量与俯冲输入通量基本相当,而水和氮再循环回到地表的效率偏低。如果这能够代表显生宙以来的基本情况,可以推断寒武纪时的海平面高度更高,大气中也含有更多的氮。如果将地球深部储库的挥发分总量除以通量,可以得出挥发分在地球深部的居留时间在十亿年到百亿年量级。

　　与板块俯冲输入和火山喷发输出这两端相比,对挥发分在地球深部的迁移机制和通量的约束更加困难。随着俯冲过程中温度和压力的上升,俯冲板片发生变质脱水或熔融,形成富水流体、硅酸盐/碳酸盐熔体,甚至超临界流体(其化学组成介于富水流体和硅酸盐熔体之间)等不同类型的板片流体(Manning,2004;Ni et al.,2017b)。不同的俯冲带具有不同的热结构,关于不同熔/流体的形成条件仍存在很大争议。板片流体作为介质将大量挥发分从板片迁移至上覆地幔楔,机械刮削或底辟作用也有助于挥发分的迁移。van Keken等(2011)对全球大洋俯冲带的热结构和板片岩石变质脱水情况进行了统计分析,粗略估计俯冲板片平均在弧前和弧下深度(<90 km)脱去1/3的水,在100~230 km深度又脱去1/3,剩下1/3的水进入更深部的地幔。弧下受到流体或熔体交代的地幔楔经过加热之后发生部分熔融,岩浆作为载体将挥发分持续向上运移,直至火山喷发。

　　关于板片流体中C-S-N存在形式和含量也仍存在很大争议(Li and Ni,2020)。俯冲变质带中常见含二氧化碳或碳酸盐的流体包裹体或多固相包裹体,但研究者在西南天山榴辉岩和西阿尔卑斯变沉积岩中发现了含CH_4或有机碳的流体包裹体(Tao et al.,2018;Frezzotti,2019)。有研究者认为碳酸盐矿物在流体中的溶解度很低,但也有天然样品和实验证据表明流体可以溶解很多的碳酸盐(特别是在硅酸盐诱导的条件下),还有人发现富二氧化碳流体可以与富水流体一起迁移碳(Li,2016)。Kelemen和Manning(2015)认为大部分俯冲碳被流体迁移至地幔楔,这一观点是否属实仍有待进一步检验。俯冲带流体包裹体中硫酸盐和硫化物都有出现,目前对不同深度释放的板片流体中的硫究竟是氧化态还是还原态、其含量究竟有多少尚缺乏清晰认识(Tomkins and Evans,2015;Walters et al.,2020)。实验和计算研究表明,板片流体中相当比例的氮可能是氧化态的氮气（Mikhail et al.，2017；Chen et al.，2019）。

俯冲板片中的主要含水矿物包括角闪石、绿泥石、蛇纹石等。在俯冲过程中，有的含水矿物发生分解，但多硅白云母、硬柱石、蛇纹石等矿物可以在高压下保持稳定，石榴子石和辉石等名义上的无水矿物的储水能力也随压力升高而增大，它们都可以作为向地球深部输送水的载体（Schmidt and Poli，2014）。从上地幔底部开始，板片中出现 phase D、phase H-Δ 固溶体等超高压含水相（Ohtani，2021），它们将水继续向地幔过渡带和下地幔输送，直至核幔边界。深部地幔在上涌过程中可能因为储水能力下降而发生熔融而脱水（Bercovici and Karato，2003）。

在经历弧下流体提取后，板片中残留的碳酸盐矿物继续俯冲，在上地幔底部以深发生熔融，形成碳酸盐熔体，碳酸盐熔体与低氧逸度的深部地幔发生氧化还原反应，"冻结"形成金刚石（Rohrbach and Schmidt，2011；Thomson et al.，2016）。含有金刚石的地幔上涌，又可以因为氧逸度的升高而发生熔融，形成碳酸盐熔体或碳酸盐化硅酸盐熔体，幸存的金刚石可以被板内火山喷发带至地表。但深部地幔中硫和氮的迁移和演化图像尚不十分清晰。

通过比较地球物质、球粒陨石和彗星的氢同位素组成，目前一般认为地球上的水主要来自碳质球粒陨石，很可能是在约 45 亿年前忒伊亚与原始地球大碰撞之后的"晚期薄层增生"阶段加入的（Ohtani，2021），但大碰撞形成的炽热环境似乎也并未导致原始星云物质中的水被完全丢失到太空中。大碰撞形成的岩浆洋与富水的原始大气之间密切发生水和其他挥发分的交换，随后地球逐渐冷却，在不迟于 43.5 亿年前形成液态水的海洋（Watson and Harrison，2005）。

大碰撞可能导致地球原始的碳挥发逸失到太空中，或与铁结合进入地核之中，地球上的碳也可能主要是由一些碳质陨石在"晚期薄层增生"阶段供应的（Albarede，2009）。Keppler 和 Golabek（2019）提出了一种新的观点，认为碳虽然具有强亲铁性，但早期地球上的碳（主要是还原态的石墨）并不会大量进入地核中，而是由于其低密度而飘浮在岩浆洋的浅层，后面通过再循环进入地壳和地幔中。这种模型认为地球上的碳完全来自原始星云物质，无须外部补给。

三、挥发分对地球深部和地表环境的影响

溶解在名义上无水矿物中的水可以导致矿物和岩石的多项物理性质发生显著变化：①使矿物的弹性模量和密度降低，这会导致地震波速度降低、泊松比和各向异性改变、不连续面变厚（Mao and Li，2016）；②使矿物的流变强度降低，这种"水弱化"作用有利于促进地幔对流和板块运动，也可能是导致克拉通岩石圈减薄的重要原因（Xia et al.，2013）；③俯冲板片岩石变质脱水可能导致岩石发生脆性破裂，这种"脱水致裂"作用被认为是引发中源地震（震源深度位于 70～300 km）最可能的成因机制之一（Okazaki and Hirth，2016）；④使矿物的电导率升高（Karato，2011）。地球物理学家可以利用这些效应，"遥感"探测地球深部水的分布。

作为不相容组分的水和二氧化碳可以使岩石的熔融温度降低、熔融程度增大（Dasgupta and Hirschmann，2006；Ni et al.，2016）。岩石圈 - 软流圈边界、上地幔 - 过渡带边界、过渡带 - 下地幔边界两侧矿物储水能力的差异可能导致地幔发生熔融。目前对于水饱和条件下地幔橄榄岩的熔融温度（即湿固相线）的实验研究结果之间仍存在很大歧异：Grove 等（2006）认为橄榄岩在 800℃ 即可熔融，Green 等（2014）却认为需要超过 1000℃ 熔融方可发生（图 4-7）。这也导致出现了是板片流体直接诱发地幔楔熔融，还是受流体交代的地幔楔被加热之后再熔融这两种不同认识。溶解进入熔体的水和二氧化碳对熔体的物理性质产生显著影响，包括密度和黏度降低、组分扩散加快，以及电导率升高（Ni et al.，2015）。在地壳深度，挥发分从岩浆熔体中出溶可以形成成矿热液，也可以引起爆发式火山喷发。

通常认为地球深部的地震波低速带和电导率异常区与富含挥发分（特别是水）有关，但是否存在熔体或流体还需要具体分析（Karato，2011）。下地幔底部的 LLSVP 和 ULVZ 的状态以及与水的关系仍有待查明。这些地震波异常区也很可能是超级地幔柱的源区，较高的含水量有利于产生巨量的岩浆，上升至地表形成大火成岩省（Liu et al.，2017b）。

硫、碳、氮（甚至包括氢）都是变价元素，它们的迁移和变化对于地球深部的氧化还原状态可以起到重要的调控作用。板片流体可能将氧化态的

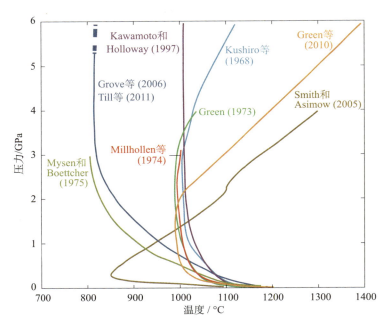

图 4-7　不同研究者确定的水饱和条件下地幔橄榄岩熔融温度

硫迁移至地幔楔，使地幔楔的氧逸度升高，并通过熔融产生氧化性的弧岩浆（Rielli et al.，2017；Walters et al.，2020）。岩浆在演化过程中通过结晶或液相不混溶分离出硫化物，变得更加氧化。挥发分饱和时出溶硫化氢使岩浆氧化，而出溶二氧化硫可使岩浆趋向还原（Burgisser and Scaillet，2007）。在超过200 km 深度，地幔的氧逸度低于铁－方铁矿（IW）缓冲值，俯冲板片中携带的二氧化碳以及水都可以氧化地幔（Frost and McCammon，2008）。

　　挥发分的赋存和迁移能深刻塑造地球深部的状态、物性和过程，地球深部挥发分循环也是影响水圈和大气圈的形成和演化、调控地表宜居性的重要机制。当地球深部输出水的通量小于俯冲输入通量时，地表的水就会减少。寒武纪初期的海平面可能更高，覆盖了大部分大陆。类似地，古大气中的氮气也可能高于现代大气。还原性碳被俯冲，火山喷发释放氧化性的二氧化碳，这种"减碳增氧"过程可能是引发大氧化事件的重要机制（Duncan and Dasgupta，2017），而火山喷出二氧化碳造成的温室效应也可能是解放新元古代雪球地球事件的关键原因（Hoffman et al.，1998）。超级火山喷发释放的硫可以导致全球短暂变冷（Self and Blake，2008）。形成大火成岩省时释放的巨量硫可以导致全球生态系统发生剧烈变化，造成生命大灭绝（Callegaro et al.，2014）。

四、总结与展望

1. 对地球深部挥发分的主要认识

（1）深部水主要储存在地幔名义上无水矿物之中，含瓦兹利石和林伍德石的地幔过渡带比上地幔和下地幔更富水，深部碳、硫、氮分别主要存在于金刚石、硫化物、硅酸盐矿物/Fe-Ni合金相中。地球上的挥发分很可能部分来自从大碰撞过程中幸存下来的太阳系原始星云物质，部分来自后期增生（仍然早于44亿年前）的碳质球粒陨石物质。

（2）地幔的H-C-S-N储量至少与地表储库基本相当，C-S输出通量与俯冲输入通量基本相当，而水和氮再循环回到地表的效率相对较低。如果显生宙以来板块构造与挥发分循环的范式基本稳定，则意味着寒武纪开始时的海平面高度更高，大气中也含有更多的氮。

（3）俯冲带是挥发分再循环的重要场所，俯冲板片脱水致裂可能是引发中源地震的重要机制，流体和岩浆熔体是从板片向上覆地幔楔及地表迁移挥发分的主要介质，板片中的含水高压相和名义上无水矿物一起将水输送到地球深部，而碳的输送主要靠碳酸盐矿物。

（4）水和二氧化碳的存在有利于诱发岩石熔融。不仅俯冲带弧岩浆作用与水密切相关，大火成岩省也可能起源于富水区，而且地球内部圈层边界的熔融很可能是由两侧矿物储水能力的差异造成的。溶解在岩浆熔体中的水和二氧化碳使熔体的密度和黏度降低、电导率升高，它们在地壳深度从岩浆中出溶可以形成成矿热液，也可以引起爆发式火山喷发。

（5）水的局部富集可以形成地震波低速带和电导率异常区，溶解在矿物中的水可以使岩石流变强度降低，促进地幔对流和板块运动，也可能导致克拉通岩石圈减薄。

（6）S-C-N的价态与地球深部的氧化还原状态密切相关，相互影响。板片流体中的 SO_4^{2-} 可以氧化地幔楔，碳酸盐在地幔深部可以被还原"冻结"成金刚石，金刚石在浅部地幔可以被氧化而融入熔体。火山喷出的二氧化碳、二氧化硫和硫化氢气体可使地表的气候和环境发生剧烈变化，甚至导致生命大灭绝。

2. 未来研究方向

（1）对深部挥发分分布状况和含量的估计仍存在很大的不确定性，这与来自地球超过 200 km 深度的样品十分稀少有关。此外，由于俯冲带和火山的个体差异以及观测误差，对挥发分输入和输出通量所作估计的准确度也有待进一步提高，它们曾否在地球演化历史上发生明显变化有待进一步检验。挥发分的起源研究也需要进一步深入，特别是原始星云物质和晚期薄层增生对地球挥发分总量的相对贡献有待查明。

（2）挥发分在地球深部的迁移路径和机制仍有待进一步明确，不同类型流体、熔体、矿物的形成条件和对挥发分迁移所起的作用仍存在很大争议。超临界流体的作用尤其需要进一步明确。

（3）挥发分对地球深部过程与表生系统的影响需要继续进行研究，如与成矿、中源地震、爆发式火山喷发之间的成因联系；与大型低剪切波速省、地震波低速带和电导率异常区的关系，以及挥发分对地表气候环境生命变迁的影响及其机制。

3. 技术方法改进和创新

要解决以上关于地球深部挥发分的关键科学问题，需要从以下三个方面加强技术方法改进和创新。

（1）改进显微红外光谱、拉曼光谱、离子探针、激光剥蚀等离子体质谱等微区分析技术，建立起不同矿物和熔/流体包裹体中 H-C-S-N 含量、种型及同位素组成分析的一整套分析测试方法，并将其应用于更广泛的深部样品。

（2）加强高温高压实验模拟和计算模拟在深部挥发分研究中的结合。改进高温高压实验装置，将其与同步辐射 X 射线技术、光谱、电化学等分析测试方法相结合，实现对熔/流体形成条件、微观结构和物理化学性质的原位实时分析；将第一性原理分子模拟与机器学习等人工智能技术相结合，针对含 H-C-S-N 物相开展高精度的多尺度分子模拟计算。

（3）将地震学与大地电磁测深相结合，联合反演地球深部挥发分分布状况。通过这些研究手段的协调配合和多学科交叉研究，有望建立起地球深部挥发分分布、迁移和演化的自洽模型，进一步查明挥发分对于塑造地球深部状态和动力学过程和调控地表宜居性的巨大作用。

第三节　地幔氧化还原状态及演化

　　地球是目前银河系内发现的唯一有生命存在的"蓝色"星球。地球表层丰富的水和高的氧含量促进了地球生物圈的形成、演化和发展，并使地球表层一直处于一个生命"宜居"的环境。地球表层宜居系统的建立与地球深部过程密切相关。地幔是地球最大的化学储库，其氧化还原状态不仅决定了元素在地幔中的赋存形式，而且控制了不同元素在地球各圈层之间的循环和迁移。因此，厘清地幔氧化还原状态（mantle redox）的演变是理解地球表层宜居系统建立的关键所在，且需要解决一系列关键科学问题。比如，地球早期增生及核幔分异是在何种氧化还原状态下发生的？地球核幔分异结束后，地幔氧逸度是否发生转变？转变的时限和机制是什么？地幔氧化还原状态的转变是否和地球大气圈的氧化相关联？地球板块运动起始后，地球地幔氧逸度多大程度上受俯冲板片的影响？板片俯冲是否和地球大气圈的大氧化事件相关？这些关键科学问题是构成当前国际地球科学界的前沿研究领域之一，回答这些问题需要多学科交叉联合研究，对我国学者既是挑战也是机遇。

一、早期地球地幔氧逸度的转变

　　早期地球增生、核幔分异、壳幔分异、原始大气形成等一系列重大全球性地质事件都与早期地球地幔氧化还原状态密切相关。下面将简要梳理目前对于早期地球形成时地幔氧化还原状态的认识以及地幔氧逸度在这一系列事件中所起的作用。

1. 增生过程中地幔氧逸度的演化

　　在约45亿年前，地球的原始物质在地球岩浆洋中发生化学分异，形成硅酸盐熔体相和金属熔体相，它们分别构成了地球的原始硅酸盐地幔和金属地核。根据原始地幔中氧化铁（FeO）的含量和地核中铁的含量，可以推算出核幔分异后地幔的氧逸度大约在 IW-2（Wade and Wood，2005）。然而，被认为与地球原始物质组成类似的球粒陨石的氧逸度却在 IW-8 到 IW+2 之间变化（Righter et al.，2016）。由此引出的一个关键科学问题便是：原始物质增生形成地球过程中，地球地幔氧逸度是如何从非常还原状态演变为相对氧化状态的？

星体碰撞、放射性元素衰变以及重力势能释放都会产生大量热，导致行星地幔的熔融。地球增生过程中同样伴随着大规模的熔融，形成所谓的岩浆洋。在岩浆洋中，元素在金属相和硅酸盐相之间的分配可以用以下反应公式表达：

$$MO_{n/2}(s) = M(m) + n/4\ O_2 \qquad (4\text{-}1)$$

式中，n 为元素 M 的价态；m、s 分别为金属相和硅酸盐相。

根据化学平衡理论，元素 M 在金属相和硅酸盐相之间的分配系数 $D_M^{m\text{-}s}$ 可由式（4-2）表达：

$$D_M^{m\text{-}s} = k\frac{K_{eq}}{(fO_2)^{\frac{n}{4}}} \qquad (4\text{-}2)$$

式中，K_{eq} 为式（4-2）的化学平衡常数；k 为摩尔浓度与质量浓度的转换因子；fO_2 为反应发生时体系的氧逸度。

式（4-2）表明 $D_M^{m\text{-}s}$ 直接受氧逸度控制，而 $D_M^{m\text{-}s}$ 的大小又控制着早期核幔分异过程中元素 M 在原始地幔和地核中的比例。假设地球的总体成分和未分异球粒陨石相一致，那么如果能精确测定元素 M 在金属相和硅酸盐相之间的分配系数，就可以利用地幔中 M 元素丰度，反推核幔分异时地幔的氧逸度。基于这个思路，前人通过高温高压实验开展了大量研究，测定了不同温度、压力、氧逸度条件下各种元素在金属和硅酸盐相之间的分配系数，并提出了不同的地球增生及演化模型。一些学者认为如果地幔和地核形成于单次高压条件下的金属和硅酸盐分异，那么地幔氧逸度在 IW-2 附近就能解释原始地幔中钴和镍的含量（Fischer et al.，2015）。但这个模型要求地球核幔分异时岩浆洋的温度要比地幔岩石液相线温度高 650℃，而且这个模型很难反演出原始地幔的钒含量（Wood et al.，2006）。因此，单一阶段核幔分异模型并没有被广泛接受。目前被广泛接受是多阶段金属－硅酸盐分异模型，即地核和地幔是地球岩浆洋中多次金属－硅酸盐分离形成的（Wade and Wood，2005；Rubie et al.，2011）。关于多阶段核幔分异过程中地幔氧逸度的演变有两和不同的观点：一种观点认为随着地球质量的增加，地幔氧逸度逐渐升高；另一种观点则认为随着地球质量的增加，地幔氧逸度逐渐降低。

早期地幔氧逸度随着地球质量的增加而升高的观点最早由 Wänke（1981）提出，并由 Wade 和 Wood（2005）与 Rubie 等（2011）先后通过新的金属－硅酸盐分配系数进一步完善。这一氧逸度升高的模型很好地解释了地幔中钒、镍、钴、锰和氧化铁（FeO）的含量。Wade 和 Wood（2005）与 Rubie 等（2011）两个模型的不同点在于前者认为地幔的氧化是由钙钛矿在高压下从岩浆洋中结晶引起铁的歧化反应所致，而后者则认为是由增生到地球的物质越来越氧化所致。后者的观点符合行星演化动力学模型（Walsh et al.，2011），也与地幔中金属稳定同位素组成相吻合（Dauphas，2017），因而得到了广泛的支持。近 10 年来，有部分学者认为地幔氧逸度在地球增生过程中逐渐降低（Badro et al.，2015）。这主要是因为在高的温度和压力条件下，比如在 90 GPa 和 4500 K，钒、铬、铌和钽等很多微量元素会变得越来越亲铁。因此，在核幔分异过程中相对高的氧逸度能解释很多微量元素在地幔中的丰度（Huang et al.，2020）。另外，原始地幔从氧化到还原的演化路径，能提高进入地核的氧含量并降低进入地核的硅含量。这使得地核中的轻元素含量与通过地震波估算的地核轻元素含量有很好的吻合（Badro et al.，2015）。

在岩浆洋核幔分异过程中，无论原始地幔是先还原后氧化，还是先氧化后还原，原始地幔的氧逸度都经历了一次巨大的转变。这一氧逸度的巨大转变无疑将影响岩浆洋中变价元素的赋存状态以及与岩浆洋平衡的大气圈的化学组成。氧化性的岩浆洋意味着与岩浆洋平衡的早期大气主要成分应为二氧化碳、水蒸气、氮气等氧化性气体，而还原性的岩浆洋则意味着早期大气主要化学组成是氢气、氨气、甲烷等还原性气体。米勒模拟实验则显示还原性大气更有利于地球生命的起源。因此早期地球大气的化学组成是调控地球宜居系统的关键因素，为生命的起源和演化提供了重要的物质和能量基础。

2. 核幔分异后地球地幔氧逸度的演变

核幔分异后的硅酸盐地幔是后期地球地幔化学演化的起点（图4-8），其氧逸度约在 IW−2（Wade and Wood，2005）。但这个值却低于任何古老岩石所记录的早期地幔氧逸度。例如，钒在橄榄石和科马提质熔体之间的分配系数指示太古宙地幔氧逸度普遍高于 IW+1（Canil，1997；Nicklas et al.，2019）；上地幔样品的铬和 V/Sc 值则指示，35 亿年前的上地幔氧逸度约在 IW+3（Li and Lee，2004）；对冥古宙岩浆锆石中铈含量的分析则表明，锆石所记录的最低岩浆氧逸度也能达到 IW+2（Trail et al.，2011）。这些研究都证明核幔分异后的 10 亿年内地幔氧逸度经历了上升的过程。

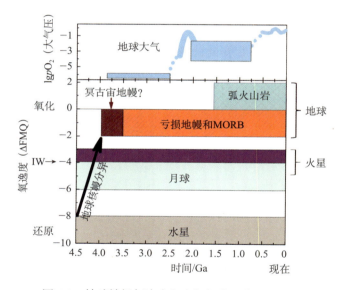

图 4-8　地球地幔氧逸度和大气氧分压演化示意图

ΔFMQ 为样品氧逸度与铁橄榄石 - 磁铁矿 - 石英缓冲对（fayalite-magnetite-quartz，FMQ）氧逸度之间的差值。地球核幔分异结束之后，地球地幔及大气圈经历了不同程度的氧化事件，和地球相比，火星、水星及月球核幔分异结束后，它们的地幔氧化还原状态没有发生明显的转变

高温高压实验和数值模拟计算研究发现，当压力大于 10 GPa 时，即使是在熔体环境中，Fe^{2+} 转变成 Fe^{3+} 和铁单质的歧化反应也能发生（Armstrong et al.，2019）。如果地球早期发育了很深的岩浆洋（>1300 km），那么熔体中由 Fe^{2+} 歧化产生的单质铁会进入地核中，而 Fe^{3+} 则可以通过对流作用上升至岩浆洋表层，致使浅部岩浆洋被氧化（Armstrong et al.，2019）。这种氧逸度

随地幔深度变化的关系与不同深度地幔包体所指示的氧逸度是一致的（Frost and McCammon，2008），说明地幔的氧化可能从岩浆洋阶段就已经发生。

核幔分异后的地球及行星并非静止不变的。月球、火星和水星表面广泛发育的撞击坑表明，太阳系内部类地行星在 44 亿～35 亿年之间可能普遍遭受了大量天体撞击及"晚期重轰击"事件（Bottke and Norman，2017）。这可能与气态大行星的轨道迁移导致小行星带的物质迁移到内太阳系有关（Gomes et al.，2005）。如果这个阶段大量氧化性的小行星物质加入地球，势必会对地球地幔及表层系统产生巨大影响。O'Neill 等（2017）就认为天体撞击事件可能导致了板块运动的起始。此外，Fischer-Gödde 等（2020）发现，西南格陵兰地区约 38 亿年前的超基性岩的 $\varepsilon^{100}Ru$ 值比地球上任何已知岩石样品都要高，他们认为这些超基性岩可能代表了未被地球晚期增生作用影响的原始地幔，并提出现今地幔的 $\varepsilon^{100}Ru$ 可能是原始地幔与地球后期增生碳质球粒陨石物质混合的结果。然而，目前仍难以确定地球后期增生物质的量有多少，以及这些物质对当时地球地幔氧化还原状态的影响有多大。

二、壳幔相互作用对地球地幔氧化还原状态的影响

在板块俯冲过程中，俯冲板片释放出流体和熔体，与俯冲板片上覆的地幔发生反应，进而改变地幔的化学组成。在此过程中，流体和熔体中携带的氧化性/还原性物质可能会导致地幔氧化还原状态发生变化。研究发现，俯冲带地幔橄榄岩包体的氧逸度高于大洋中脊玄武岩地幔源区（Parkinson and Arculus，1999）；岛弧火山岩的氧逸度为 FMQ 到 FMQ+6，同样远高于大洋中脊玄武岩（Carmichael，1991）。俯冲带地幔楔的高氧逸度被认为是俯冲板片释放的高氧逸度流体所致（Parkinson and Arculus，1999）；一些高氧逸度的造山带橄榄岩同样被认为是俯冲带流体交代所致（Gudelius et al.，2019）。在壳幔相互作用过程中，壳源熔/流体带来的碳、硫等变价元素可能是导致地幔氧逸度改变的主要因素（Stagno and Fei，2020），因此研究壳幔相互作用对地幔氧化还原状态的影响与俯冲带碳、硫等变价元素的循环密切相关。地球深部碳硫循环研究的兴起，推动了与之相关的地幔氧化还原状态的研究。然而时至今日，俯冲带中壳幔相互作用如何影响地幔氧化还原状态，影响的机理

及程度仍不十分清楚，特别是以下问题亟须解决。

1. 幔源岩浆岩的氧逸度能否代表其地幔源区的氧逸度

研究幔源岩浆的氧逸度是研究地幔氧化还原状态的一个主要途径。然而，幔源岩浆形成后，经历了后期的结晶分异等演化过程，会改变岩浆的化学组成，进而影响岩浆的氧逸度。一些变价元素和不变价元素的比值常被用来衡量岩浆的氧逸度，因为岩浆氧逸度的变化会改变可变价元素的地球化学行为。例如，钒在硅酸盐熔体和矿物中以 V^{2+}、V^{3+}、V^{4+} 和 V^{5+} 形式存在，而且低价态钒比较高价态钒更容易进入矿物中。也就是说，对于幔源岩浆岩中的常见矿物，钒在还原性的熔体中更相容，而在氧化性的熔体中更不相容。另外，比如锶（Sc）等不变价元素在熔体﹣矿物中的配分与熔体氧逸度无关，因此如果岩浆源区的 V/Sc 值相同，地幔熔融程度相似，那么不同初始幔源岩浆 V/Sc 值的相对高低就可以反映其地幔源区氧逸度的相对高低。Lee 等（2005）统计了含 8%～12% 氧化镁岛弧岩浆岩的 V/Sc 值，发现其与大洋中脊玄武岩值差异不大，因此认为原始岛弧岩浆的氧逸度与大洋中脊玄武岩类似，低于用其他方法测定到的岛弧岩浆的氧逸度。虽然有诸多证据证明，地幔楔的氧逸度应高于洋中脊地幔（Kelley and Cottrell，2009），但 Lee 等依然强调弧岩浆高的氧逸度是后期岩浆演化所致，经演化的岩浆岩的氧逸度有可能并不代表其地幔源区的氧化还原状态。这主要因为在岩浆结晶分离过程中 Fe^{3+} 比 Fe^{2+} 更容易进入熔体中，导致分离结晶后的残余岩浆 Fe^{3+}/Fe^{2+} 升高，因而岩浆氧逸度升高。另外，熔体中的 S^{2-} 在硅酸盐矿物中完全不相容，因此熔体中的 S^{2-} 随着分离结晶的进行而逐步升高，当其高于硫化物饱和时熔体中硫的含量（sulfur content at sulfide saturation，SCSS）时，S^{2-} 和 Fe^{2+} 结合以硫化物形式熔离，造成硅酸盐熔体中 Fe^{3+}/Fe^{2+} 升高，岩浆氧逸度也会伴随着升高。由于硫化物熔离在岛弧岩浆演化过程中并不鲜见，这可以部分解释岛弧岩浆的高氧逸度。另外，岩浆演化时的氧化亚铁与水的反应会生成三氧化二铁（Fe_2O_3），也可能是导致岩浆演化过程中氧逸度升高的主要原因之一（Holloway，2004）。

2. 壳幔相互作用如何影响地幔的氧逸度及影响程度

俯冲带中的壳幔相互作用会改变地幔的地球化学组成，是造成地幔不均一性的主要因素。弧岩浆岩的氧逸度与水含量所呈现的正相关关系被认为是俯冲板片释放流体交代地幔楔所致（Kelley and Cottrell，2009）。由于俯冲板片中含有碳、硫、铁等变价元素，它们在随板片产生的熔/流体进入地幔时会引起氧化还原反应，改变地幔矿物的 Fe^{3+}/Fe^{2+} 值，进而影响被交代地幔的氧逸度。比如，当地幔氧逸度低于硫化物－二氧化硫（sulfide-sulfur oxide，SSO）缓冲对时，板片释放的熔/流体中的 S^{6+} 可以将地幔矿物中的 Fe^{2+} 氧化成 Fe^{3+}，使得地幔氧逸度升高；在地幔氧逸度低于碳－二氧化碳（carbon-carbon dioxide，CCO）缓冲对时，熔/流体中的二氧化碳可以将地幔中的 Fe^{2+} 氧化成 Fe^{3+}（Mungall，2002）。如果是流体中的挥发分氧化了地幔，理应观察到地幔氧逸度随碳、硫含量的增加而上升的现象，但目前相关的地球化学证据较少。在实验岩石学研究中，尽管前人已有很多熔体与橄榄岩反应的研究，但多涉及硅酸盐熔体或者碳酸盐熔体与橄榄岩之间的反应，而缺乏含硫硅酸盐熔体与橄榄岩之间反应的工作，对反应前后橄榄岩氧逸度变化的研究更是少见。

在定性地确定壳幔相互作用能否对地幔氧逸度产生影响以及影响机理的基础上，人们需要定量评估壳幔相互作用对地幔氧逸度的影响程度，以及定量评估壳幔相互作用能否使地幔氧逸度演化到现今所观测到的氧逸度范围。Evans（2012）估算了俯冲板片中碳、硫、铁等元素的通量，并以此计算了如果这些元素再循环进入地幔时地幔氧逸度随时间的变化。她认为仅需数个至十几个百万年，俯冲带中被交代的地幔，其氧逸度就可以从大洋中脊玄武岩地幔氧逸度升高到岛弧岩浆氧逸度范围。Parkinson 和 Arculus（1999）则计算了地幔中 Fe_2O_3 受板片熔体交代而增加时所引起的氧逸度改变，认为 $0.3\%\sim0.7\%$ 的 Fe_2O_3 加入地幔，即可使地幔的氧逸度升高至 CCO 缓冲对之上。根据碳、硫等元素与地幔发生的氧化还原反应（Mungall，2002），俯冲板片释放的熔/流体改变地幔氧逸度的程度也可以根据熔/流体中的 C^{4+}、S^{6+} 等的含量和熔/流体相对地幔的比例计算获得。不过，尚未有研究评估地幔交代过程中地幔氧逸度的变化程度是否与地幔中碳、硫的含量相匹配。

三、地幔氧逸度及大氧化事件发生的耦合机制

大氧化事件是指发生于古元古代 24.5 亿～20.6 亿年前的一次全球性大规模的大气圈氧气含量升高事件（Holland，2002）。大氧化事件所造成的大

气氧含量的升高，使地球的陆地–海洋环境发生了巨大的变化（Lyons et al.，2014）。然而，大氧化事件前后地幔氧逸度是否发生了相应的变化，大氧化事件与地幔氧逸度之间是否存在因果联系等一系列问题仍未解决，这是当今地球系统科学领域的热点和难点问题。

1. 大氧化事件时期地表和海洋的氧化

在大氧化事件以前，大气圈中氧气含量非常低。由于在太古宙陆相沉积岩中发现了晶质铀矿（Hazen et al.，2009）、菱铁矿和黄铁矿（Holland，2006）等非常还原环境下方能稳定存在的矿物颗粒，并且发现了沉积岩中硫同位素的非质量分馏特征（Reinhard et al.，2013），据此推断，太古宙大气圈中的氧气含量可能少于现在大气中氧气含量（present atmospheric level，PAL）的 0.001%（Pavlov and Kasting，2002）。虽然有人根据局部地区沉积岩中 $\delta^{53}Cr$ 的特征提出在 27 亿～26 亿年（Frei et al.，2009）和 30 亿年（Crowe et al.，2013），还发生了一定程度的氧气含量的升高，但 Planavsky 等（2014a）仍认为太古宙的大气氧气含量总体是极低的。

大氧化事件的发生使众多地表物质的氧化还原状态发生改变。例如，原来存在于地表上的碎屑状的黄铁矿、晶质铀矿等矿物因氧化作用而消失，红层开始出现（Lyons et al.，2014）。尽管如此，目前仍无法定量估算该时期大气中氧气的含量。传统观点认为大氧化事件是一个大气中氧气含量阶梯式升高的过程（Holland，2006），但是近年来的研究则倾向于将大氧化事件的后半段（22.2 亿～20.6 亿年）看作是一次大气氧先升高再降低的过程，即所谓的拉马甘迪（Lomagundi）事件（Ossa et al.，2018）。不过 Lyons 等（2014）指出，Lomagundi 事件仍缺乏强有力的生物响应，因此需要更多的工作寻找这次事件在生命演化过程中留下的印记。

与大氧化事件之后地表物质和表层海水普遍发生氧化作用不同的是，从古太古代到中元古代，深海可能一直处于极为还原的环境（Holland，2006）。由于中元古代大气中氧气含量仅相当于 PAL 的 0.1% 或更低，此时海水中 Fe^{2+} 含量较高，深海中的溶解氧和硫酸根离子含量则与太古宙无异，使深海在约 8 亿年以前长期保持为还原环境（Planavsky et al.，2014b）。因此，中元古代的蚀变洋壳也未能受到氧化作用的影响而富集氧化–还原敏感元素（Liu et al.，

2019），蚀变洋壳的 $Fe^{3+}/\Sigma Fe$ 在大氧化事件前后并未见到明显的升高（Stolper and Keller，2018）。

2. 板块俯冲与大气氧化有无因果关系

大氧化事件会导致地壳物质逐渐变得氧化，如果上地幔的高氧逸度是由于板块俯冲作用将高氧化程度的沉积物、流体、洋壳等带入上地幔所致，那么这一过程仅能发生在大氧化事件之后。而大氧化事件之前的地壳并不氧化，如果此类物质再循环进入地幔，不会引起上地幔氧逸度的升高，这意味着是大氧化事件导致了上地幔氧逸度的升高。Stolper 和 Bucholzc（2019）发现，全球弧岩浆岩的 V/Sc 值在大氧化事件前后虽然并无明显变化，但是在8亿~6亿年前的新元古代氧化事件之后有大幅度的升高，表明大气圈氧气含量的升高可以导致地幔楔氧逸度的升高。至于为什么弧岩浆岩的 V/Sc 值仅在新元古代氧化事件之后开始升高而没有在大氧化事件之后升高，可能是由于大氧化事件之后的古—中元古代，深海仍然处于还原环境，限制了板块俯冲作用对地幔楔氧逸度的影响。Liu 等（2019）统计了全球弧岩浆岩的 Th/U 值后发现，中元古代弧岩浆岩的 Th/U 值与太古宙弧岩浆岩相近，表明中元古代的蚀变洋壳并未富集铀元素，这间接说明中元古代板块俯冲作用对地幔楔物质成分的影响有限。他们在大氧化事件发生的24亿~21亿年间则观察到了弧岩浆岩的 Th/U 值的大幅度降低，表明大氧化事件时期深海可能出现了"短暂"的富氧期。这些研究都表明大气大氧化事件可能导致了地幔的氧化，而不是地幔的氧化导致了大氧化事件。

另外，海相沉积碳酸盐岩的俯冲对上地幔氧逸度造成的影响在近年来逐渐引起研究者的关注。He 等（2019）通过对中国东部霞石岩和碱性玄武岩开展铁同位素研究，提出俯冲碳酸盐岩会在深部发生分解并释放氧气，后者可将地幔中的 Fe^{2+} 氧化为 Fe^{3+}，进而显著提高大陆上地幔的氧逸度，并影响大气氧的含量。由于碳酸盐可以在大氧化事件之前出现在地壳之中，这意味着是地壳物质再循环而导致的地幔氧逸度升高引起了大氧化事件。然而证实这种机制需要：①从实验和天然样品两方面证明碳酸盐在俯冲过程中可分解释放氧气，并将地幔氧化；或者碳酸盐与地幔之间的反应可直接将地幔氧化。②证明大氧化事件之前，地球已经出现碳酸盐的大规模再循环，而且进入到上地幔。若将碳酸盐的再循环作为大氧化事件的驱动机制，则需要同时认定板块构造在约 24.5 亿年开始启动或发生了重要的转折（He et al.，2019；Eguchi et al.，2020）。

3. 大氧化事件前后上地幔氧逸度是否发生了变化

由于缺少合适的地幔橄榄岩样品，大氧化事件前后上地幔的氧逸度难以通过测定橄榄岩的氧逸度进行精确地限定。Li 和 Lee（2004）根据太古宙分异程度较低的玄武岩（MgO=8%～12%）与现代洋中脊玄武岩具有相近的 V/Sc 值，提出上地幔的氧逸度从古太古代至今并未发生明显的变化。Nicklas 等（2018）根据 38 亿～24 亿年前形成的科马提岩的 V/Sc 值与现代洋中脊玄武岩相近的现象，也提出了类似的观点。但是根据钒和锶在硅酸盐矿物和熔体间分配系数与温度之间关系，考虑到太古宙上地幔温度可能较高，现代洋中脊玄武岩与太古宙玄武岩或科马提岩有相近的 V/Sc 值，可能说明现代大洋中脊玄武岩地幔的氧逸度高于太古宙上地幔的氧逸度。至于上地幔氧逸度的升高是否发生在大氧化事件时期，以及氧逸度升高的具体幅度，还有待今后更加深入地研究。但如前所述，对冥古宙岩浆锆石中铈含量的分析则表明，40 亿年前的地幔氧逸度可能已经达到 IW+2，接近现代地幔氧逸度（Trail et al.，2011）。

四、研究展望

对地幔氧化还原状态及其演化的研究状况及关键科学问题进行梳理后，提出以下研究展望。

（1）现存所有的地球增生模型以及早期地球氧逸度的演变趋势，都是以高温高压实验确定的分配系数为基础的。但目前实验覆盖的温压范围还比较有限，因此往往需要对分配系数的温压条件进行外推，从而建立定量模型。然而，这种外推的定量模型往往导致计算的分配系数误差较大，因此有必要进一步开发超高温高压实验技术以及相对应的高精度原位分析技术。此外，前人的模型往往局限于元素分配这一种维度，但已有研究表明，在高温高压条件下同位素也会发生分馏，能为约束早期地幔氧化还原状态提供新的维度。高精度稳定同位素原位分析技术亟待开发。

（2）目前最常用的地幔氧逸度的限定方法是橄榄石－尖晶石矿物对成分的直接限定法和洋中脊玄武岩玻璃 $Fe^{3+}/\Sigma Fe$ 值的间接限定法。但是这些方法多用于现代地幔氧逸度的研究，由于太古宙—元古宙地幔样品的缺乏，这些方法在古老地球地幔的氧逸度研究未能得到广泛应用。相比较而言，基于玄武岩的 V/Sc、V/Ti、Zn/Fe 等比值的间接限定法，在充分考虑熔融温压条件变化和岩浆演化影响的前提下，结合地球化学大数据研究方法，将会具有较好的应用潜力。此外，更多有效的地幔氧逸度的地球化学指标，也有待在今后工作中逐步发掘。

（3）需要对俯冲带相关的变质岩和岩浆岩进行更加深入的研究，结合高温高压实验工作，确定地幔氧逸度的变化与俯冲板片中碳硫等变价元素的循环之间的关系，从而定量理解俯冲带壳幔相互作用过程中地幔氧逸度变化的机制和幅度。

（4）鉴于新太古代—古元古代上地幔样品获取的难度较大，采用地球化学大数据分析方法对新这一时期岩浆岩的地球化学成分开展统计学研究，有可能可以揭示地幔氧逸度在地球地质历史时期中的演变。此外，地幔氧逸度与大氧化事件的关联机制是一个研究程度较低的方向，还需要进一步发掘更加有效的研究对象、研究方法和地球化学指标来开展深入的研究，以探讨板片俯冲与大氧化事件之间的因果关系。

第四节　地球深部化学储库及其成因

20世纪80年代地幔地球化学和化学地球动力学发展迅速，其中最显著的成果就是地幔化学不均一性的发现，即洋岛玄武岩和大洋中脊玄武岩在元素和同位素组成上存在明显差异，反映出上、下地幔的物质组成存在显著的不同。这种成分差异不仅和核幔分离、壳幔分异有关，还与各圈层之间的物质交换有关。经历漫长的地质演化后，地球深部化学组成差异明显的不同区域最终形成不同的化学储库。洋岛玄武岩的元素和同位素组成变化表明深部地幔在化学上是高度不均一的，存在 I 型富集地幔（Enriched Mantle 1，EM1）、II 型富集地幔（Enriched Mantle 2，EM2）、高 μ 端员（High μ，$\mu=^{238}U/^{204}Pb$，高 U/Pb 比地幔，HIMU）和地幔集中带（Focus Zone，FOZO）等地幔储库（或称"地幔端元"）（Zindler and Hart，1986；Hofmann，2014；White，2015）。放射成因同位素和稳定同位素（包括非传统稳定同位素）的联合示踪表明，FOZO 代表更原始的地幔物质，EM1、EM2 和 HIMU 等地幔储库的成因则与地壳物质的再循环密切相关（图 4-9）（Hofmann and White，1982；White，2015）。

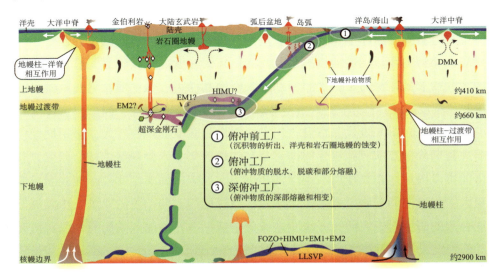

图 4-9　地球深部化学储库及其成因卡通图

地幔不均一性的发现为板块构造理论提供了强有力的支持，也是地球区别于其他类地行星的重要标志。近 40 多年来，新的研究思路和手段以及多学科交叉保持了这一领域的活力，新成果层出不穷。尽管如此，有关地球深部化学储库的性质及其成因依然有许多未解之谜。

地球深部化学储库的研究主要依赖于幔源岩石地球化学研究。早期研究主要聚焦于查明各储库在洋岛玄武岩中的"信号"，通过微量元素、放射成因同位素和氧同位素等手段来探讨各储库究竟代表何种物质、如何形成（Zindler and Hart，1986）。21 世纪以来，新的分析手段纷纷用于大洋玄武岩研究，以制约深部各储库的岩石属性、形成时代、形成机制等，如橄榄石斑晶的高精度微量元素分析（Sobolev et al.，2005），熔 / 流体包裹体的铅、锶同位素分析（Saal et al.，2005；Timmerman et al.，2019），硫同位素的非质量分馏研究（Cabral et al.，2013；Delavault et al.，2016），挥发分（水、二氧化碳、氟、氯等）含量分析（Kendrick et al.，2017；Hanyu et al.，2019），非传统稳定同位素（锂、镁、铁、铊、氯等）分析（Wang et al.，2018a；Nebel et al.，2019），高温高压实验模拟（Rapp et al.，2008；Grassi et al.，2012）等。与此同时，越来越多的研究开始探索：地幔柱的地球化学分带及其成因、俯冲输入与洋岛玄武岩输出的物质通量、深部地幔－地球表层协同演化、深部化学储库与深部地球物理异常结构之间的联系等科学问题。

这些新探索极大地推动了深部化学储库研究领域的发展，同时也揭示出新的问题，如对不同端元组分受控于何种再循环物质、地幔端元在何时和通过何种机制形成、地幔端元在深部地幔中的空间分布如何，以及不同端元组分之间是否存在成因联系等重要问题仍存在激烈争议或知之甚少（Hofmann，2014；White，2015；Jackson et al.，2018）。

一、地球深部化学储库的形成机制和形成时间

HIMU、EM1、EM2 等地幔储库如何形成、何时形成是研究深部化学储库的基础性和根本性问题。目前多数学者认为它们的形成与地球表层物质再循环进入地幔有关。例如，Jackson 等（2007）发现萨摩亚群岛（Samoa）EM2 型玄武岩的 $^{87}Sr/^{86}Sr$ 值大于0.72，且具有极低的 Ce/Pb 值、Nb/Th 值等，与大陆上地壳类似。这些火山岩中的橄榄石斑晶具有比地幔偏重的氧同位素组成（ $\delta^{18}O = 5.11‰～5.70‰$ ），且 $\delta^{18}O$ 与全岩 $^{87}Sr/^{86}Sr$ 值、Ce/Pb 值和 Nb/Th 值呈显著相关性（Workman et al.，2008），从而进一步明确 EM2 储库代表再循环的陆源沉积物。多数学者认为 HIMU 储库代表古老的再循环洋壳（Chauvel et al.，1992），但 Weiss 等（2016）根据 HIMU 型洋岛玄武岩中橄榄石斑晶成分，提出其地幔源区岩性为碳酸盐化橄榄岩，而非俯冲洋壳转变成的榴辉岩或者榴辉岩熔体与橄榄岩反应形成的二次辉石岩。据此提出碳酸盐熔体交代的古老大陆岩石圈地幔拆沉进入深部地幔，并在核幔边界经历长期的封闭演化形成了 HIMU 储库（Weiss et al.，2016）。此外，Mazza 等（2019）在百慕大群岛新发现一类 $^{207}Pb/^{204}Pb$ 较经典 HIMU 明显偏低的 HIMU 型玄武

岩，结合研究区地幔低速异常仅延续至地幔过渡带的观察，提出这种 HIMU 储库可能由受碳酸盐熔体交代的地幔过渡带组分演化而来。对 EM1 储库的属性通常存在三种解释：①再循环洋壳 + 古老远洋沉积物；②拆沉的古老大陆岩石圈地幔；③再循环的古老大陆下地壳。不过最新的硫同位素非质量分馏（Delavault et al.，2016）和镁同位素研究（Wang et al.，2018a）均支持 EM1 代表再循环古老远洋沉积物的模型。

综上所述，地球表层物质随板块俯冲作用进入深部地幔对地幔化学储库的形成起到了关键作用，那如何确定这些储库的形成时间呢？早年根据铅模式年龄认为 EM1 和 HIMU 储库物质经历了铀、铅的强烈分馏并在地幔中经历了长时间（如 10 亿～30 亿年）的封闭演化（Chauvel et al.，1992）。近年来，一些新手段被用来约束地幔储库的形成时间，特别是那些可记录地表氧化还原环境变化的元素和同位素。通常认为硫同位素的非质量分馏只能由大氧化事件（约 2.45 Ga）之前才存在的大气光化学反应产生（Farquhar et al.，2000），因此在年轻的洋岛玄武岩中发现的硫同位素非质量分馏现象明确指示记录了大氧化事件之前地表氧化还原环境的地表物质进入了深部地幔。在经典 HIMU 型和 EM1 型洋岛玄武岩中发现的硫同位素非质量分馏现象进一步将这些深部化学储库的形成时代约束为早于约 2.45 Ga（Cabral et al.，2013；Delavault et al.，2016）。然而，前述的百慕大群岛的 HIMU 型玄武岩源区的形成时代相对年轻（<650 Ma）。大气氧含量的升高导致地表岩石中的铀以溶于水的 U^{6+} 形式向河流和海水中迁移，铀稳定同位素组成（$\delta^{238}U$）伴随着铀的迁移而发生变化，因此地幔 $\delta^{238}U$ 值的变化能够反映不同时期的地表氧化还原状态，从而制约地幔储库的形成时间（Andersen et al.，2015）。最近，Yierpan 等（2020）发现受地幔柱影响的大洋中脊玄武岩具有与中元古代远洋沉积物相似的异常硒同位素（$\delta^{82}Se$）组成，从而将源区富集组分的形成时代约束为中元古代。

二、俯冲物质的循环机制和通量及其对地幔的改造

既然地球深部储库的形成多与俯冲物质的循环有关，那么了解地球历史上俯冲物质的循环机制和通量及其对地幔的改造就显得格外重要。

1. 俯冲物质的循环机制和通量

估算俯冲板片进入深部地幔输入、洋岛玄武岩喷发输出的物质通量（特别是挥发分通量），是认识地表物质再循环造就深部地幔化学储库这一复杂过程的关键。已有大量研究估算了地球内外各主要储库的碳含量和内外储库间的碳通量，但不同研究估算的结果差别很大（Dasgupta and Hirschmann，2010；Kelemen and Manning，2015；Hirschmann，2018；Plank and Manning，2019）。同样地，对于水、氯等挥发分而言，不同研究针对各储库的含量估计和内外储库间的通量也不统一（Kendrick et al.，2017；Hirschmann，2018；Hanyu et al.，2019）。地球演化历史中俯冲物质的循环机制和通量显然不是单一的，而是多变的，与板块构造的起始、超大陆聚合和大氧化事件等重大地质事件，以及俯冲板片的性质等密切相关。

2. 俯冲物质循环对地幔的改造

1）俯冲物质循环对弧前浅部地幔的改造

自经典的板块构造理论提出以来，多数俯冲带物质循环模型关注俯冲板片在弧下地幔（70～250 km）的脱水/熔融及其对地幔楔的改造，但是陆地上保存的俯冲变质岩体和马里亚纳弧前蛇纹岩泥火山的研究表明，俯冲板块在非常浅的深度（10～40 km）就会发生大量脱水，说明以往对俯冲板块脱水/熔融的机制与过程的认识并不完整（Savov et al.，2007）。马里亚纳弧前地区分布着大量正在喷发的蛇纹岩泥火山，它们是俯冲板片释放的流体改造了弧前浅部地幔楔形成的蛇纹岩，并伴随孔隙流体沿着弧前断裂喷发于海底而成。蛇纹岩泥火山包含俯冲板片释放的流体、蛇纹岩泥基质、蛇纹岩化的地幔橄榄岩碎屑、弧前地壳和俯冲太平洋板片物质，是地球上俯冲板块在浅部脱水改造弧前地幔楔的唯一实时天然记录。Schmidt 和 Poli（1998）认为俯冲板块中 5.5% 的水在弧前地幔深度（蓝片岩相条件）就脱离板片。Savov 等（2007）估算马里亚纳弧前 20～60 km 深度的地幔，约 13% 会被俯冲板片释放的流体蛇纹岩化。伴随俯冲板块的低温脱水，其流体活动性元素在弧前深度发生巨量丢失：硼（75%）、铯（25%）、砷（15%）、锂（15%）、锑（8%），而与之相对应的蛇纹岩化橄榄岩则高度富集这些元素。弧前蛇纹岩化地幔可能会被俯冲板块侵蚀、拖曳进入弧下地幔，在温度足够高的条件下释放流体，供给火山岩地幔源区（Savov et al.，2007）。虽然俯冲板块在弧前深度的低温脱水现象已受到广泛关注，但是水的来源还是存在很大争议（沉积物、蚀变洋壳或者俯冲板块岩石圈地幔），伴随的水-岩反应不但显著改造了弧前地幔楔属性和物质组成，也深刻影响到浅部洋壳的含水量和矿物组成，充分揭示这一过程才能获得"真正"进入弧下地幔的俯冲板块物质组成。

2）俯冲物质循环对小地幔楔的改造

俯冲物质改造小地幔楔的信息主要通过对岛弧岩浆的研究获得（徐义刚等，2020）。岛弧火山岩地球化学揭示出它们含有两种俯冲板块成分，一种是含水流体，表现出富集流体活动性元素，具有高 B/Nb、Ba/Nb、Pb/Ce、Sr/Nd、Cs/Th 等比值和高 $\delta^{11}B$，同时富集这种流体组分的弧岩浆具有较高的 e_{Nd} 和 ε_{Hf} 值，被认为来自蚀变洋壳脱水；另一种是熔体组分，表现出高的 Th/Nb、La/Sm，低的 Hf/Nd，但是较低的 B/Nb、Ba/Nb、Pb/Ce、$\delta^{11}B$、e_{Nd} 和 ε_{Hf} 值，通常认为来自沉积物的熔融（Ishikawa and Nakamura，1994；Elliott et al.，1997）。穿岛弧火山岩地球化学不均一性对于理解俯冲板块在俯冲带的脱水、熔融机制具有重要意义。强流体活动性元素，如硼、砷、锑、铅等，以及它们与稳定元素的比值，如 B/Nb、Pb/Ce 值等，呈现出随着贝尼奥夫带深度的增加，含量或者比值都出现有规律的降低的趋势（Ryan and Chauvel，2014）。同时，$\delta^{11}B$ 也表现出随着贝尼奥夫带深度的增加而有规律地降低（Ishikawa and Nakamura，1994）。这一现象曾被广泛解释为随着板块俯冲深度增加，俯冲板块释放的流体逐渐减少。与观察到的变质岩随着变质程度的增加，流体活动性元素逐渐减少，$\delta^{11}B$ 逐渐降低的现象相吻合（Ryan and Chauvel，2014）。最新研究发现，随着俯冲板块深度增加，对应火山岩的 Hf/Nd、e_{Nd} 和 ε_{Hf} 值也表现出有规律地降低，表明俯冲板块的熔体成分逐渐增加（Li et al.，2021）。实验岩石学揭示流体活动性元素可以在更低的温度条件下迁移出俯冲板块，说明弧火山岩所反映出的俯冲板块流体和熔体组分可能受控于俯冲板块表面的温度状况（Kessel et al.，2005）。在前弧位置，俯冲板块具有较低的温度，因此释放出流体成分富集流体活动性元素，在后弧位置，板块表面温度比较高，释放出熔体成分，更多地携带 Hf-Nd 等非流体活动性元素。也有学者认为流体组分和熔体组分可能同时起源于深部来源的超临界流体，在较浅的地幔深度分解成富流体和富熔体的两种组分，分别供给到岛弧地幔楔（Kawamoto et al.，2012；Tamura et al.，2014）。

近年来，蚀变洋壳和沉积物分别作为板块流体和熔体成分的源区受到 Sr-Pb 同位素的严重质疑。以马里亚纳岛弧为例，火山岩最高的 $^{87}Sr/^{86}Sr$ 值（约 0.7035）远低于蚀变洋壳（0.7045）和沉积物（约 0.710），同时这些弧火山岩的铅同位素还表现出未蚀变的太平洋板块新鲜玄武岩特征（Li et al.，2021），所以玄武岩中两种俯冲板块组分的来源和控制因素仍然存在很大的争议。

新的研究进展认为除了沉积物和蚀变洋壳以外，三类蛇纹岩可能影响到俯冲板块的脱水／熔融。第一种是前述的弧前地幔楔蛇纹岩，这些蛇纹岩如果被俯冲板块侵蚀、拖曳进入弧下地幔，将构成岛弧火山岩富集流体活动性元素的端元，伴随俯冲深度增加，被俯冲的弧前地幔楔蛇纹岩逐渐减少，可以解释流体活动元素富集程度随岛弧逐步降低的现象（Savov et al.，2007）。第二种是出露在洋底的蛇纹岩，多产出于慢速和超慢速扩张脊，在主－微量元素上与弧前地幔楔蛇纹岩十分相似，但其 $^{87}Sr/^{86}Sr$ 值更接近于海水（0.709），高于弧前地幔楔蛇纹岩（约 0.705）。小安德烈斯岛弧火山岩相对于西太平洋岛弧具有较重的 Sr-B 同位素组成，结合火山的分布与俯冲板块上的深大断裂的对应关系，可以判断出洋底蛇纹岩对小安德烈斯火山岩的化学组成具有重要贡献（Cooper et al.，2020）。第三种是形成于俯冲板块的洋壳之下的蛇纹岩，俯冲板块在进入海沟之前会发生挠曲断裂，海水会沿断裂下渗到俯冲板块地幔深度，造成岩石圈地幔的蛇纹岩化。虽然目前对这种蛇纹岩还无法开展直接取样和地球化学分析，但它对岛弧火山岩的化学成分的影响深远，如果蛇纹石在俯冲板块岩石圈地幔发生分解释放流体，蛇纹岩流体将与整个洋壳剖面充分反应，所以其锶、铅同位素表现出的浅部洋壳物质（蚀变洋壳和沉积物）的贡献非常少，符合岛弧火山岩中的俯冲板块流体组分特征，脱水导致的同位素分馏也可以满足岛弧火山岩较重的 B-Mo 同位素特征（Li et al.，2021）。

由此可见，虽然俯冲板块的脱水和熔融机制是一个老问题，但蛇纹岩在俯冲带物质循环中扮演了什么角色是一个新的热点问题。弧前深部（30～80 km）地幔楔蛇纹岩和俯冲板块岩石圈地幔蛇纹岩的物质组成仍是未解之谜，而它们对于完整理解俯冲带物质循环过程至关重要。蛇纹岩变质脱水后形成的名义无水矿物依然可能携带大量的水和流体活动性元素进入更深的地幔，在深部地幔储库的形成中发挥重要作用，这值得在今后的研究中加以重点关注。

俯冲带碳循环对小地幔楔的改造也发挥着重要的作用。含碳的岩石（如沉积碳酸盐岩、蚀变洋壳和含碳酸盐的蛇纹岩）在俯冲变质过程中会形成含碳流/熔体并被迁移进入上覆地幔楔，导致其熔融产生含碳的岛弧岩浆，进而通过火山去气等作用将二氧化碳释放到大气圈，构成岛弧碳循环。岛弧释放的碳大约是俯冲带碳输入通量的 27%～50%（Kelemen and Manning，2015）。传统的观点认为，对于非常热的俯冲板片，俯冲板块在到达弧下深度之前就可以释放大量的碳；而对于相对冷的俯冲板片，俯冲板块物质通过变质脱碳作用释放出来的二氧化碳非常有限，这与现今弧岩浆及其火山气体中观察到的高二氧化碳含量相矛盾。那么俯冲板块含碳的流体如何形成？俯冲带岛弧岩浆所释放的碳从哪里来？最近的研究表明，碳酸盐矿物易被富水流体溶解形成含碳流体，从而迁移进入岛弧地幔楔（Kelemen and Manning，2015），是俯冲带碳进入岛弧地幔的有效方式。相平衡模拟研究表明，在俯冲带通过碳酸盐溶解所释放的碳可达总量的 60%～90%，远高于通过变质脱碳反应所释放的碳（5%～15%）（Ague and Nicolescu，2014），说明碳酸盐的溶解对碳在岛弧地幔楔的迁移具有更重要的作用。除此之外，在高温高压条件下，含碳岩石可能会发生部分熔融，生成含碳的熔体，从而对上覆地幔楔进行改造。目前，对于俯冲带碳循环的机制仍然存在着较大的争议，且受控因素较多，如俯冲板块物质和弧前地幔楔蛇纹岩的碳含量和碳酸盐矿物的种类，以及俯冲板块的温压条件和水流体的量等，其复杂性为理解俯冲带碳循环的过程与通量及其对小地幔楔的改造造成了很大的障碍，未来需要在俯冲带的温压条件下对碳的行为进行一系列的实验及模拟研究。

3）俯冲物质循环对大地幔楔的改造

近年来，俯冲板片对大地幔楔的改造引起了广泛的关注（Xu et al.，2018）。全球地震层析成像显示，有些俯冲板块并没有穿过地幔过渡带进入下地幔，而是平躺在地幔过渡带中。所谓大地幔楔是指平躺的滞留大洋板片之上的上地幔。由于与海沟的距离达数千米，大地幔楔涉及的区域一般认为是板内环境。现代板块构造理论涵盖了小地幔楔系统的整体运作和俯冲板片-地幔相互作用过程，对小地幔楔系统中地震活动、岛弧岩浆、斑岩型铜金矿床的成因有经典的阐述。相比较而言，对大地幔楔系统的形成机制及相关的壳幔相互作用尚缺乏系统的理论体系。东亚大地幔楔在全球背景中特色明显，中国学者在该领域做出了许多开创性工作，但仍有很多问题亟待解决。

（1）发现东亚大地幔楔含有大量再循环物质（洋壳、水和沉积碳酸盐），主要来源于地幔过渡带的滞留板片，也有部分来源于古老大陆岩石圈地幔。俯冲洋壳携带的碳酸盐在大多数情况下会在地幔过渡带附近（300～700 km）发生熔融并交代上地幔，无法通过地幔过渡带而进入下地幔，深部碳循环可能主要发生在上地幔（Thomson et al.，2016）。因此，碳酸盐很可能是联系滞留在地幔过渡带的太平洋板块与东亚大地幔楔不均一性之间的纽带。Zeng等（2010）最早发现山东霞石岩在原始地幔标准化蛛网图上具有钾、铅、锆、铪、钛的负异常等特征，与火成碳酸岩十分相似。考虑到这些岩石具有低SiO_2、低Al_2O_3和高CaO含量，与含碳酸盐的橄榄岩低程度熔融产生的熔体相似。为此，提出霞石岩起源于一个含碳酸盐的橄榄岩地幔源区的观点。之后Sakuyama等（2013）和Li等（2016）也认为它们的原始岩浆是由碳酸盐化橄榄岩和榴辉岩经部分熔融而成。Li等（2017b）发现中国东部晚白垩世和新生代玄武岩具有比正常地幔轻的镁同位素组成，从而圈定出北从黑龙江五大连池、南到海南岛的巨大地幔低$\delta^{26}Mg$异常区。只有沉积碳酸盐岩有极低的$\delta^{26}Mg$，且在板块俯冲过程中，沉积碳酸盐的镁同位素组成没有大的变化，他们认为异常区与太平洋板块俯冲导致的沉积碳酸盐岩再循环进入地幔有关（Yang et al.，2012；Huang et al.，2015b）。

（2）东亚大地幔楔是一个巨大的碳库和水库。地球化学示踪表明东亚大地幔楔中普遍存在再循环碳，但在大地幔楔形成过程中有多少沉积碳酸盐进入深部地幔，又有多少二氧化碳通过火山作用返回地表，与全球和区域环境和气候变化是否关联是个重要问题，但也是一个难题。Sun等（2020，2021）以东亚大地幔楔中滞留板片之上的地幔过渡带上方（350～410 km）低速层为研究对象，通过地震学解译和岩石物理分析，估算了该低速层的熔体空间分布情况，并推测其具有0.8%±0.5%的平均熔体比例。通过将地震波解译得到的温压条件与实验岩石学得到的岩石固相线进行比较，发现俯冲板片衍生的挥发分（尤其是二氧化碳，也可能有少量的水）是引发地幔过渡带顶部低速层中的部分熔体的必要条件。基于熔体迁移模型认为地幔过渡带中富挥发分熔体能够以200～500 μm/a的渗透迁移速度缓慢上升到低速层中。在地质历史的时间尺度上，熔体可以在该低速层内保持稳定，并可以通过面积为 $3.4 \times 10^6 \ km^2$ 的东北亚地幔过渡带顶部低速层将高达 52 Mt/a 的二氧化碳从俯冲板片转移到上覆上地幔中。富碳酸盐熔体通道和地幔过渡带顶部低速层地幔之间的反应可以在地幔过渡带顶部低速层内平均固定约 80 ppmw 的固体碳单质，甚至在局部区域可以沉淀高达 200 ppmw 的固体碳单质。这些估算证实东亚大地幔楔的确是一个巨大的碳库。

夏群科等通过对单斜辉石的水含量测定，发现中国东部玄武岩的水含量变化很大，部分玄武岩的含水量与岛弧玄武岩相当（Xia et al.，2019）。玄武岩的水含量与很多因素有关，如源区物质组成、部分熔融程度等。水与铈的分配系数非常相似，部分熔融和岩浆结晶分异过程不能导致水与铈分馏，因此，岩浆 H_2O/Ce 值与源区物质 H_2O/Ce 值相当。部分中国东部玄武岩的 H_2O/Ce 值高达 800（Xia et al.，2019），远高于亏损软流圈地幔的 H_2O/Ce 值（150 ± 78），也高于洋中脊玄武岩和洋岛玄武岩的 H_2O/Ce 值，指示其源区中存在一个相对富水的组分。

上地幔的含水量还可以通过深部导电率的测量来约束。Karato（2011）发现全球地幔过渡带的导电率以中国东部最高，由于实验研究表明含水条件下橄榄岩的导电率较干体系高得多，因而他认为中国东部地幔过渡带含有大量的水（Karato，2011）。这与地幔过渡带是一个巨大的储水库（Hirschmann，2006）和东亚地幔过渡带中存在滞留洋壳（Huang and Zhao，2006）的事实相吻合。Ichiki 等（2006）根据导电率估算的中国东部上地幔的含水量约为 $500 \sim 1000$ ppm H/Si。

（3）中国东部新生代玄武岩是两个端员熔体的混合物（Xu et al.，2018）：高硅玄武岩具有 EM1 型微量元素和放射成因同位素组成特征，显示印度洋型地幔特征，源区为石榴子石辉石岩；低硅玄武岩具有 HIMU 型微量元素特征，显示太平洋型地幔特征，源区为含碳酸盐的榴辉岩＋橄榄岩地幔。俯冲板片在地幔过渡带的滞留、脱碳和脱水作用及相关的熔融和交代作用是板内岩浆成因的主要驱动力。

尽管如此，这一研究方向仍有很多问题亟待解决。例如，滞留在地幔过渡带的俯冲洋壳下部和大洋岩石圈上部的蛇纹岩和沉积物可进一步脱水导致碳酸盐化榴辉岩相俯冲洋壳熔融，产生的熔体渗透进入地幔过渡带上方的上地幔底部，形成不同类型的交代地幔。这种发生在大地幔楔底部的地幔交代作用与我们所熟知的小地幔楔系统中俯冲板片变质脱水、改造浅部地幔有很大的不同，相关知识是经典板块构造理论所没有涵盖的。有关滞留板块的脱水、脱碳机制，以及其引发地幔熔融的类型和机制、产生的熔体与地幔过渡带上方地幔的交代作用是认识大地幔楔壳幔相互作用的关键，可通过高温高压实验模拟加以解决。业已证明，东亚大地幔楔是一个巨大碳库，查明深部碳循环对了解地球系统的完整碳循环过程及对地球气候的影响有重要意义。

类似于中国东部新生代玄武岩这种洋岛玄武岩型玄武岩的深部背景还不清晰。如果玄武岩的洋岛玄武岩型微量元素地球化学特征只继承自地幔柱物质，那么一种可能的模型是古老的地幔柱活动把深部地幔的各种化学储库中的物质运移到地幔过渡带并长期滞留于此，而俯冲的太平洋板块把这些古老地幔柱物质挤出到上地幔并成为玄武岩的源区；另外一种可能的模型是年轻的地幔柱上升到地幔过渡带时，遇到了滞留于此的太平洋板片，从而改变了地幔柱的上升路径。无论是哪种模型，这些洋岛玄武岩型玄武岩与地幔柱的成因联系都是间接的，因此，有必要加强地幔柱上升过程的相关研究。

4）俯冲物质循环对深部地幔的改造

对深部地幔物质的直接认识主要来自超深金刚石中包裹体的研究。深部地幔矿物、岩石被岩浆过程带至地表的过程中，不可避免地会经历矿物退变/相转变过程，因此地幔捕虏体（捕虏晶）很难保存其在深部地幔高温高压条件下的原始矿物或矿物组合。幸运的是，金刚石作为地球上最硬的矿物，可以在被深源岩浆从深部地幔带至地表的过程中为其内部的包裹体提供刚性极高的封闭环境。地幔金刚石分为橄榄岩型和榴辉岩型（Shirey et al.，2013），前者为原生金刚石，而后者一般与俯冲物质循环（the cycling of subducted materials）相关。近年来，最为重要的深部地幔矿物岩石的研究进展大多来自对地幔超深金刚石中包裹体的观察，这些观察与高温高压实验的相互印证，使我们对深部地幔的矿物组成和物理化学性质都有了更清晰的认识。例如，来自金刚石高压矿物包裹体的证据不仅证实了下地幔的最主要矿物——具钙钛矿结构的富镁布里奇曼石的存在（Tschauner et al. 2014），而且说明深部地幔的低氧逸度主要通过含 Fe^{2+} 硅酸盐矿物的歧化反应（$3Fe^{2+} \rightarrow 2Fe^{3+}+Fe^0$）生成金属铁来实现（Smith et al.，2016）。

深源金刚石的包裹体中还发现了一组富钙的高压矿物，如富钙石榴子石、毛钙硅石（davemaoite）等，可以作为深部地幔含有俯冲洋壳或者被俯冲洋壳物质改造的直接证据（Walter et al.，2011；Nestola et al.，2018；Tschauner et al.，2021），对这些高压矿物的地球化学分析并结合实验模拟研究可进一步制约俯冲洋壳物质与深部地幔化学储库之间的成因联系。Walter 等（2008）发现其中富钙石榴子石和毛钙硅石的元素地球化学特征指示其结晶自碳酸盐化硅酸盐熔体，表明地幔过渡带存在与俯冲洋壳和（或）俯冲沉积物相关的深部熔体。而这些金刚石的碳同位素组成进一步表明形成金刚石的碳可能来自深俯冲沉积物中的有机碳（Walter et al.，2011）。Huang 等（2020）在来自上地幔底部（420～440 km）的金刚石内部发现具高 CaO/Al_2O_3 值的钙铁石榴子石成分，其微量元素组成与经典 HIMU 型洋岛玄武岩相似，表明深部地幔 HIMU 储库的形成与深俯冲碳酸盐交代作用相关。在此基础上，Tao 和 Fei（2021）研究了不同俯冲碳酸盐对地幔橄榄石和石榴子石成分的交代过程，发现只有 $CaCO_3$ 可以将地幔 Fe^{2+} 硅酸盐矿物氧化成具有高 CaO/Al_2O_3 值的钙铁石榴子石，同时钙质碳酸盐被还原成榴辉岩型石墨／金刚石。由此推测，深俯冲钙质碳酸盐是氧化深部地幔并形成富钙石榴子石和榴辉岩型金刚石的重要氧化介质。最近，Timmerman 等（2019）发现不同来源的超深金刚石中的流体包裹体记录了多个地幔储库，如高 $^3He/^4He$ 储库、EM2 和 HIMU 储库的同位素特征，表明深部地幔的确经历了各种再循环地壳物质的改造作用并形成了不同的深部化学储库。

超深金刚石的研究还观察到不同类型的高压富水相，如 Tschauner 等（2018）在来自地幔过渡带（24 GPa）的金刚石内部发现了水的高压相——冰－七（Ice-Ⅶ），Pearson 等（2014b）在来自地幔过渡带的金刚石中发现了富水林伍德石，均表明地幔过渡带上部可能是一个富水环境。高温高压实验显示，基性岩体系中的高密度含水相和酸性岩体系中具有二氧化硅或羟基氧化铝成分的高温高压矿物相可以携带大量的水进入深下地幔（Nishi et al.，2014；Lin et al.，2020）。进入深部下地幔的水可能会将下地幔金属铁乃至方镁石氧化成具有黄铁矿结构的 FeO_2，同时释放出氢气，彻底改变下地幔氧化还原状态（Mao et al.，2017）。当然，尚缺乏来自超深金刚石方面的证据支持水能够进入下地幔。

三、深部地幔 – 浅部地幔的相互作用

如前所述，地表物质通过俯冲作用进入深部，经过复杂的壳幔相互作用及长时间的同位素衰变，从而形成了不同类型的深部化学储库。事实上，除了这种自上而下的物质循环方式，还有自下而上的循环方式，即深部地幔组分经对流和地幔柱上升到浅部地幔并与之相互作用。

一般认为，洋中脊玄武岩起源于浅部上地幔，而洋岛玄武岩起源于深部地幔。地幔柱独立于板块构造，因此可以出现在不同的板块构造背景中，如洋中脊、弧后盆地、俯冲带和大陆 / 大洋板块内部。其中最显著的就是洋脊 – 热点相互作用（ridge-hotspot interaction），即具有与上地幔不同组成的热的地幔柱物质，从地幔深处上升到岩石圈底部并向洋中脊或者沿着洋中脊迁移的过程。目前在全球已经识别出来的 30～50 个热点岩浆作用中，至少有 21 个与洋中脊发生了明显的相互作用，而洋脊 – 热点相互作用也在 15%～20% 的全球大洋中脊体系中产生了明显的物理和化学的异常（Ito et al., 2003）。因此，关于洋脊 – 热点相互作用的研究对于上地幔组成不均一性、上下地幔的物质交换和地球深部动力学过程有非常重要的意义。

尽管富集型洋中脊玄武岩（enriched mid-ocean ridge basalt，E-MORB）长久以来一直被作为识别洋脊 – 热点相互作用的地球化学特征。然而，冰岛和亚速尔洋脊显示出的地球化学异常范围要远小于地形的异常，而在加拉帕戈斯等其他洋脊 – 热点体系，地球化学和地球物理的异常对应较好（Ito et al., 2003）。洋脊 – 热点相互作用的地球物理和地球化学表现形式的异同可能受控于不同的洋脊 – 热点相互作用模式。尤其是地幔柱以熔体的形式还是固态的形式流动到洋中脊，以及地幔柱物质迁移过程中有没有发生熔融提取都会影响最后在洋脊观察到的地球化学组成。但是，受地幔柱影响的洋脊没仅有少数洋脊产出富集型洋中脊玄武岩，而 Yang 等（2017）进一步在全球受地幔柱影响的洋脊段识别出大量同位素富集而不相容微量元素亏损的正常洋中脊玄武岩。此外，地幔柱物质不仅仅含有富集组分，还可能存在大量原生的亏损组分，如果这类亏损的地幔柱物质贡献到洋脊，是否能被有效地识别出来？

这对于未来如何有效地识别地幔柱物质对上地幔的贡献提出了新的挑战。

洋脊－热点相互作用提供了研究地球内部动力学系统以及地幔物质组成不均一性的独特窗口。不同的洋脊－热点相互作用体系往往展现出不同的地球物理和地球化学异常，而其控制因素主要包含洋脊扩张速率、洋脊几何形态、地幔柱与洋脊的距离以及相对运动方向等。其中，洋脊－热点相互作用的形式和表现因洋脊－与地幔柱之间的距离不同会显示出明显变化。

四、深部储库的空间分布

有关地幔端元组分和化学储库的认识主要基于对地幔地球化学的研究。然而化学储库在深部的分布一直不清楚。一方面，由于地幔对流的存在，地幔端元组分被不均匀地分布在地幔中，低程度部分熔融的岩浆可以捕获更多的富集端元组分，大陆玄武岩普遍比大洋玄武岩富集大离子亲石元素和同位素组成就可能与此有关，因为大陆岩石圈厚度大于大洋岩石圈，其部分熔融程度相应较小。另一方面，像夏威夷地幔柱似乎存在化学分带，DUPAL 异常（由 Stanley R. Hart 于 1984 年定义，其特征是具有高的 Rb/Sr、^{235}U/Pb 和 Th/U 值）也主要出现在南半球（Hart，1984），这些现象似乎暗示在某些情况下化学储库在深部的分布是有一定规律的。

深部地球物理探测揭示地球深部具有极不均一的结构，为进一步探讨深部化学储库成因提供了重要的参照系。地震层析成像显示在大西洋－非洲和南太平洋两个广大区域之下的核幔边界附近存在 LLSVP（Garnero and Mcnamara，2008），在 LLSVP 的边缘还存在一种规模较小的 ULVZ（McNamara et al.，2010）。一方面，这些深部异常结构在空间位置上往往能与地表火山岩揭示的具极端放射成因的钕、铅同位素组成或 μ^{182}W ［其值为（^{182}W/^{184}W）$_{样品}$/（^{182}W/^{184}W）$_{标样}$×10^{6}］、μ^{142}Nd ［其值为（^{142}Nd/^{144}Nd）$_{样品}$/（^{142}Nd/^{144}Nd）$_{标样}$×10^{6}］等同位素异常的深部化学储库对应（如 Mundl et al.，2017；Jackson et al.，2018，2020），指示两者之间可能存在成因联系，但联系机制还需要进一步研究。例如，这些深部异常结构的地球化学内涵尚无定论，两个 LLSVP 是否具有不同的形成历史（Doucet et al.，2020）？ ULVZ 是否保留了地球早期分异/增生的信号（Mundl et al.，2017；Jackson et al.，

2020）？另一方面，这些异常结构可能与地幔柱分带的形成紧密相关。近十余年来的地球化学工作发现许多地幔柱存在侧向不均一性或空间地球化学分带，在地表体现为由同一个地幔柱产生两个或两个以上近似平行的、化学上差异明显的火山链。这种分带特征让我们有机会认识地幔柱的空间结构、深部地幔的大尺度化学不均一性和再循环物质在地球深部的运动轨迹等问题（Abouchami et al.，2005；Huang et al.，2011；Hoernle et al.，2015）。当前研究一般认为地幔柱分带的形成可能与地幔柱起源于 LLSVP 边缘有关（Burke et al.，2008），但 LLSVP 内、外部不同化学储库如何差异化贡献于上涌的地幔柱并形成化学分带等尚不清楚，也需要数值模拟工作和更精细的地球物理观测来提供不同角度的资料。

五、展望与未来发展方向

地幔地球化学研究在板块构造理论和地幔柱学说的发展中发挥着重要的作用，一直是深地科学研究领域的重要内容。在新的时期，该领域的发展需要多学科的相互配合，尤其是在以下四个方向。

（1）新的地球化学示踪手段的应用，如高精度、高准确度和高空间分辨率的地球化学分析测试方法，包括多接收质谱仪分析的高精度非传统稳定同位素和 $\mu^{182}W$、$\mu^{142}Nd$ 等；离子探针分析熔体包裹体挥发分含量、氯和硼等同位素组成、金刚石碳和氮同位素组成，以及硫化物包裹体的硫同位素非质量分馏等；气体质谱仪超低本底分析惰性气体同位素等。继续推进非传统稳定同位素等新的地球化学研究手段在示踪壳幔物质循环和深部地幔－地表协同演化方面的应用；探索挥发分（碳、氢、氮、硫、卤族元素等）的循环过程，评估其对地球内部物理化学性质的改造以及对地球表层系统的控制和影响。

（2）加强地幔地球化学研究与高温高压模拟实验的结合。高温高压模拟技术突飞猛进，已经可以覆盖自地壳到地核的温压条件，可用于约束不同再循环物质的相变过程、熔融行为、熔体组成以及再循环物质与周围地幔物质的相互作用等；对地球深部的物质组成和新化学反应有很多突破性进展。然而受超高压实验样品大小的限制，相关的地球化学研究并不多，造成两大学科在深地科学研究中的脱节。显然，加强地幔地球化学研究与高温高压模拟实验的结合将是解决有关深部化学储库成因的突破口。

（3）加强地幔地球化学研究与深部地球物理探测的结合。随着深部地球物理探测的分辨率和精度的不断提高，深部结构（如 LLSVP、ULVZ 等）和喷发在地表的火山岩的地球化学组成之间的关系将更多地被揭示。这两大学科的结合可进一步揭示深部地幔储库的空间位置和形成过程，可更好地制约壳幔物质循环的时间尺度和空间尺度。

（4）尝试利用大数据等新的研究手段挖掘新的科学问题。用高分辨率数值模拟探索地球多圈层相互作用及相关的深部动力学过程，如地幔柱分带的产生机理、再循环物质在地球深部的运动轨迹、地幔柱－俯冲板片－地幔过渡带相互作用等。

第五节　深地新化学反应与深部引擎

地球科学是侦探科学。通常用逆向溯源法来研究重大地质事件（如板块构造的启动、大氧化事件、雪球地球、生物大灭绝、大火成岩省、超级大陆旋回等）的前因后果，穷究每个事件所有可能的原因，必然有多重答案。时间久远，旁证稀缺，难下定论。但提出的假说，都基于我们熟悉的地表观察。而地球深部可能的贡献，则处于观察能力之外的盲点。最近由于高温高压科技的成熟，可以变革思路采用正向推导法，根据物理化学的因果必然性，从已知俯冲板块物质着手，研究其物理化学性质在高温高压下的反应，来推断这些物质通过不同深度层次必然发生的变化，并推导俯冲物质历经大循环后以新面貌回到地表所能产生的后果。最近五年，毛河光团队在下地幔深部压力下，发现了奇异的氧化现象（Hu et al., 2016），为探究困惑地学界已久的重大地质事件之谜提供了潜在可行的深地内控方案。

图 4-10 展示了地球内部新引擎控制重大地质事件的概念模式图（Mao and Mao, 2020）。在深下地幔温压条件下，水成为强氧化剂，能和铁镁氧化矿物反应，高度提升铁的氧化程度，释放氢并沉积过氧化铁。下沉板片所携带的水与深地化学作用，提供了维持板块运动的常态引擎，持续堆积富氧物

质并释放氢。富氧物质在核幔边界长期累积过量将发生间歇性的爆发，产生的富氧超级地幔柱会导致超级大陆发生分合。富氧物质抵达上地幔和地壳，能降低岩石熔点，产生大量岩浆，是大火成岩省、溢流玄武岩、大氧化事件和后续的氧波动引起的环境变迁及生物灭绝的根源。该模型的每一个环节分别有实验的根据和同行重复印证，构成了令人鼓舞的四维深地引擎整合理论的突破口（Mao and Mao，2020）。

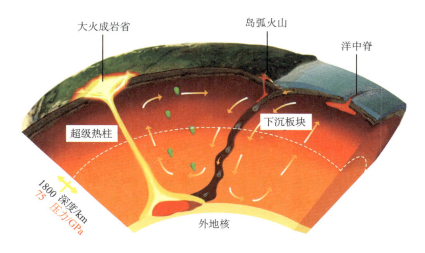

图 4-10　地球内部新引擎的概念模式图（据 Mao and Mao，2020）

地球深于 1800 km 的深下地幔在超过 75 GPa 的高压下，其物理化学规律与外部不同。这差异造成了水循环中氢和氧的分离，驱动了地球的活动。蓝色水滴状符号代表含水矿物随板片下沉；水氧化了深下地幔矿物释放了氢（绿色上升符号）累积了氧（红色）；累积超过零界发生氧爆发成黄色的超级地幔柱上升；富氧物质抵达地壳引起大片熔融岩浆造成大火成岩省

　　该模型提出伊始，已获得国际学术界的广泛关注。它的创新性在于从以前被忽略的深地角度来重审地球 45 亿年以来发生的大事件，统一解决目前杂乱纷争的机制问题。然而，该模型尚需进一步验证完善，急需解决的关键科学问题包括：俯冲板块如何把挥发分带入深部抵达地核？挥发分受控于深下地幔的新化学新物理规律会发生什么变化？富氧物质在核幔边界如何聚散分化？富氧物质如何形成超级地幔柱穿越地幔抵达地表？富氧超级地幔柱对地壳和地面环境有何冲击？研究的重点不是在现有的十几种重大地质事件解释中再加一个，而是把地表事件看作是深部过程和引擎的佐证；同时以深地引擎统一整合的理论基础，来重新认识四维地球系统的时空演变，预测地球的未来。

一、板块俯冲过程中的挥发分循环

随板块俯冲进入深部水、氢、氧等挥发分,有一部分在地幔楔熔融,经岛弧岩浆作用回到地表;有一部分则停留在地幔过渡带;还有的则直下3000 km 到幔核边界。这些挥发分在深部发生的变化,是主控地球活动的引擎。

俯冲板块主要由固态的沉积物、洋壳和大洋岩石圈组成。俯冲板片在长期的蚀变过程中吸收了丰富的水、二氧化碳、氮、硫、卤素等挥发分。挥发分的流动性和多变性,深刻地改变了地幔物理化学性状和物质能量迁移规律。尤其是水,作为最多变、最丰富的挥发分,在浅部以单独水的三态或矿物中的羟基存在;到深部则需要分成氢和氧两种独立挥发分来考虑。氢是流动性最大的元素,它的化合、分解、流通是地球生命的根源;氧是地球内含量最多的元素,同时具有构成坚硬的硅酸盐和氧化矿物骨架的作用和形成游离的挥发分,如二氧化碳、氧化氮、氧化硫等两种特性。水、氢、氧在深地的分合,是内控引擎的动力来源。内控引擎能否启动的关键在于水能到达多深?以什么形式进入深下地幔?有什么高压含水矿物?能带多少水下去?

1. 上地幔的含水矿物

形成于洋中脊的新生洋壳在与海水接触之后,会以固态结晶水的方式存在于矿物里,如蛇纹石、黏土矿物、云母、绿泥石、角闪石等。随着俯冲过程中板片温压条件的增加,蚀变洋壳中大多数含水矿物会因脱水降低水含量。然而也有含水矿物,如高岭土(Hwang et al.,2017)和蓝闪石(Bang et al.,2021),能大量增加,变成超级含水矿物。俯冲脱水能降低地幔岩石熔点,地幔会发生部分熔融形成岛弧岩浆喷发回到地表。俯冲板片每年会携带 10^{12} kg 的水进入深部地幔(Peacock,1990),其中 70% 的水会随岛弧火山回到地面(van Keken et al.,2011),其余 30% 的水会继续向深处迁移。到了 410 km 深的地幔转换带,大多数含水矿物会脱水或发生相变。实验证明,瓦茨利石和林伍德石能够携带 2% 的水,而来自地幔转换带的金刚石中发现的富水林伍德石则暗示 410~660 km 深的地幔转换带是地球的主要水库,可能储存着

2～3 个地表海洋的水（Pearson et al., 2014a）。更有意思的是，Tschauner 等（2018）在来自深部地幔过渡带（24 GPa）金刚石包裹体中发现了纯水的高压相——冰－七（Ice-Ⅶ），为地球深部水含量和存在形式打开了新的窗口。高温高压实验显示基性岩体系中的高密度含水镁硅酸盐（DHMS）以及酸性岩体系中的二氧化硅或 AlOOH 可以携带大量的水进入深下地幔（Nishi et al., 2014）。显然，需要更多的野外观察以及高压实验来确定上地幔乃至转换带真实水含量、存在形式及其对上地幔物理化学属性的影响。

2. 新发现的下地幔含水矿物

过了 660 km 间断面到达下地幔，瓦茨利石和林伍德石分解转换成布里奇曼石和铁方镁矿两种不能带水的矿物。由于一直没有发现含水的下地幔矿物，此前主流观点认为下地幔是干燥缺水的。近几年来，经高温高压实验发现了多种含水矿物，这种想法才反转。以前之所以找不到超高压含水矿物，是因为大家循着瓦茨利石和林伍德石等镁硅酸盐的路线，即寻找"高密度含水镁硅酸盐（DHMS）"，找到的许多新相都会在高温高压下分解。命名按发现的次序从 A 排起，只有 2015 年发现的 H 相可以在下地幔稳定存在。其实以镁硅酸盐为主的布里奇曼石虽然是下地幔的主要矿物，但它在深地循环主要载体大洋板片中只占 1/4，其余各约占 1/4 的斯石英、毛钙硅石、毛河光矿也同样重要。2020 年，关于二氧化硅含水问题有了重大突破（Lin et al., 2020），发现沿着俯冲板片的温压条件，斯石英可以含＞3% 的水。而且虽然历经氯化钙框、赛石英相等相变会逐步释放水，但直到 2900 km 的核幔边界仍可以保持相当的含水量，如板片中的沼铁矿也能将水带到核幔边界。因此，地幔深部并不缺可以含水的矿物，其含不含水将由实际物理化学过程来决定。今后高温高压含水矿物探索的焦点将从 DHMS 扩大到含铝、钙、铁的氧化物和硅酸盐。

板块俯冲可带动地球深部的物质，尤其是挥发分的循环，从而显著改变地幔系统的物理化学性质，进而影响地球内部动力学过程。俯冲板片和地幔的相互作用使下地幔的矿物学模型进一步复杂化，极少量的挥发分可对下地幔相变（包括部分熔融）和元素配分关系产生显著影响。传统的 X 光衍射方法通常用于单一矿物的高温高压物性研究，很难处理代表俯冲板片组成的多相共存体系的研究。近期发展起来的同步辐射 X 光多晶衍射技术在多相体系的实验研究中发挥了重要作用，结合对高压回收样品的透射电镜化学分析，可以分辨出属于多相体系中属于每个相的多个亚微米晶粒，确定其结构和化学组成，把超高压实验研究的能力从单矿物拓展到了地幔真实多组分体系（Zhang et al.，2014）。初步开展的 $MgSiO_3$-Fe_2O_3-Al_2O_3-H_2O 体系实验研究表明，少量水的加入可显著改变该体系的矿物组成，并影响高温高压多相矿物集合体中的元素分配，如含水相包含了体系中约95%的铝元素，使得贫铝布里奇曼石到后钙钛矿相的相变宽度显著变窄，后钙钛矿中的铁元素是共存的布里奇曼石中的两倍，使得相变压力降低，因此含水体系中从布里奇曼石到后钙钛矿的相变可为长期争议的 D″ 层尖锐间断面提供合理解释。由此可见，极少量的水可对地幔深部的结构和不均一性产生决定性的影响，应是今后研究的重点。

二、深下地幔的新物理化学

1. 下地幔中的"隐形"圈层

地球内部的重要界面，如莫霍面、410 km 间断面、660 km 间断面、核幔边界等，全是由地震波明显的不连续来决定，反映出地幔物质的相变或成分突变。但是，有相变或成分突变未必有足够的地震波差异造成不连续面。从地震波的角度来看，占地球总体积58%的下地幔（660～2900 km）没有分圈层。而地壳、上地幔、转换带、外核、内核五个圈层的总和只占地球体积的42%。这貌似单调的下地幔，却是高温高压实验发现新物理新化学现象最丰富多彩的圈层。尤其是在下地幔中间 1800 km 处，划分了上部的常规物理化学与深下地幔的新高压物理化学，可能是地球内控引擎最重要的界面，却无明显的地震波的异常。因此要了解地球深部的分层和调控地球动力的主力，除了地震波异常产生的明显分层外，更需考虑高温高压物理化学突变造成的隐层。深于约 1800 km 的部分可以定义为"深下地幔"，是地球最关键的圈层，也应是今后研究的焦点。

下地幔并非完全缺乏明显的地震波界面，只是没有像 410 km 间断面和 660 km 间断面的全球性圈层，显示所有矿物都经历了5%～10%体积突变的不连续面。细看下地幔有多个较小的或局部的界面。例如，地震波证据指示在下地幔约 1700 km 深度处剪切波速发生了显著变化并延伸至核幔边界，该 LLSVP 具有尖锐的化学边界，但不成圈层，其边界和周边地幔成切角。板片到了下地幔再难看到明确的形貌，可能是因为弹性与周围物质差异变得不显著，或者是碎片化。在下地幔中分层，地震波将是多种可参考的性质之一，而非必要条件。相反地，高温高压研究揭示矿物物理化学规律在 1800 km 附近发生巨大的改变，深下地幔与其上层的差异足以提供深地引擎的原动力。

2. 铁的深部氧化和氧含量梯度的反转

铁和氧是地球内部最重要的组成成分，它们分别占地球总重量的 35% 和 30% 以上。地球分成以氧为主的地幔和以铁为主的地核两大部分。大气中的自由氧和组成地核的金属铁代表了这两种元素在地球上存在的两极状态。在地壳和地幔温度、压力与氧逸度环境下，铁与氧结合形成铁氧化物，对地球内部结构、过程和演化历史有重要意义。在矿物学、岩石学、矿床学和地球化学等领域，Fe-O 体系的氧化还原反应被广泛用来指示地球内部的温度、压力和氧逸度环境。以往认为在地球内部，随着深度增加，氧逸度逐渐变小，铁氧化物中的氧含量亦随之降低。地球表面常见的赤铁矿（Fe_2O_3）逐渐过渡为上地幔的磁铁矿（Fe_3O_4），再往下从下地幔直至核幔边界存在方铁矿（FeO）。近年来，一些新型铁氧化物，如具黄铁矿结构的过氧化铁等被理论预言或高温高压实验合成（Hu et al., 2016）。深下地幔虽然在地幔底部接触地核，但高压导致的特异化学规律，导致氧含量在板片接近地核时不降反升，形成氧含量梯度的反转。

额外氧的来源要靠水。当 Fe_2O_3 遇到水，也就是同成分的针铁矿（FeO_2H）在深下地幔温度、压力条件下会脱氢形成黄铁矿结构的过氧化铁（FeO_2），将导致地球内部氢元素循环与氧循环的分离。高温高压同步辐射 X 射线衍射实验发现针铁矿脱氢形成黄铁矿结构的 FeO_2 晶胞体积大于纯 FeO_2，这可能是针铁矿不完全脱氢所致（Hu et al., 2017）。经第一性原理计算发现，黄铁矿结构的 FeO_2H_x 具有与 FeO_2 相同的晶体结构，但是氢会增大 FeO_2 晶胞体积。因此，FeO_2 晶格可以含一定量的氢，随着加热峰值温度的增加，含氢 FeO_2 相将继续脱氢，其体积逐渐变小。该含氢 FeO_2H_x 相是第一个由金刚石对顶砧实验发现的地球内部含水（氢）矿物，对于理解水（氢）在下地幔的分布及存在形式有重大意义。

3. 水和矿物化学反应储氧释氢的新机制

浅部的水到了 1800 km 深部就变成了强氧化剂，这是地球超深部最重要的新化学反应。2016 年发现的氧化铁和水在深下地幔反应生成含氢的过氧化铁，并释放单质氢，对传统的地球化学认知至少有三点颠覆。首先，过氧化铁的铁氧比很特别，似乎表示铁的价态超过三，但 X 光谱学的测试显示铁并不是四价，而是氧变成小于二价（Liu et al., 2019；Koemets et al., 2021）。以往奉为圭臬的元素价态规律，在深下地幔不再适合了。其次，单质氢一般被视为非常还原的物质，在此可以和非常氧化的过氧化铁共存，需要重新审视氧逸度这个地球化学的基本观念。最后，通常把水的循环和氢的循环视为同义，水以 O-H 键存在于矿物中，氢和氧同进同出。而水到了深下地幔放出氢，把额外的氧留在矿物里。净效果是水把氧泵到深下地幔，局部储存高度氧化的岩石矿物，水的循环以氢上升的形式完成。这三点化学现象，不仅限于铁，也包括其他镁、钙、铝（Zhang et al., 2018）等元素。对众多微量元素的冲击，亦属必然。

后续研究发现，下地幔主要矿物铁方镁石 [（Mg，Fe）O] 遇到含水矿物亦会发生化学反应，生成具有含氢黄铁矿结构的过氧化物。在下地幔深部，该过氧化物可与布里奇曼石 [（Mg，Fe）SiO_3] 及其经过高压相后的钙钛矿稳定共存（Hu et al., 2020）。铁方镁石遇到水在较低的压力下或者水不足以提供足够的氧达到过氧化物时，会形成一个六方结构的 [（Mg，Fe）$_2O_{3\pm\delta}H_x$]（Liu et al., 2020a）。与铁方镁石等地幔矿物相比，其含氧量大增。这些含水俯冲板片造成的特殊富氧矿物，长年累积可造成如 LLSVP 等深下地幔地震波异常区域。

4. 新矿物物理

深下地幔拥有浅部不具备的高压物理现象。含铁矿物中铁的 $d-$ 电子从平行的高磁旋，变成配对的低磁旋，改变了所有光学、磁学、电学、热学、声子震动、地震波速等特性。随之而变的是离子半径，高磁旋的二价铁离子半径远大于镁，低磁旋时则变成和镁不相上下。晶体结构也有所不同，下地幔上部以钙钛矿结构为主，无论辉石还是石榴子石，都变成钙钛矿结构；深下地幔发现的高氧矿物，则以立方黄铁矿结构和六方锰钡矿类型结构为主。

激光加温金刚石压砧技术和同步辐射 X 光技术的结合，已经实现了覆盖整个地球内部高温高压条件的实验能力。高温高压条件下的新矿物物理和浅层矿物性质的巨大差异可能是驱动地球内控引擎的关键。探索新矿物物理，尤其是深下地幔（>1800 km）和核幔边界（2900 km）这两个重要分界面的矿物物理成因，依赖于用同步辐射技术 X 光衍射和光谱技术探测出极限高压下的含铁矿物的物理性质变化。已有的实验研究已经证明了含铁矿物在 1800～2900 km 对应的温度压力条件下发生了一系列变化。

氢在深下地幔的压力下，不但脱离了 O-H 键的束缚，在晶格中成为 H$^+$ 离子态，而且在深地的高温下成为可以在晶格外自由流动的新超离子态。对深下地幔的电导、热导、氢逸度平衡，都有巨大的影响（Hou et al.，2021）。

5. 高压氢化学与氢气藏

深下地幔释放的氢可以通过多种途径上升返回地面，可能和金属元素化合成金属氢化物，也可能与其他非金属元素化合，变成碳氢、氮氢、硫氢、磷氢等挥发分，或和氧化物反应成水回归地表。这些高压下氢的化学反应，绝大部分未经探讨。尤其是碳氢化合物，包括整个基本无知的高压有机化学，都将是今后探索的前沿。

单质氢气是目前为止最为高效、清洁的能源，同时也是现代工业不可或缺的原料。现阶段人类能利用的氢能主要来自工业生产（如化石燃料分解或者水电解）。但是越来越多的研究发现，固体地球从地表到地核都会有各类水岩反应可以产生的大量非生物氢气，并可能迁移成藏。如果这些深部地球氢气资源可以被开采利用，将同时解决目前人类面对的能源短缺和环境污染两大难题。

地壳像薄薄的鸡蛋壳一样将地表与地幔相互隔离，从而阻止了地表水和地球深部物质的相互作用。在洋中脊海水与地幔橄榄岩相互作用，抑或是地表水通过俯冲作用进入深部地球与地幔橄榄岩相互作用，都可以通过一系列水–岩相互作用（如蛇纹岩化）产生大量的氢气（Klein et al.，2020）。据不完全估算，目前全球大洋中脊通过水热反应每年可产生 1.4×10^6 Mt 氢气，是全球工业年氢气产能（约 70 Mt/a）的 2 万倍，这还没有考虑全球广泛分布的蛇绿岩、前寒武基底以及弧前地幔楔蛇纹岩化过程产生的氢气。如上述深下地幔乃至核幔边界的水会将金属铁氧化成具有黄铁矿结构的过氧化铁，同时释放出大量的氢（Hu et al.，2016；Mao et al.，2017），那么从浅部的洋中脊到深部的核幔边界，都有通过水岩反应产生的氢气。在浅部地幔，氢气和水是不混溶的。这种不混溶状态可能是地核形成后上地幔快速氧化的重要机制。在地球深部产生的氢气在上升过程中，可能会以纯氢的形式在晶粒间渗透，最终上升到地壳层面，被地壳上部沉积物阻隔，从而聚集成藏。在世界范围内已经发现上百个氢气渗漏点，多数与水热体系非生物水 - 岩反应相关（Klein et al.，2020）。更有意义的是，近年来已在全球发现数个可商业开采的氢气藏。但是对于这些氢气藏中氢气的形成、迁移和潜在成藏过程依然不清楚，需要更多的研究跟进。

6. 深下地幔的不均一性与富氧物质的储存

俯冲板片携带的含水物质会在核幔边界极端高温高压环境下脱水，进而与地核的铁接触，发生反应并产生过氧化铁及氢化铁，最终的产物是保留部分氢的过氧化铁 FeO_2H_x 并释放部分氢（Mao et al.，2017）。该实验预测长期累积过氧化铁 FeO_2H_x 能形成厚度大于 10 km 的富铁富氧区域，但是这在自然界中是否存在呢？

地震学研究揭示，在核幔边界有一层几千米到几十千米厚且波速异常的ULVZ，其地震波纵波波速比周围约低 10%，横波波速约低 30%，但以往没有很好的解释。Liu 等（2017a）利用金刚石对顶砧装置和同步辐射 X 光衍射与非弹性谱学的实验，结合第一性原理计算，成功地模拟含氢的过氧化铁 FeO_2H_x 在地球核幔边界温度压力环境（135 GPa 和 3000 K 以上）中地震波的性质，发现含氢 FeO_2 的低波速、高密度等特性可用来解释以往令人困惑的核幔边界超低波速带。后来 Ohtani（2020）证实了有关高压下水 - 铁新化学反应实验的重复性，Ohtani 强调，在地球核幔边界超低波速带发现含氢 FeO_2，表明俯冲含水物质可被携带至核幔边界，揭示了整个地幔都参与到地球深部水循环过程中。

三、从核幔边界到地表的回流

1. 核幔边界：地球中差异最极端、影响最大而认识最少的界面

位于 2900 km 深度的核幔边界是固态硅酸盐地幔与液态富铁外核的分界面。核幔边界是地球中差异最极端、影响最大而认识却最少的界面，它既是俯冲板片的终点，也被认为是超级地幔柱的起源，由此所导致的温度和成分的不均一使得地幔最底部体现出最显著的横向不均一性现象。核幔边界也是一个热分界面，存在地球内部最极端的温度梯度（500～1800 K）（Lay et al.，2008）。核幔边界的化学成分差异、固体 - 熔体差异、温度差异甚至超过地表和大气边界。当核幔边界的富氧物质区像地壳均衡态那样构成"核壳"均衡态时，其上方较冷的部分可能形成固态的超低波速区，其加厚的底部则接触熔融外核的高温区，接近其部分熔融温度又处于极端的温度梯度，从而引起如同地壳岩浆分异和鲍氏结晶系列的化学分异，分成高密度的富铁部分和低密度的富氧部分，甚至分出单质氧（Mao and Mao，2020）。较轻的富氧部分提供地幔热柱的热源，逐渐向上迁移。虽然与沿途的岩石发生作用（如和氢或碳化合产生水和二氧化碳）无法完全保持其原有的成分，但大体上还是比周围其他部分地幔更富氧。热柱的温度和其中的氧、水、二氧化碳等挥发分，都能降低熔点造成大程度部分熔融，并形成火山岩浆喷出地表。

另有部分氧因为核壳的局部"地质"条件，像油气藏被上盖层压制，无法上升。当俯冲板片持续在核幔边界堆积，富氧物质不断累积超过临界点，就像岩石圈活动累积应力超过临界点，将产生间歇性的大爆发。释放的大量富氧物质和热量成为超级热柱上升，接近地表时将产生大量的岩浆和火成岩。板块重组和地震层析成像数据显示，大部分大火成岩省以及富含金刚石的金伯利岩的位置恰好分布于地幔最底部 LLSVP 边界的垂直上方，表明核幔边界和地表发生物质和能量交换并持续影响地表环境。为此，Mao 和 Mao（2020）提出了地球四维整体时空理论，冀以从深下地幔新物理新化学现象和深地引擎来系统研究地球 46 亿年来的演变机制。

2. 核幔边界氧爆发、超级地幔柱与重大地质事件

如前所述，漫长的地球演化历史中伴随着一系列的重大地质事件，如雪球地球、大氧化事件、寒武纪大爆发、超大陆旋回等，这些事件看似独立且被研究多年，前人也提出了众多假说，希望通过整合获得地质事件中的潜在关联（Lyons et al., 2014）。近年来，地球深部引擎的提出将为解释这些重大地质事件提供一条全新的思路。例如，超大陆裂解的第一步通常被认为是源于核幔边界的地幔柱所引起的（Wilson et al., 2019），而核幔边界可能存在的额外热源被认为是形成地幔柱的主要原因。如前所述，核幔边界条件下水与铁的反应形成的富氧化合物，可以在 1800～2900 km 的深下地幔不断积累（Hu et al., 2020；Liu et al., 2020b），随之产生巨大的地球内部 - 地表化学势能差。当地球内部积累了临近饱和的富氧物质，并在外部条件作用下出现突然扰动时，将会迅速发生分解，释放能量并形成大规模的氧气爆发（Mao et al., 2017），进而有效地提高部分熔融程度。因此，化学"热"动力（氧动力）很可能以一个全新的概念去解释地幔柱的成因，这是开启威尔逊循环的重要机制。

大火成岩省是指在较短的时间（$10^5 \sim 10^6$ 年）内形成体积庞大（≥0.1 M km³）的、由镁铁质火山岩及伴生的侵入岩所构成的岩浆建造。它们一直被视为是地幔柱活动的直接产物，并与地幔温度升高、减压熔融和大量水或者二氧化碳等挥发分的渗入等因素联系在一起。在 Mao 和 Mao（2020）提出的地球四维模型中，"动力"为地球内部演化提供了重要的推进剂。而在此之前，氧元素自身对岩浆物理性质的影响是被忽略的。传统观念认为，水和二氧化碳等挥发分是降低地球岩石固相线和液相线的主要原因。但最新的研究表明，只要提高实验样品的氧逸度，就可以使其固相线和液相线降低超过100℃。因此，氧元素才是真正降低岩浆固相线和液相线的控制性成分，而不是氢或碳（Lin and van Westrenen, 2021）。由此看来，地球内部在没有额外热源供给的情况下，高氧浓度便可促使地幔发生部分熔融。氧爆发可以瞬间引起大规模的地幔部分熔融，进而促使地球内部岩浆房发育、地幔柱生长、火山喷发和地表环境的改变。"动力"为地球内部的物质对流提供了新的动力来源。

通常来讲，氧气浓度过低会抑制生物繁衍。但氧气浓度突然升高，也会起到类似的效果，尤其是对厌氧生物。大氧化事件又叫氧气灾难，是指大气

中氧气从无到有的变化过程中早期厌氧生物的大规模灭绝。大约38亿年前的地球几乎处于无氧环境，大部分生命体是一些无氧生物，如古细菌和真细菌。在氧化反应中，氧气产生的中间产物——氧自由基能破坏生物膜和遗传物质DNA。厌氧的古细菌在这场氧气灾难中几乎被灭族。同样地，氧自由基也会使生物体衰老和死亡，过高浓度的氧气将在短时间内对生物体造成严重损害，这在医学上称为"醉氧"。从生物医学角度看，当氧气浓度增加，多糖会发生解聚，其类似现象被用于解释氧化解聚无机硅酸盐熔体中（Lin and van Westrenen，2021）。因此，地球"醉氧"不仅可以造成生物大灭绝，同样也可以导致地表大规模的火山活动，如大火成岩省。

氧气对地球环境的另一个间接影响是降温。早期地球大气中有较高含量的甲烷，这是一种非常高效的温室气体，它的存在确保地球能够保持较高的温度。然而，氧气可以把甲烷氧化成二氧化碳，后者作为温室气体不如前者高效；同时，大氧化事件的发生，使得甲烷和二氧化碳在大气中的含量突然降低，进而促使地球进一步降温。另外，大氧化事件导致的大规模火山活动，微小的火山灰颗粒和含硫气溶胶组分喷出并滞留在平流层中，提高了大气圈对阳光的反射率，致使地球变冷。由此看来，大氧化事件也是推进雪球地球事件的一个重要间接因素，这跟地球历史环境改变是密不可分的。

地球内部动态化学对流主要分为固体和熔体之间、熔体和熔体之间、固体和固体之间；以垂直方向为主，水平方向为辅，其相对占比取决于氧逸度较高的岩浆与围岩的密度差异。

（1）固-熔体之间的化学对流是最常见的元素迁移现象。由于地球内部氧逸度的改变，氧逸度变高的区域会发生地幔部分熔融。此时，大部分的挥发分（水、二氧化碳等）或者某些不相容元素会优先进入熔融区。这个过程其实已经发生了元素的动态化学对流，而且进入熔体的化学元素伴随着熔体再次发生迁移。此时的熔体密度不仅取决于熔体成分，还受压力控制。当熔体密度跟围岩密度相差明显时，此时的动态化学对流以垂直方向为主；否则反之。

（2）熔-熔体之间的化学对流也是非常重要的。不同组分熔体在一定的温压条件下会发生液态不混溶现象。但时至今日，氧逸度对元素（尤其是变价元素）的分配系数影响仍不清楚。

（3）固－固体之间的元素交换至少会造成地球内部局部的化学对流。当氧逸度发生变化，元素价态也随之受到影响，因此，其元素在不同矿物之间的分配系数也会发生变化。量化地球内部氧逸度对元素在熔体和不同矿物之间的分配系数，以及元素在不同矿物之间、不同熔体之间的交换系数都值得深入研究。这对地球内部的矿物组合、元素聚集与迁移和深部成矿都至关重要。

3. 岩浆洋结晶分异和板块构造的启动

地球早期并无板块构造。现行的板块运动大约可以追溯到 30 亿年前（Shirey and Richardson，2011）。前述的基于氢氧深部循环的地球内控引擎，虽然通过和现有的板块运动内循环相结合来做了说明，但此引擎的运作并不依赖板块运动。它在板块构造成型之前就可以运作，甚至可能启动了板块构造。内控引擎的基本是需要地球内部物质的迁移和能量的传输，以及极端温压差异下的物理化学规律转变。前者始终存在于地球内部，而且在地球早期进行圈层分离时更激烈，后者是亘古不变的物理化学现象。

地球在早期增生期间经历过无数次撞击事件，导致发生部分熔融或全球熔融形成岩浆洋。岩浆洋事件奠定了地球演化的起点和基本框架，并影响地球内部运行的诸多方面。岩浆洋的结晶分异过程主要取决于初始成分、矿物的结晶序列、矿物与共生熔体之间的分离效率（黏滞度等因素）、温压条件以及熔体成分的改变（包括挥发分浓度和氧逸度的变化）。目前，关于岩浆洋结晶分异过程的研究大多局限于浅部低压条件。Li（2016）曾对月球岩浆洋的结晶序列做过完整的实验岩石学研究。通过对比干、湿条件下的结晶序列，发现水可以明显抑制斜长石生长，而有利于富铝尖晶石的结晶；水也可以明显降低岩浆洋的固相线和液相线，其影响程度取决于压力和熔体中水的浓度。根据最新的实验结果，水改变月球岩浆洋结晶序列的真正原因很可能是氧逸度。之前，氧逸度对行星早期岩浆洋结晶分异的影响一直被忽视。因此，在控制氧逸度的情况下，重新厘定岩浆洋结晶分异是理解行星早期演化和后期其内部改造过程的重要基础。由于地球早期岩浆洋的温压条件范围跨度较大，考虑到压力对氧逸度在硅酸岩熔体液相线、密度和黏滞度等方面的影响，早期地球内部很可能会出现两个或多个岩浆洋同时不同步结晶分异演化（Labrosse et al.，2007）。另外，限定硅酸盐熔体在不同温压条件下的储氧

（水）能力与率先结晶的深度也是非常重要的研究方向。

关于早期地球深部物质的性质、状态与演化方面的研究，正在成为国际研究热点和重要科学前沿。对于原始地核中是否富含氧元素这一科学问题，前人大多将其与地核形成过程的氧化还原环境联系在一起。一般而言，在相对还原环境下，地核可能富含硅而贫氧；反之可能富氧贫硅。近几年来的研究发现，在炙热的液态地核冷却过程中，率先结晶的可能是氧化镁、二氧化硅、氧化铁等氧化物。换而言之，核幔分异过程中的超高温度将促使大量的含氧物质溶入地核，控制着早期地球内部氧元素的分布。另外，岩浆洋通过铁的歧化反应作用，随着深度增加，硅酸盐岩浆中的二价铁将逐渐变成金属铁和三价铁，在 15～25 GPa 及以上，岩浆洋中的铁将几乎都以三价铁的形式存在（Armstrong et al.，2019）。随着岩浆洋的冷却，贫铁的硅酸盐可能优先结晶，导致残余岩浆越来越富集含三价铁的富氧物质。由于其相对大的密度，可能最终沉淀在核幔边界的地幔一侧。然而，这些富氧物质能否在核幔边界长期稳定存在？规模有多大？水对这些富氧物质的形成有何影响？地核一侧析出的氧化铁是否也会发生歧化反应提供更多的含三价铁富氧物质？这些科学问题都值得深入探索。

四、展望

地球 45 亿年来的演变过程和机理是个浩瀚无垠的问题，即使想要立个宏观框架似乎也无从着手。近年来，深下地幔的新物理化学反应研究进展为此提供了希望。不妨站在另一个遥远星球回看相对渺小的地球。与生活在地球上注意力集中在薄薄的表层不同，宏观的视角应该首先注意到地球内部最大且最多的组分：地球的物质绝大部分藏在高温高压的深部，氧作为贯穿全球最多的元素应该是调控演化的主力，而氢是最活跃的元素又调控着氧的分布。细致考察地表物质如何进入深部，深部物质又如何抵达地表、对地表有什么影响，深部压力如何导致的新物理化学变化等构成了一个宏观的四维地球系统的基础框架。这框架聚焦在氧化物构成的地壳地幔部分，氧在其上下两个界面（地面与核幔边界）之间的活动，可能决定了地球 45 亿年来的演变；其中深下地幔上下不同的物理化学规律，提供了内控引擎的机制与动力。

从该框架开始深入探索，必须多学科交叉合作方能有效掌握。研究含水板块俯冲，须从沉积学、海洋地质、板块运动考虑；含水板片进入深下地幔，则须进行矿物物理、高压物理、高压化学等研究，模拟推演富氧物质的形成，同时用地震学探测来验证核幔边界富氧物质的储存堆积。富氧的爆发可能导致超级地幔柱的形成，以及大火成岩省、大氧化事件、氧的波动、雪球地球、生物灭绝等。这些深地过程的表层响应，还赖于火山学、古气候学、古环境（paleoenvironment）变迁、古生物学等合作验证。协同创新的成果，可以整理出一个包罗万象但系统井然的四维地球科学，既可以阐明过去发生重大地质事件的前因后果，又可以预测未来。

这是首次基于地球最丰富的元素（氧）在地球最主要最大的部分（地幔）的运动规律，推导出的统一理论，有望成功地整合四维地球系统45亿年来千头万绪的重大事件，犹如板块构造理论整合了千头万绪的二维地表现象那样。其起点须从最基础的科学、充实深地内控引擎的框架开始。

本章参考文献

徐义刚，王强，唐功建，等. 2020. 弧玄武岩的成因：进展与问题. 中国科学：地球科学，50: 1-27.

徐义贤，郑建平，杨晓志，等. 2019. 岩石圈中部不连续面的成因及其动力学意义. 科学通报，64: 2305-2315.

Abouchami W, Hofmann A W, Galer S J G, et al. 2005. Lead isotopes reveal bilateral asymmetry and vertical continuity in the Hawaiian mantle plume. Nature, 434: 851-856.

Agrusta R, van Hunen J, Goes S. 2014. The effect of metastable pyroxene on the slab dynamics. Geophysical Research Letters, 41: 8800-8808.

Ague J J, Nicolescu S. 2014. Carbon dioxide released from subduction zones by fluid-mediated reactions. Nature Geoscience, 7: 355-360.

Ai Y S, Zheng T Y, Xu W W, et al. 2003. A complex 660 km discontinuity beneath northeast China. Earth and Planetary Science Letters, 212: 63-71.

Albarede F. 2009. Volatile accretion history of the terrestrial planets and dynamic implications. Nature, 461(7268): 1227-1233.

Alfè D, Gillan M J, Price G D. 2000. Constraints on the composition of the Earth's core from ab initio calculations. Nature, 405: 172-175.

Andersen M B, Elliott T, Freymuth H, et al. 2015. The terrestrial uranium isotope cycle. Nature, 517(7534): 356-359.

Arimoto T, Gréaux S, Irifune T, et al. 2015. Sound velocities of $Fe_3Al_2Si_3O_{12}$ almandine up to 19 GPa and 1700 K. Physics of the Earth and Planetary Interiors, 246: 1-8.

Armstrong K, Frost D J, McCammon C A, et al. 2019. Deep magma ocean formation set the oxidation state of Earth's mantle. Science, 365(6456): 903-906.

Aulbach S, Massuyeau M, Gaillard F. 2017. Origins of cratonic mantle discontinuities: A view from petrology, geochemistry and thermodynamic models. Lithos, 268: 364-382.

Badro J, Brodholt J P, Piet H, et al. 2015. Core formation and core composition from coupled geochemical and geophysical constraints. Proceedings of the National Academy of Sciences of the United States of America, 112(40): 12310-12314.

Bang Y, Hwang H, Kim T, et al. 2021. The stability of subducted glaucophane with the Earth's secular cooling, Nature Communications, 12(1): 1496.

Becker H, Horan M F, Walker R J, et al. 2006, Highly siderophile element composition of the Earth's primitive upper mantle: Constraints from new data on peridotite massifs and xenoliths. Geochimica et Cosmochimica Acta, 70(17): 4528-4550.

Beghein C, Yuan K Q, Schmerr N, et al. 2014. Changes in seismic anisotropy shed light on the nature of the Gutenberg discontinuity. Science, 343: 1237-1240.

Bekaert D V, Turner S J, Broadley M W, et al. 2021. Subduction-driven volatile recycling: a global mass balance. Annual Review of Earth and Planetary Sciences, 49: 37-70.

Bercovici D, Karato S I. 2003. Whole-mantle convection and the transition-zone water filter. Nature, 425(6953): 39-44.

Bergman M I. 2003. Solidification of the Earth's Core//Dehant V, Creager K C, Karato S I, et al. Earth's Core: Dynamics, Structure, Rotation. Washington DC: American Geophysical Union.

Boehler R. 1993. Temperatures in the Earth's core from melting-point measurements of iron at high static pressures. Nature, 363: 534-536.

Bottke W F, Norman M D. 2017. The late heavy bombardment. Annual Review of Earth and Planetary Sciences, 45: 619-647.

Buffett B A. 2000. Earth's core and the geodynamo. Science, 288: 2007-2012.

Buffett B A. 2003. The thermal state of Earth's core. Science, 299: 1675-1677.

Buffett B A, Garnero E J, Jeanloz R. 2000. Sediments at the top of Earth's core. Science, 290: 1338-1342.

Bunge H P, Richards M A, Baumgardner J R. 1996. Effect of depth-dependent viscosity on the planform of mantle convection. Nature, 379: 436-438.

Burgisser A, Scaillet B. 2007. Redox evolution of a degassing magma rising to the surface. Nature, 445(7124): 194-197.

Burke K, Steinberger B, Torsvik T H, et al. 2008. Plume generation zones at the margins of large low shear velocity provinces on the core-mantle boundary. Earth and Planetary Science Letters, 265(1-2): 49-60.

Cabral R A, Jackson M G, Rose-Koga E F, et al. 2013. Anomalous sulphur isotopes in plume lavas reveal deep mantle storage of Archaean crust. Nature, 496: 490-493.

Callegaro S, Baker D R, De Min A, et al. 2014. Microanalyses link sulfur from large igneous provinces and Mesozoic mass extinctions. Geology, 42(10): 895-898.

Calò M, Bodin T, Romanowicz B. 2016. Layered structure in the upper mantle across North America from joint inversion of long and short period seismic data. Earth and Planetary Science Letters, 449: 164-175.

Canil D. 1997. Vanadium partitioning and the oxidation state of Archaean komatiite magmas. Nature, 389: 842-845.

Carmichael I S E. 1991. The redox states of basic and silicic magmas: a reflection of their source regions?. Contributions to Mineralogy and Petrology, 106(2): 129-141.

Catalli K, Shim S H, Prakapenka V. 2009. Thickness and Clapeyron slope of the post-perovskite boundary. Nature, 462: 782-785.

Chauvel C, Hofmann A W, Vidal P. 1992. HIMU-EM: The French Polynesian connection. Earth and Planetary Science Letters, 110(1): 99-119.

Chen C W, Rondenay S, Evans R L, et al. 2009. Geophysical detection of relict metasomatism from an Archean (approximately 3.5 Ga) subduction zone. Science, 326: 1089-1091.

Chen L. 2017. Layering of subcontinental lithospheric mantle. Science Bulletin, 62: 1030-1034.

Chen L, Jiang M, Yang J, et al. 2014. Presence of an intralithospheric discontinuity in the central and western North China Craton: Implications for destruction of the craton. Geology, 42: 223-226.

Chen Q, Zhang Z G, Wang Z P, et al. 2019. In situ Raman spectroscopic study of nitrogen speciation in aqueous fluids under pressure. Chemical Geology, 506: 51-57.

Chen WP, Molnar P. 1983. Focal depths of intracontinental and intraplate earthquakes and their implications for the thermal and mechanical properties of the lithosphere. Journal of Geophysical Research: Solid Earth, 88: 4183-4214.

Christensen N I, Mooney W D. 1995. Seismic velocity structure and composition of the continental crust: A global view. Journal of Geophysical Research: Solid Earth, 100: 9761-9788.

Conrad P G, Zha CS, Mao HK, et al. 1999. The high-pressure, single-crystal elasticity of pyrope, grossular, and andradite. American Mineralogist, 84: 374-383.

Cooper G F, Macpherson C G, Blundy J D, et al. 2020. Variable water input controls evolution of the Lesser Antilles volcanic arc. Nature, 582(7813): 525-529.

Crowe S A, Døssing L N, Beukes N J, et al. 2013. Atmospheric oxygenation three billion years ago. Nature, 501(7468): 535-538.

Cummins P R, Kennett B L N, Bowman J R, et al. 1992. The 520km Discontinuity?. Bulletin of the Seismological Society of America, 82: 323-336.

Dasgupta R, Hirschmann M M. 2006. Melting in the Earth's deep upper mantle caused by carbon dioxide. Nature, 440: 659-662.

Dasgupta R, Hirschmann M M. 2010. The deep carbon cycle and melting in Earth's interior. Earth and Planetary Science Letters, 298(1/2): 1-13.

Dauphas N. 2017. The isotopic nature of the Earth's accreting material through time. Nature, 541(7638): 521-524.

Debayle E, Bodin T, Durand S, et al. 2020. Seismic evidence for partial melt below tectonic plates. Nature, 586: 555-559.

Delavault H, Chauvel C, Thomassot E, et al. 2016. Sulfur and lead isotopic evidence of relic Archean sediments in the Pitcairn mantle plume. Proceedings of the National Academy of Sciences of the United States of America, 113(46): 12952-12956.

Deuss A, Woodhouse J. 2001. Seismic observations of splitting of the mid-transition zone discontinuity in Earth's mantle. Science, 294: 354-357.

Deuss A, Redfern S A T, Chambers K, et al. 2006. The nature of the 660-kilometer discontinuity in Earth's mantle from global seismic observations of PP precursors. Science, 311: 198-201.

Deuss A, Ritsema J, van Heijst H. 2011. Splitting function measurements for Earth's longest period normal modes using recent large earthquakes. Geophysical Research Letters, 38: L04303.

Dobson D P, Brodholt J P. 2005. Subducted banded iron formations as a source of ultralow-velocity zones at the core-mantle boundary. Nature, 434: 371-374.

Doucet L S, Li Z X, Dien H G E, et al. 2020. Distinct formation history for deep-mantle domains reflected in geochemical differences. Nature Geoscience, 13: 511-515.

Duncan M S, Dasgupta R. 2017. Rise of Earth's atmospheric oxygen controlled by efficient subduction of organic carbon. Nature Geoscience, 10: 387-392.

Dziewonski A M, Anderson D L. 1981. Preliminary reference Earth model. Physics of the Earth and Planetary Interiors, 25: 297-356.

Eaton D W, Darbyshire F, Evans R L, et al. 2009. The elusive lithosphere-asthenosphere boundary (LAB) beneath cratons. Lithos, 109: 1-22.

Eguchi J, Seales J, Dasgupta R. 2020. Great Oxidation and Lomagundi events linked by deep cycling and enhanced degassing of carbon. Nature Geoscience, 13(1): 71-76.

Elliott T, Plank T, Zindler A, et al. 1997. Element transport from slab to volcanic front at the Mariana arc. Journal of Geophysical Research: Solid Earth, 102: 14991-15019.

Evans K A. 2012. The redox budget of subduction zones. Earth-Science Reviews, 113(1): 11-32.

Farquhar J, Bao H, Thiemens M. 2000. Atmospheric influence of Earth's earliest sulfur cycle. Science, 289(5480): 756-758.

Fichtner A, Kennett B L N, Igel H, et al. 2010. Full waveform tomography for radially anisotropic structure: New insights into present and past states of the Australasian upper mantle. Earth and Planetary Science Letters, 290(3/4): 270-280.

Fischer K M, Rychert C A, Dalton C A, et al. 2020. A comparison of oceanic and continental mantle lithosphere. Physics of the Earth and Planetary Interiors, 309: 106600.

Fischer R A, Nakajima Y, Campbell A J, et al. 2015. High pressure metal-silicate partitioning of Ni, Co, V, Cr, Si, and O. Geochimica et Cosmochimica Acta, 167: 177-194.

Fischer-Gödde M, Elfers B M, Münker C, et al. 2020. Ruthenium isotope vestige of Earth's pre-late-veneer mantle preserved in Archaean rocks. Nature, 579: 240-244.

Foster K, Dueker K, Schmandt B, et al. 2014. A sharp cratonic lithosphere-asthenosphere boundary beneath the American Midwest and its relation to mantle flow. Earth and Planetary

Science Letters, 402: 82-89.

Frei R, Gaucher C, Poulton S W, et al. 2009. Fluctuations in Precambrian atmospheric oxygenation recorded by chromium isotopes. Nature, 461(7261): 250-253.

French S W, Romanowicz B. 2015. Broad plumes rooted at the base of the Earth's mantle beneath major hotspots. Nature, 525: 95-99.

Frezzotti M L. 2019. Diamond growth from organic compounds in hydrous fluids deep within the Earth. Nature Communications, 10: 4952.

Frost D, Dolejš D. 2007. Experimental determination of the effect of H_2O on the 410-km seismic discontinuity. Earth and Planetary Science Letters, 256: 182-195.

Frost D J, McCammon C A. 2008. The redox state of Earth's mantle. Annual Review of Earth and Planetary Sciences, 36: 389-420.

Gao Y, Suetsugu D, Fukao Y, et al. 2010. Seismic discontinuities in the mantle transition zone and at the top of the lower mantle beneath eastern China and Korea: Influence of the stagnant Pacific slab. Physics of the Earth and Planetary Interiors, 183: 288-295.

Garnero E J, McNamara A K. 2008. Structure and dynamics of Earth's lower mantle. Science, 320(5876): 626-628.

Ghosh S, Ohtani E, Litasov K D, et al. 2013. Effect of water in depleted mantle on post-spinel transition and implication for 660 km seismic discontinuity. Earth and Planetary Science Letters, 371: 103-111.

Gomes R, Levison H F, Tsiganis K, et al. 2005. Origin of the cataclysmic Late Heavy Bombardment period of the terrestrial planets. Nature, 435(7041): 466-469.

Grassi D, Schmidt M W, Günther D. 2012. Element partitioning during carbonated pelite melting at 8, 13 and 22GPa and the sediment signature in the EM mantle components. Earth and Planetary Science Letters, 327: 84-96.

Green D H, Hibberson W O, Rosenthal A, et al. 2014. Experimental study of the influence of water on melting and phase assemblages in the upper mantle. Journal of Petrology, 55(10): 2067-2096.

Grocholski B, Catalli K, Shim S H, et al. 2012. Mineralogical effects on the detectability of the postperovskite boundary. Proceedings of the National Academy of Sciences of the United States of America, 109(7): 2275-2279.

Grove T L, Chatterjee N, Parman S W, et al. 2006. The influence of H_2O on mantle wedge melting. Earth and Planetary Science Letters, 249(1/2): 74-89.

Gu Y J, Dziewonski A M. 2002. Global variability of transition zone thickness. Journal of Geophysical Research: Solid Earth, 107: ESE 2-1-ESE 2-17.

Gudelius D, Aulbach S, Braga R, et al. 2019. Element transfer and redox conditions in continental subduction zones: new insights from peridotites of the Ulten Zone, North Italy. Journal of Petrology, 60(2): 231-268.

Hager B H. 1984. Subducted slabs and the geoid: constraints on mantle rheology and flow. Journal of Geophysical Research: Solid Earth, 89: 6003-6015.

Hager B H, Richards M A. 1989. Long-wavelength variations in Earth's geoid: Physical models and dynamical implications. Philosophical Transactions of the Royal Society of London. Series A, Mathematical and Physical Sciences, 328: 309-327.

Han G J, Li J, Guo G R, et al. 2021. Pervasive low-velocity layer atop the 410-km discontinuity beneath the northwest Pacific subduction zone: Implications for rheology and geodynamics. Earth and Planetary Science Letters, 554: 116642.

Hanyu T, Shimizu K, Ushikubo T, et al. 2019. Tiny droplets of ocean island basalts unveil Earth's deep chlorine cycle. Nature Communications, 10: 60.

Hao S Q, Wang W Z, Qian W S, et al. 2019. Elasticity of akimotoite under the mantle conditions: Implications for multiple discontinuities and seismic anisotropies at the depth of ~600-750 km in subduction zones. Earth and Planetary Science Letters, 528: 115830.

Hart S R. 1984. A large-scale isotope anomaly in the Southern Hemisphere mantle. Nature, 309: 753-757.

Hazen R M, Ewing R C, Sverjensky D A. 2009. Evolution of uranium and thorium minerals. American Mineralogist, 94(10): 1293-1311.

Hazen R M, Jones A P, Baross J A. 2013. Carbon in earth. Reviews in Mineralogy and Geochemistry, 75(1): 1-675.

He Y M, Wen L X. 2009. Structural features and shear-velocity structure of the "Pacific anomaly". Journal of Geophysical Research: Solid Earth, 114: B02309.

He Y S, Meng X N, Ke S, et al. 2019. A nephelinitic component with unusual δ^{56}Fe in Cenozoic basalts from eastern China and its implications for deep oxygen cycle. Earth and Planetary Science Letters, 512: 175-183.

Helffrich G. 2000. Topography of the transition zone seismic discontinuities. Reviews of

Geophysics, 38(1): 141-158.

Hernlund J W, Thomas C, Tackley P J. 2005. A doubling of the post-perovskite phase boundary and structure of the Earth's lowermost mantle. Nature, 434: 882-886.

Hirschmann M M. 2006. Water, melting, and the Deep Earth H_2O Cycle. Annual Review of Earth and Planetary Sciences, 34: 629-653.

Hirschmann M M. 2018. Comparative deep Earth volatile cycles: The case for C recycling from exosphere/mantle fractionation of major (H_2O, C, N) volatiles and from H_2O/Ce, CO_2/Ba, and CO_2/Nb exosphere ratios. Earth and Planetary Science Letters, 502(1): 262-273.

Hoernle K, Rohde J, Hauff F, et al. 2015. How and when plume zonation appeared during the 132 Myr evolution of the Tristan Hotspot. Nature Communications, 6: 7799.

Hofmann A W. 2014. Sampling mantle heterogeneity through oceanic basalts: isotopes and trace elements: fragments of a synthesis//Holland H D, Turekian K K. Treatise on Geochemistry. Second edition. Oxford: Elsevier.

Hofmann A W, White W M. 1982. Mantle plumes from ancient oceanic crust. Earth and Planetary Science Letters, 57(2): 421-436.

Hoffman P F, Kaufman A J, Halverson G P, et al. 1998. A Neoproterozoic snowball Earth. Science, 281(5381): 1342-1346.

Holland H D. 2002. Volcanic gases, black smokers, and the Great Oxidation Event. Geochimica et Cosmochimica Acta, 66(21): 3811-3826.

Holland H D. 2006. The oxygenation of the atmosphere and oceans. Philosophical Transactions of the Royal Society B: Biological Sciences, 361(1470): 903-915.

Holloway J R. 2004. Redox reactions in seafloor basalts: possible insights into silicic hydrothermal systems. Chemical Geology, 210(1-4): 225-230.

Hopper E, Fischer K M. 2018. The changing face of the Lithosphere-Asthenosphere boundary: imaging continental scale patterns in upper mantle structure across the contiguous U. S. with Sp converted waves. Geochemistry, Geophysics, Geosystems, 19(8): 2593-2614.

Hou M, He Y, Jang B G. et al. 2021. Superionic iron oxide-hydroxide in Earth's deep mantle, Nature Geoscience, 14(3): 174-178.

Hu Q Y, Kim D Y, Liu J. et al. 2017. Dehydrogenation of goethite in Earth's deep lower mantle, Proceedings of the National Academy of Sciences of the United States of America, 114(7): 1498-1501.

Hu Q Y, Kim D Y, Yang W G, et al. 2016. FeO$_2$ and FeOOH under deep lower-mantle conditions and Earth's oxygen-hydrogen cycles. Nature, 534: 241-244.

Hu Q Y, Liu J, Chen J H, et al. 2020. Mineralogy of the deep lower mantle in the presence of H$_2$O. National Science Review, 8(4): nwaa098.

Huang C, Leng W, Wu Z. 2015a. Iron-spin transition controls structure and stability of LLSVPs in the lower mantle. Earth and Planetary Science Letters, 423: 173-181.

Huang J L, Zhao D P. 2006. High-resolution mantle tomography of China and surrounding regions. Journal of Geophysical Research: Solid Earth, 111(B9): B09305.

Huang J, Li S G, Xiao Y L, et al. 2015b. Origin of low δ^{26}Mg Cenozoic basalts from South China Block and their geodynamic implications. Geochimica et Cosmochimica Acta, 164: 298-317.

Huang S C, Hall P S, Jackson M G. 2011. Geochemical zoning of volcanic chains associated with Pacific hotspots. Nature Geoscience, 4(12): 874-878.

Huang S C, Tschauner O, Yang S Y, et al. 2020. HIMU geochemical signature originating from the transition zone. Earth and Planetary Science Letters, 542: 116323.

Huang X G, Xu Y S, Karato S I. 2005. Water content in the transition zone from electrical conductivity of wadsleyite and ringwoodite. Nature, 434: 746-749.

Hutko A R, Lay T, Garnero E J, et al. 2006. Seismic detection of folded, subducted lithosphere at the core-mantle boundary. Nature, 441: 333-336.

Hwang H, Seoung D, Lee Y, et al. 2017. Water insertion into kaolinite under subduction zone pressures and temperatures, Nature Geoscience, 10: 947-953.

Ichiki M, Baba K, Obayashi M, et al. 2006. Water content and geotherm in the upper mantle above the stagnant slab: Interpretation of electrical conductivity and seismic P-wave velocity models. Physics of the Earth and Planetary Interiors, 155(1/2): 1-15.

Ishikawa T, Nakamura E. 1994. Origin of the slab component in arc lavas from across-arc variation of B and Pb isotopes. Nature, 370: 205-208.

Ito G, Lin J, Graham D. 2003. Observational and theoretical studies of the dynamics of mantle plume-mid-ocean ridge interaction. Reviews of Geophysics, 41(4): 1-24.

Jackson M G, Becker T W, Konter J G. 2018. Evidence for a deep mantle source for EM and HIMU domains from integrated geochemical and geophysical constraints. Earth and Planetary Science Letters, 484: 154-167.

Jackson M G, Blichert-Toft J, Halldórsson S A, et al. 2020. Ancient helium and tungsten isotopic signatures preserved in mantle domains least modified by crustal recycling. Proceedings of the National Academy of Sciences of the United States of America, 117(49): 30993-31001.

Jackson M G, Hart S R, Koppers A A P, et al. 2007. The return of subducted continental crust in Samoan lavas. Nature, 448: 684-687.

Johnson B, Goldblatt C. 2015. The nitrogen budget of Earth. Earth-Science Reviews, 148: 150-173.

Karato S. 2011. Water distribution across the mantle transition zone and its implications for global material circulation. Earth and Planetary Science Letters, 301(3/4): 413-423.

Karato S I, Olugboji T, Park J. 2015. Mechanisms and geologic significance of the mid-lithosphere discontinuity in the continents. Nature Geoscience, 8: 509-514.

Kawamoto T, Kanzaki M, Mibe K, et al. 2012. Separation of supercritical slab-fluids to form aqueous fluid and melt components in subduction zone magmatism. Proceedings of the National Academy of Sciences of the United States of America，109(46): 18695-18700.

Kei H. 2002. Phase transitions in pyrolitic mantle around 670-km depth: Implications for upwelling of plumes from the lower mantle. Journal of Geophysical Research: Solid Earth, 107(B4): 2078.

Kelemen P B, Manning C E. 2015. Reevaluating carbon fluxes in subduction zones, what goes down, mostly comes up. Proceedings of the National Academy of Sciences of the United States of America, 112(30): 3997-4006.

Kelley K A, Cottrell E. 2009. Water and the oxidation state of subduction zone magmas. Science, 325(5940): 605-607.

Kendrick M A, Hémond C, Kamenetsky V S, et al. 2017. Seawater cycled throughout Earth's mantle in partially serpentinized lithosphere. Nature Geoscience, 10: 222-228.

Keppler H, Golabek G. 2019. Graphite floatation on a magma ocean and the fate of carbon during core formation. Geochemical Perspectives Letters, 11(1): 12-17.

Kessel R, Schmidt M W, Ulmer P, et al. 2005. Trace element signature of subduction-zone fluids, melts and supercritical liquids at 120~180 km depth. Nature, 437(7059): 724-727.

Kim D, Lekić V, Ménard B, et al. 2020. Sequencing seismograms: A panoptic view of scattering in the core-mantle boundary region. Science, 368: 1223-1228.

Klein F, Tarnas J D, Bach W. 2020. Abiotic sources of molecular hydrogen on Earth. Elements, 16: 19-24.

Koemets E, Leonov I, Bykov M, et al. 2021. Revealing the complex nature of bonding in the binary high-pressure compound FeO$_2$. Physical Review Letters, 126(10): 106001.

Kohlstedt D L. 2006. The role of water in high-temperature rock deformation. Reviews in Mineralogy and Geochemistry, 62(1): 377-396.

Kubo A, Akaogi M. 2000. Post-garnet transitions in the system Mg$_4$Si$_4$O$_{12}$-Mg$_3$Al$_2$Si$_3$O$_{12}$ up to 28GPa: phase relations of garnet, ilmenite and perovskite. Physics of the Earth and Planetary Interiors, 121: 85-102.

Labrosse S, Hernlund J W, Coltice N. 2007. A crystallizing dense magma ocean at the base of the Earth's mantle. Nature, 450: 866-869.

Lau H C P, Mitrovica J X, Davis J L, et al. 2017. Tidal tomography constrains Earth's deep-mantle buoyancy. Nature, 551: 321-326.

Lay T, Hernlund J, Buffett B A. 2008. Core-mantle boundary heat flow. Nature Geoscience, 1: 25-32.

Lay T, Hernlund J, Garnero E J, et al. 2006. A post-perovskite lens and D" heat flux beneath the central Pacific. Science, 314: 1272-1276.

Le Voyer M, Hauri E H, Cottrell E, et al. 2019. Carbon fluxes and primary magma CO$_2$ contents along the global mid - ocean ridge system. Geochemistry, Geophysics, Geosystems, 20(3): 1387-1424.

Lee C T A, Leeman W P, Canil D, et al. 2005. Similar V/Sc systematics in MORB and arc basalts: implications for the oxygen fugacities of their mantle source regions. Journal of Petrology, 46(11): 2313-2336.

Lee C T A, Luffi P, Chin E J. 2011. Building and destroying continental mantle. Annual Review of Earth and Planetary Sciences, 39: 59-90.

Li B S, Liebermann R C. 2007. Indoor seismology by probing the Earth's interior by using sound velocity measurements at high pressures and temperatures. Proceedings of the National Academy of Sciences of the United States of America, 104: 9145-9150.

Li J, Wang X, Wang X J, et al. 2013. P and SH velocity structure in the upper mantle beneath Northeast China: Evidence for a stagnant slab in hydrous mantle transition zone. Earth and Planetary Science Letters, 367: 71-81.

Li H Y, Xu Y G, Ryan J G, et al. 2016. Olivine and melt inclusion chemical constraints on the source of intracontinental basalts from the eastern North China Craton: Discrimination of contributions from the subducted Pacific slab. Geochimica et Cosmochimica Acta, 178: 1-19.

Li H Y, Zhao R P, Li J, et al. 2021. Molybdenum isotopes unmask slab dehydration and melting beneath the Mariana arc. Nature Communications, 12: 6015.

Li M M, McNamara A K, Garnero E J, et al. 2017a. Compositionally-distinct ultra-low velocity zones on Earth's core-mantle boundary. Nature Communications, 8: 177.

Li S G, Yang W, Ke S, et al. 2017b. Deep carbon cycles constrained by a large-scale mantle Mg isotope anomaly in eastern China. National Science Review, 4(1): 111-120.

Li W C, Ni H W. 2020. Dehydration at subduction zones and the geochemistry of slab fluids. Science China-Earth Sciences, 63(12): 1925-1937.

Li Y. 2016. Immiscible C-H-O fluids formed at subduction zone conditions. Geochemical Perspectives Letters, 3(1): 12-21.

Li Z X, Lee C T. 2004. The constancy of upper mantle fO_2 through time inferred from V/Sc ratios in basalts. Earth and Planetary Science Letters, 228(3): 483-493.

Liao J, Gerya T, Wang Q. 2013. Layered structure of the lithospheric mantle changes dynamics of craton extension. Geophysical Research Letters, 40: 5861-5866.

Liebscher A, Heinrich C A. 2007. Fluid-fluid interactions in the Earth's lithosphere. Reviews in Mineralogy and Geochemistry, 65(1): 1-13.

Lin Y, van Westrenen W. 2021. Oxygen as a catalyst in the Earth's interior?. National Science Review, 8: nwab009.

Lin Y H, Hu Q Y, Meng Y, et al. 2020. Evidence for the stability of ultrahydrous stishovite in Earth's lower mantle. Proceedings of the National Academy of Sciences of the United States of America, 117(1): 184-189.

Liu H, Leng W. 2020. Plume-tree structure induced by low-viscosity layers in the upper mantle. Geophysical Research Letters, 47(1): e2019GL086508.

Liu H, Sun W D, Deng J H. 2020a. Transition of subduction-related magmatism from slab melting to dehydration at 2.5 Ga. Precambrian Research, 337: 105524.

Liu J, Hu Q Y, Bi W L, et al. 2019. Altered chemistry of oxygen and iron under Earth conditions, Nature Communications, 10: 153.

Liu J, Hu Q Y, Kim D. et al. 2017a. Hydrogen-bearing iron peroxide and the origin of ultralow-velocity zones, Nature, 551(7681): 494.

Liu J, Xia Q K, Kuritani T, et al. 2017b. Mantle hydration and the role of water in the generation of large igneous provinces. Nature Communications, 8(1): 1824.

Liu J, Wang C X, Lv C J, et al. 2020b. Evidence for oxygenation of Fe-Mg oxides at mid-mantle conditions and the rise of deep oxygen. National Science Review, 8: nwaa096.

Liu J C, Li J, Hrubiak R, et al. 2016. Origins of ultralow velocity zones through slab-derived metallic melt. Proceedings of the National Academy of Sciences of the United States of America, 113: 5547-5551.

Liu J G, Pearson D G, Wang L H, et al. 2021. Plume-driven recratonization of deep continental lithospheric mantle. Nature, 592(7856): 732-736.

Liu L, Morgan J P, Xu Y G, et al. 2018. Craton destruction 1: cratonic keel delamination along a weak midlithospheric discontinuity layer. Journal of Geophysical Research: Solid Earth, 123(11): 10040-10068.

Lyons T W, Reinhard C T, Planavsky N J. 2014. The rise of oxygen in Earth's early ocean and atmosphere. Nature, 506(7488): 307-315.

Manning C. 2004. The chemistry of subduction-zone fluids. Earth and Planetary Science Letters, 223(1-2): 1-16.

Mao H K, Hu Q Y, Yang L X, et al. 2017. When water meets iron at Earth's core-mantle boundary. National Science Review, 4(6): 870-878.

Mao H K, Mao W L. 2020. Key problems of the four-dimensional Earth system, Matter and Radiatiion at Extremes, 5: 038102.

Mao W, Zhong S. 2018. Slab stagnation due to a reduced viscosity layer beneath the mantle transition zone. Nature Geoscience, 11: 876-881.

Mao W L, Mao H K, Sturhahn W, et al. 2006. Iron-rich post-perovskite and the origin of ultralow-velocity zones. Science, 312: 564-565.

Mao Z, Fan D W, Lin J F, et al. 2015. Elasticity of single-crystal olivine at high pressures and temperatures. Earth and Planetary Science Letters, 426: 204-215.

Mao Z, Li X Y. 2016. Effect of hydration on the elasticity of mantle minerals and its geophysical implications. Science China Earth Sciences, 59(5): 873-888.

Mazza S E, Gazel E, Bizimis M, et al. 2019. Sampling the volatile-rich transition zone beneath Bermuda. Nature, 569(7756): 398-403.

McNamara A K, Garnero E J, Rost S. 2010. Tracking deep mantle reservoirs with ultra-low velocity zones. Earth and Planetary Science Letters, 299(1-2): 1-9.

Mikhail S, Barry P H, Sverjensky D A. 2017. The relationship between mantle pH and the deep nitrogen cycle. Geochimica et Cosmochimica Acta, 209(1): 149-160.

Mori Y, Ozawa H, Hirose K, et al. 2017. Melting experiments on Fe-Fe$_3$S system to 254 GPa. Earth and Planetary Science Letters, 464: 135-141.

Mundl A, Touboul M, Jackson M G, et al. 2017. Tungsten-182 heterogeneity in modern ocean island basalts. Science, 356(6333): 66-69.

Mungall J E. 2002. Roasting the mantle: Slab melting and the genesis of major Au and Au-rich Cu deposits. Geology, 30(10): 915.

Murakami M, Hirose K, Kawamura K, et al. 2004. Post-perovskite phase transition in MgSiO$_3$. Science, 304: 855-858.

Murakami M, Sinogeikin S V, Bass J D, et al. 2007. Sound velocity of MgSiO$_3$ post-perovskite phase: A constraint on the D″ discontinuity. Earth and Planetary Science Letters, 259: 18-23.

Nebel O, Sossi P A, Bénard A, et al. 2019. Reconciling petrological and isotopic mixing mechanisms in the Pitcairn mantle plume using stable Fe isotopes. Earth and Planetary Science Letters, 521: 60-67.

Nestola F, Korolev N, Kopylova M, et al. 2018. CaSiO$_3$ perovskite in diamond indicates the recycling of oceanic crust into the lower mantle. Nature, 555: 237-241.

Ni H, Zhang L, Guo X. 2016. Water and partial melting of Earth's mantle. Science China-Earth Sciences, 59(4): 720-730.

Ni H W, Hui H J, Steinle-Neumann G. 2015. Transport properties of silicate melts. Review of Geophysics, 53(3): 715-744.

Ni H W, Zheng Y F, Mao Z, et al. 2017a. Distribution, cycling and impact of water in the Earth's interior. National Science Review, 4(6): 879-891.

Ni H W, Zhang L, Xiong X L, et al. 2017b. Supercritical fluids at subduction zones: Evidence, formation condition, and physicochemical properties. Earth-Science Reviews, 167(1): 62-71.

Ni S, Helmberger V D, Tromp J. 2005. Three-dimensional structure of the African superplume from waveform modelling. Geophysical Journal International, 161: 283-294.

Ni S, Tan E, Gurnis M, et al. 2002. Sharp sides to the African superplume. Science, 296: 1850-1852.

Nicklas R W, Puchtel I S, Ash R D. 2018. Redox state of the Archean mantle: Evidence from V partitioning in 3.5~2.4 Ga komatiites. Geochimica et Cosmochimica Acta, 222: 447-466.

Nicklas R W, Puchtel I S, Ash R D, et al. 2019. Secular mantle oxidation across the Archean-Proterozoic boundary: Evidence from V partitioning in komatiites and picrites. Geochimica et Cosmochimica Acta, 250: 49-75.

Nishi M, Kubo T, Ohfuji H, et al. 2013. Slow Si-Al interdiffusion in garnet and stagnation of subducting slabs. Earth and Planetary Science Letters, 361: 44-49.

Nishi M, Irifune T, Tsuchiya J, et al. 2014. Stability of hydrous silicate at high pressures and water transport to the deep lower mantle. Nature Geoscience, 7(3): 224-227.

Oganov A R, Ono S. 2004. Theoretical and experimental evidence for a post-perovskite phase of $MgSiO_3$ in Earth's D" layer. Nature, 430: 445-448.

Ohtani E. 2020. The role of water in Earth's mantle. National Science Review, 7(1): 224-232.

Ohtani E. 2021. Hydration and dehydration in Earth's interior. Annual Review of Earth and Planetary Sciences, 49(1): 253-278.

Ohtani E, Maeda M. 2001. Density of basaltic melt at high pressure and stability of the melt at the base of the lower mantle. Earth and Planetary Science Letters, 193: 69-75.

Oka K, Hirose K, Tagawa S, et al. 2019. Melting in the Fe-FeO system to 204 GPa: implications for oxygen in Earth's core. American Mineralogist, 104: 1603-1607.

Okazaki K, Hirth G. 2016. Dehydration of lawsonite could directly trigger earthquakes in subducting oceanic crust. Nature, 530(7588): 81-84.

O'Neill C, Marchi S, Zhang S, et al. 2017. Impact-driven subduction on the Hadean Earth. Nature Geoscience, 10(10): 793-797.

Ossa F, Eickmann B, Hofmann A, et al. 2018. Two-step deoxygenation at the end of the Paleoproterozoic Lomagundi Event. Earth and Planetary Science Letters, 486: 70-83.

Ozawa H, Hirose K, Yonemitsu K, et al. 2016. High-pressure melting experiments on Fe-Si alloys and implications for silicon as a light element in the core. Earth and Planetary Science Letters, 456: 47-54.

Palme H, O'Neill H S C. 2014. Cosmochemical Estimates of Mantle Composition. Treatise on Geochemistry. Oxford: Elsevier.

Parkinson I J, Arculus R J. 1999. The redox state of subduction zones: insights from arc-peridotites. Chemical Geology, 160(4): 409-423.

Paulson A, Zhong S J, Wahr J. 2007. Inference of mantle viscosity from GRACE and relative sea level data. Geophysical Journal International, 171: 497-508.

Pavlov A A, Kasting J F. 2002. Mass-independent fractionation of sulfur isotopes in Archean sediments: Strong evidence for an anoxic Archean atmosphere. Astrobiology, 2(1): 27-41.

Peacock S M. 1990. Fluid processes in subduction zones. Science, 248: 329-337.

Pearson D G, Brenker F E, Nestola F, et al. 2014a. Hydrous mantle transition zone indicated by ringwoodite included within diamond. Nature 507: 221-224.

Pearson D G, Canil D, Shirey S B. 2014b. Mantle Samples Included in Volcanic Rocks. Treatise on Geochemistry, 2: 171-275.

Peltier W R. 2004. Global glacial isostasy and the surface of the ice-age Earth: the ICE-5G (VM2) model and GRACE. Annual Review of Earth and Planetary Sciences, 32: 111-149.

Peslier A H, Schönbächler M, Busemann H, et al. 2017. Water in the Earth's Interior: Distribution and Origin. Space Science Reviews, 212: 743-810.

Planavsky N J, Asael D, Hofmann A, et al. 2014a. Evidence for oxygenic photosynthesis half a billiion years before the Great Oxidation Event. Nature Geoscience, 7: 283-286.

Planavsky N J, Reinhard C T, Wang X, et al. 2014b. Low Mid-Proterozoic atmospheric oxygen levels and the delayed rise of animals. Science, 346(6209): 635-638.

Plank T. 2014. The Chemical Composition of Subducting Sediments. Treatise on Geochemistry. Oxford: Elsevier.

Plank T, Manning C E. 2019. Subducting carbon. Nature, 574(7778): 343-352.

Popa R G, Bachmann O, Huber C. 2021. Explosive or effusive style of volcanic eruption determined by magma storage conditions. Nature Geoscience, 14: 781-786.

Prieto G A, Froment B, Yu C Q, et al. 2017. Earthquake rupture below the brittle-ductile transition in continental lithospheric mantle. Science Advances, 3(3): e1602642.

Qin Y F, Singh S C. 2015. Seismic evidence of a two-layer lithospheric deformation in the Indian Ocean. Nature Communications, 6: 8298.

Rader E, Emry E, Schmerr N, et al. 2015. Characterization and petrological constraints of the Midlithospheric discontinuity. Geochemistry, Geophysics, Geosystems, 16: 3484-3504.

Rapp R P, Irifune T, Shimizu N, et al. 2008. Subduction recycling of continental sediments and the origin of geochemically enriched reservoirs in the deep mantle. Earth and Planetary Science Letters, 271(1-4): 14-23.

Reinhard C T, Planavsky N J, Robbins L J, et al. 2013. Proterozoic ocean redox and biogeochemical stasis. Proceedings of the National Academy of Sciences of the United States of America, 110(14): 5357-5362.

Rielli A, Tomkins A G, Nebel O, et al. 2017. Evidence of sub-arc mantle oxidation by sulphur and carbon. Geochemical Perspectives Letters, 3(1): 124-132.

Righter K, Sutton S R, Danielson L, et al. 2016. Redox variations in the inner solar system with new constraints from vanadium XANES in spinels. American Mineralogist, 101(9): 1928-1942.

Rohrbach A, Schmidt M W. 2011. Redox freezing and melting in the Earth's deep mantle resulting from carbon-iron redox coupling. Nature, 472(7342): 209-212.

Romanowicz B. 2001. Can we resolve 3D density heterogeneity in the lower mantle?. Geophysical Research Letters, 28: 1107-1110.

Rubie D C, Frost D J, Mann U, et al. 2011. Heterogeneous accretion, composition and core-mantle differentiation of the Earth. Earth and Planetary Science Letters, 301(1-2): 31-42.

Rudolph M L, Lekić V, Lithgow-Bertelloni C. 2015. Viscosity jump in Earth's mid-mantle. Science, 350: 1349-1352.

Ryan J G, Chauvel C. 2014. The Subduction-Zone Filter and the Impact of Recycled Materials on the Evolution of the Mantle. Treatise on Geochemistry. Amsterdam: Elsevier.

Rychert C A, Harmon N, Constable S, et al. 2020. The nature of the Lithosphere-Asthenosphere boundary. Journal of Geophysical Research: Solid Earth, 125(10): 1-39.

Rychert C A, Shearer P M, Fischer K M. 2010. Scattered wave imaging of the lithosphere-asthenosphere boundary. Lithos, 120: 173-185.

Saal A E, Hart S R, Shimizu N, et al. 2005. Pb isotopic variability in melt inclusions from the EMI-EMII-HIMU mantle end-members and the role of the oceanic lithosphere. Earth and Planetary Science Letters, 240(3/4): 605-620.

Saha S, Dasgupta R, Tsuno K. 2018. High pressure phase relations of a depleted peridotite fluxed by CO_2-H_2O-bearing siliceous melts and the origin of mid-lithospheric discontinuity. Geochemistry, Geophysics, Geosystems, 19(3): 595-620.

Saikia A, Frost D J, Rubie D C. 2008. Splitting of the 520-kilometer seismic discontinuity and chemical heterogeneity in the mantle. Science, 319(5869): 1515-1518.

Sakuyama T, Tian W, Kimura J I, et al. 2013. Melting of dehydrated oceanic crust from the stagnant slab and of the hydrated mantle transition zone: Constraints from Cenozoic alkaline basalts in eastern China. Chemical Geology, 359: 32-48.

Savov I P, Ryan J G, D'Antonio M, et al. 2007. Shallow slab fluid release across and along the

Mariana arc-basin system: Insights from geochemistry of serpentinized peridotites from the Mariana fore arc. Journal of Geophysical Research: Solid Earth, 112(B9): B09205.

Sawamoto H. 1987. Phase diagram of $MgSiO_3$ at pressures up to 24 GPa and temperatures up to 2200°C: Phase stability and properties of tetragonal garnet//Manghnan M H, Syono Y. High-Pressure Research in Mineral Physics. Washington DC: Terra Scientific Publishing Company (TERRAPUB) American Geophysical Union.

Schmerr N, Garnero E J. 2007. Upper mantle discontinuity topography from thermal and chemical heterogeneity. Science, 318(5850): 623-626.

Schmidt M W, Poli S. 1998. Experimentally based water budgets for dehydrating slabs and consequences for arc magma generation. Earth and Planetary Science Letters, 163(1-4): 361-379.

Schmidt M W, Poli S. 2014. Devolatilization During Subduction. Treatise on Geochemistry, 4: 669-701.

Self S, Blake S. 2008. Consequences of explosive supereruptions. Elements, 4(1): 41-46.

Shearer P, Masters G. 1990. The density and shear velocity contrast at the inner core boundary. Geophysical Journal International, 102: 491-498.

Shearer P M. 1990. Seismic imaging of upper-mantle structure with new evidence for a 520 km discontinuity. Nature, 344: 121-126.

Shearer P M, Earle P S. 2004. The global short-period wavefield modelled with a Monte Carlo seismic phonon method. Geophysical Journal International, 158(3): 1103-1117.

Shirey S B, Cartigny P, Frost D J, et al. 2013. Diamonds and the Geology of Mantle Carbon. Reviews in Mineralogy and Geochemistry, 75(1): 355-421.

Shirey S B, Richardson S H. 2011. Start of the Wilson cycle at 3 Ga shown by diamonds from subcontinental mantle, Science, 333(6041): 434-436.

Shukla G, Sarkar K, Wentzcovitch R M. 2019. Thermoelasticity of Iron-and Aluminum-Bearing $MgSiO_3$ Postperovskite. Journal of Geophysical Research: Solid Earth, 124: 2417-2427.

Sidorin I I, Gurnis M, Helmberger D V. 1999. Evidence for a ubiquitous seismic discontinuity at the base of the mantle. Science, 286(5443): 1326-1331.

Sinogeikin S V, Bass J D, Katsura T. 2003. Single-crystal elasticity of ringwoodite to high pressures and high temperatures: implications for 520 km seismic discontinuity. Physics of the Earth and Planetary Interiors, 136(1/2): 41-66.

Smith E M, Shirey S B, Nestola F, et al. 2016. Large gem diamonds from metallic liquid in Earth's deep mantle. Science, 354(6318): 1403-1405.

Sobolev A V, Hofmann A W, Sobolev S V, et al. 2005. An olivine-free mantle source of Hawaiian shield basalts. Nature, 434(7033): 590-597.

Sodoudi F, Yuan X H, Kind R, et al. 2013. Seismic evidence for stratification in composition and anisotropic fabric within the thick lithosphere of Kalahari Craton. Geochemistry, Geophysics, Geosystems, 14: 5393-5412.

Stagno V, Fei Y W. 2020. The redox boundaries of Earth's interior. Elements, 16(3): 167-172.

Stern T A, Henrys S A, Okaya D, et al. 2015. A seismic reflection image for the base of a tectonic plate. Nature, 518: 85-88.

Stolper D A, Bucholz C E. 2019. Neoproterozoic to early Phanerozoic rise in island arc redox state due to deep ocean oxygenation and increased marine sulfate levels. Proceedings of the National Academy of Sciences of the United States of America, 116(18): 8746-8755.

Stolper D A, Keller C B. 2018. A record of deep-ocean dissolved O_2 from the oxidation state of iron in submarine basalts. Nature, 553(7688): 323-327.

Sun N Y, Wei W, Han S J, et al. 2018. Phase transition and thermal equations of state of (Fe, Al)-bridgmanite and post-perovskite: Implication for the chemical heterogeneity at the lowermost mantle. Earth and Planetary Science Letters, 490: 161-169.

Sun Y Z, Hier-Majumder S, Tauzin B, et al. 2021. Evidence of volatile-induced melting in the Northeast Asian upper mantle. Journal of Geophysical Research: Solid Earth, 126(10): e2021JB022167.

Sun Y Z, Hier-Majumder S, Xu Y G, et al. 2020. Stability and migration of slab-derived carbonate-rich melts above the transition zone. Earth and Planetary Science Letters, 531: 116000.

Tamura Y, Ishizuka O, Stern R J, et al. 2014. Mission immiscible: distinct subduction components generate two primary magmas at pagan volcano, Mariana Arc. Journal of Petrology, 55(1): 63-101.

Tao R B, Fei Y W. 2021. Recycled calcium carbonate is an efficient oxidation agent under deep upper mantle conditions. Communications Earth & Environment, 2: 45.

Tao R B, Zhang L, Li S, et al. 2018. Significant contrast in the Mg-C-O isotopes of carbonate between carbonated eclogite and marble from the S. W. Tianshan UHP subduction zone:

Evidence for two sources of recycled carbon. Chemical Geology, 483(1): 65-77.

Thomson A R, Walter M J, Kohn S C, et al. 2016. Slab melting as a barrier to deep carbon subduction. Nature, 529(7584): 76-79.

Thomson A R, Crichton W A, Brodholt J P, et al. 2019. Seismic velocities of CaSiO₃ perovskite can explain LLSVPs in Earth's lower mantle. Nature, 572: 643-647.

Thybo H. 2006. The heterogeneous upper mantle low velocity zone. Tectonophysics, 416: 53-79.

Tian D D, Lv M, Wei S S, et al. 2020. Global variations of Earth's 520- and 560-km discontinuities. Earth and Planetary Science Letters, 552(B11): 116600.

Timmerman S, Honda M, Burnham A D, et al. 2019. Primordial and recycled helium isotope signatures in the mantle transition zone. Science，365: 692-694.

Tkalčić H, Kennett B L N, Cormier V F. 2009. On the inner-outer core density contrast from PKiKP/PcP amplitude ratios and uncertainties caused by seismic noise. Geophysical Journal International, 179(1): 425-443.

Toffelmier D A, Tyburczy J A. 2007. Electromagnetic detection of a 410-km-deep melt layer in the southwestern United States. Nature, 447: 991-994.

Tomkins A G, Evans K A. 2015. Separate zones of sulfate and sulfide release from subducted mafic oceanic crust. Earth and Planetary Science Letters, 428: 73-83.

Trail D, Watson E B, Tailby N D. 2011. The oxidation state of Hadean magmas and implications for early Earth's atmosphere. Nature, 480(7375): 79-82.

Tschauner O, Huang S, Greenberg E, et al. 2018. Ice-VII inclusions in diamonds: Evidence for aqueous fluid in Earth's deep mantle. Science, 359: 1136-1139.

Tschauner O, Huang S C, Yang S Y, et al. 2021. Discovery of davemaoite, CaSiO₃-perovskite, as a mineral from the lower mantle. Science, 374(6569): 891-894.

Tschauner O, Ma C, Beckett J R, et al. 2014. Discovery of bridgmanite, the most abundant mineral in Earth, in a shocked meteorite. Science, 346(6213): 1100-1102.

Turcotte D L, Schubert G. 2002. Geodynamics. 2nd Edition. Cambridge: Cambridge University Press.

van der Hilst R D, de Hoop M V, Wang P, et al. 2007. Seismostratigraphy and thermal structure of Earth's core-mantle boundary region. Science, 315: 1813-1817.

van Keken P E, Hacker B R, Syracuse E M, et al. 2011. Subduction factory: 4. Depth-dependent flux of H_2O from subducting slabs worldwide. Journal of Geophysical Research, 116(B1):

B01401.

Vinnik L, Deng Y F, Kosarev G, et al. 2020. Sharpness of the 410-km discontinuity from the P410s and P2p410s seismic phases. Geophysical Journal International, (2): 1208-1214.

Wade J, Wood B J. 2005. Core formation and the oxidation state of the Earth. Earth and Planetary Science Letters, 236(1): 78-95.

Walsh K J, Morbidelli A, Raymond S N, et al. 2011. A low mass for Mars from Jupiter's early gas-driven migration. Nature, 475(7355): 206-209.

Walter M J, Bulanova G P, Armstrong L S, et al. 2008. Primary carbonatite melt from deeply subducted oceanic crust. Nature，454: 622-625.

Walter M J, Kohn S C, Araujo D, et al. 2011. Deep mantle cycling of oceanic crust: evidence from diamonds and their mineral inclusions. Science, 334(6052): 54-57.

Walters J B, Cruz-Uribe A M, Marschall H R. 2020. Sulfur loss from subducted altered oceanic crust and implications for mantle oxidation. Geochemical Perspectives Letters, 13(1): 36-41.

Wang X J, Chen L H, Hofmann A W, et al. 2018a. Recycled ancient ghost carbonate in the Pitcairn mantle plume. Proceedings of the National Academy of Sciences of the United States of America, 115(35): 8682-8687.

Wang W Z, Liu J C, Zhu F, et al. 2021. Formation of large low shear velocity provinces through the decomposition of oxidized mantle. Nature Communications, 12: 1911.

Wang W Z, Xu Y H, Sun D Y, et al. 2020. Velocity and density characteristics of subducted oceanic crust and the origin of lower-mantle heterogeneities. Nature Communications, 11: 64.

Wang Z S, Kusky T M, Capitanio F A. 2018b. On the role of lower crust and midlithosphere discontinuity for cratonic lithosphere delamination and recycling. Geophysical Research Letters, 45: 7425-7433.

Waszek L, Tauzin B, Schmerr N C, et al. 2021. A poorly mixed mantle transition zone and its thermal state inferred from seismic waves. Nature Geoscience, 14: 949-955.

Watson E B, Harrison T. 2005. Zircon thermometer reveals minimum melting conditions on earliest Earth. Science, 308(5723): 841-844.

Wänke H. 1981. Constitution of terrestrial planets. Philosophical Transactions of the Royal Society of London. Series A, Mathematical and Physical Sciences, 303(1477): 287-302.

Weiss Y, Class C, Goldstein S L, et al. 2016. Key new pieces of the HIMU puzzle from olivines and diamond inclusions. Nature, 537(7622): 666-670.

White W. 2015. Probing the Earth's deep interior through geochemistry. Geochemical Perspectives, 4(2): 95-251.

Wicks J K, Jackson J M, Sturhahn W. 2010. Very low sound velocities in iron-rich (Mg, Fe) O: Implications for the core-mantle boundary region. Geophysical Research Letters, 37(15): L15304.

Williams Q, Garnero E J. 1996. Seismic evidence for partial melt at the Base of Earth's Mantle. Science, 273(5281): 1528-1530.

Wilson R W, Houseman G A, Buiter S J H, et al. 2019. Fifty years of the Wilson Cycle concept in plate tectonics: an overview. Geological Society, London, Special Publications, 470(1): 1-17.

Wood B J, Walter M J, Wade J. 2006. Accretion of the Earth and segregation of its core. Nature, 441(7095): 825-833.

Workman R K, Eiler J M, Hart S R, et al. 2008. Oxygen isotopes in Samoan lavas: Confirmation of continent recycling. Geology, 36(7): 551.

Wu W B, Ni S D, Irving J C E. 2019. Inferring Earth's discontinuous chemical layering from the 660-kilometer boundary topography. Science, 363: 736-740.

Wu Z M, Chen L, Talebian M, et al. 2021. Lateral Structural Variation of the Lithosphere - Asthenosphere System in the Northeastern to Eastern Iranian Plateau and Its Tectonic Implications. Journal of Geophysical Research: Solid Earth, 126(1): e2020JB020256.

Xia Q K, Liu J, Liu S C, et al. 2013. High water content in Mesozoic primitive basalts of the North China Craton and implications on the destruction of cratonic mantle lithosphere. Earth and Planetary Science Letters, 361: 85-97.

Xia Q K, Liu J, Kovács I, et al. 2019. Water in the upper mantle and deep crust of eastern China: concentration, distribution and implications. National Science Review, 6(1): 125-144.

Xu Y G, Li H Y, Hong L B, et al. 2018. Generation of Cenozoic intraplate basalts in the big mantle wedge under eastern Asia. Science China Earth Sciences, 61(7): 869-886.

Yang A Y, Zhao T P, Zhou M F, et al. 2017. Isotopically enriched N-MORB: A new geochemical signature of off-axis plume-ridge interaction——A case study at 50°28′E, Southwest Indian Ridge. Journal of Geophysical Research: Solid Earth, 122(1): 191-213.

Yang W, Teng F Z, Zhang H F, et al. 2012. Magnesium isotopic systematics of continental basalts from the North China craton: Implications for tracing subducted carbonate in the mantle. Chemical Geology, 328: 185-194.

Yang X, Keppler H, Li Y. 2016. Molecular hydrogen in mantle minerals. Geochemical Perspectives Letters, 2(1): 160-168.

Ye Y, Gu C, Shim S H, et al. 2014. The postspinel boundary in pyrolitic compositions determined in the laser - heated diamond anvil cell. Geophysical Research Letters, 41(11): 3833-3841.

Yierpan A, König S, Labidi J, et al. 2020. Recycled selenium in hot spot-influenced lavas records ocean-atmosphere oxygenation. Science Advances, 6(39): eabb6179.

Yuan K Q, Romanowicz B. 2017. Seismic evidence for partial melting at the root of major hot spot plumes. Science, 357: 393-397.

Yuan X H, Heit B, Brune S, et al. 2017. Seismic structure of the lithosphere beneath NWNamibia: Impact of the Tristan da Cunha mantle plume. Geochemistry, Geophysics, Geosystems, 18(1): 125-141.

Zeng G, Chen L H, Xu X S, et al. 2010. Carbonated mantle sources for Cenozoic intra-plate alkaline basalts in Shandong, North China. Chemical Geology, 273(1-2): 35-45.

Zhang L, Meng Y, Yang W G, et al. 2014, Disproportionation of (Mg, Fe)SiO$_3$ perovskite in Earth's deep lower mantle, Science, 344(6186): 877-882.

Zhang L, Yuan H S, Meng Y, et al. 2018, Discovery of a hexagonal ultradense hydrous phase in (Fe, Al)OOH. Proceedings of the National Academy of Sciences of the United States of America, 115(12): 2908-2911.

Zhang N, Zhong S J, Leng W. 2010. A model for the evolution of the Earth's mantle structure since the Early Paleozoic. Journal of Geophysical Research, 115: B06401.

Zhong S, Zhang N, Li Z X, et al. 2007. Supercontinent cycles, true polar wander, and very long-wavelength mantle convection. Earth and Planetary Science Letters, 261: 551-564.

Zindler A, Hart S. 1986. Chemical geodynamics. Annual Review of Earth and Planetary Sciences, 14(1): 493-571.

第五章

深地科学前沿Ⅲ——深地过程与宜居地球

地球宜居环境随地球的演化而复杂多变。以气候变化（图 5-1）为例，地球历史上 5/6 左右时间都是温室气候，两极没有冰盖，其间经历过多次且短暂的极热事件（Paleocene Eocene Thermal Maximum，PETM），其中以距今 56Ma 前后的古新世—始新世极热事件最为著名，当时的地球温度比现代至少高 10℃。地球历史上冰室气候相对少见，一般在两极或单极发育常年冰盖。但特别令人不解的是，在距今 24 亿~22 亿年前后的古元古代和距今 7.2 亿~6.3 亿年前后的新元古代，地球曾经发生过极端冰室气候，冰川覆盖赤道地区海洋，地球成为一个"雪球地球"（Snowball Earth），即著名的雪球地球事件。

除了气候变化，另一个对地球宜居生命极为关键的因子是氧气。地球是太阳系中已知唯一在大气圈中含自由氧的行星，氧气含量占大气成分的 21% 左右，维持了包括人类在内复杂生命的生存需要。研究表明，早期地球大气不含氧气，大气氧增加到现代大气氧含量水平经历了长期复杂的生命与环境的协同演化过程，其间发生了两次显著的大气增氧事件，即距今 24 亿年前后的古元古代大氧化事件和距今 6 亿年前后的新元古代大氧化事件

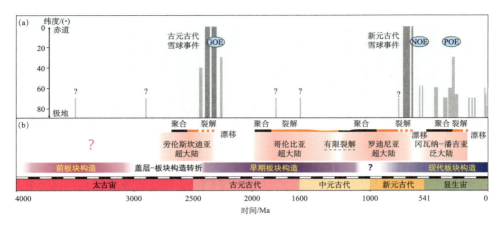

图 5-1　地球历史上的气候变化与构造运动（据 Hoffman et al.，2017；Young，2019）

（a）地球历史上的冰期与大氧化事件；（b）超大陆运动与板块构造演化。

GOE＝古元古代大氧化事件；NOE＝新元古代大氧化事件；POE＝古生代大氧化事件

（Neoproterozoic Oxidation Event，NOE）。伴随着地球大气温度和含氧量的变化，海洋的温度、酸碱度、氧化还原状态以及海水成分也随之发生变化。地球早期大洋完全缺氧，古元古代大氧化事件之后形成表层氧化－深海缺氧的分层大洋，直到新元古代大氧化事件之后大洋深部才完全氧化，并在 5 亿年来的显生宙间歇性发生全球性大洋缺氧事件（Oceanic Anoxic Event，OAE）和酸化事件等。地球大气、海洋温度和氧化还原状态演变中一系列重大事件与地球生命重大演化事件密切相关。例如，地球历史上的两次雪球地球事件与两次大氧化事件在时间上相吻合，分别导致真核生命和大型复杂生命在地球上的快速崛起；而发生在距今 2.51 亿年前地球历史上最大的二叠纪末生物大灭绝事件与极热事件、大洋缺氧和酸化事件直接相关。

大量研究表明，地球表层的大气、海洋和生命演化过程与岩石圈和深部地幔的演变之间的关系十分密切（Cawood，2020）。构造运动驱动地内和地表系统之间的物质交换，特别是通过风化作用和生物地球化学循环，直接影响表层大气和海洋的宜居条件、沉积成矿过程和生命的演化。例如，两次大氧化事件与大陆岩石圈增生和超大陆演化相关（Lee et al.，2016）；超大陆裂解与硫酸盐的沉积和风化作用导致新元古代大氧化事件和复杂生命的大辐射的发生（Shields et al.，2019）；大规模溢流基性岩浆喷发（大火成岩省）可能是极端气候事件、大洋缺氧和生物大灭绝的直接原因（Ernst and Youbi，

2017；Svensen et al.，2019）。同时，表层物质可以通过风化沉积作用和洋壳俯冲作用输送至地球内部，反过来影响板块构造运动的机制（Sobolev and Brown，2019）。

由此可见，深地过程对地球宜居性有着至关重要的影响。想要明确两者之间是如何关联的，就必须深入剖析重大地质事件前、中、后地球各个圈层的变化和关联，从纷繁复杂的观察中分析出地球演化的不同阶段，以及分析出深地过程与表生系统相互作用过程中的主导因子，从而揭示固体地球系统科学的本质。想要认识地球宜居性变化对人类社会的影响，必须了解地球宜居性演变的历史过程，揭示重大地质事件对宜居性影响的机制。人类对二氧化碳等温室气体含量的直接观察还不到百年，连续的气象记录也不过千年而已。因而，揭示地质时期不同时间尺度下地球宜居性演化过程及其控制机制可为应对当前的全球环境变化提供借鉴。

本章关注的深部系统与表生系统之间的相互作用极具挑战性，但可能是发展地球系统科学的必由之路。

第一节　大规模火山作用对地球宜居性的影响

一、火山活动在地球宜居性演化中的作用

作为地史中最为常见的地质现象之一，火山作用是活动地球的象征。一方面，火山岩是深部地幔的使者，携带了大量深部的组成、结构和演化的信息，是人类窥探深部的一扇窗口，即所谓的岩石探针。另一方面，火山（特别是超大型火山的喷发，如大火成岩省）的产物会穿越地球各个圈层，如水圈、生物圈和大气圈。因此，火山作用是联系深部过程和地球表层系统的纽带，通过地球深部物质和能量的释放影响地球表层系统，是研究地球系统科学的关键抓手。2016 年，美国地球物理联合会（American Geophysical Union，AGU）和美国地质学会（Geological Society of America，GSA）联合发表的

《21 世纪的大地构造：一个宜居行星的动力学》白皮书指出，"深地"过程及其与生物圈和大气圈的相互作用在维持地球宜居性方面发挥了极其重要的作用。

研究大规模火山作用影响地球宜居性的意义是双重的。

1. 地球深部过程对地球表层系统的影响是地球系统科学的核心问题之一

地质时期的一些大规模成矿作用、剧烈环境扰动事件和重大生命突变事件都直接与地球深部演化和重大全球变化相关联。显生宙以来，出现的多次极热事件、海洋缺氧事件和生物大灭绝事件都被认为和地球深部过程（如大规模火山喷发）有关联（图 5-2）。最典型的案例就是发生在约 2.5 亿年前的地史上最大的生物灭绝事件——"二叠纪与三叠纪之交的生物大灭绝"。这次事件导致海洋九成以上和陆地七成以上的生物物种在很短的时间内（$10^4 \sim 10^5$ 年）发生灭绝，并且和地球历史上最大规模的陆地火山活动——"西伯利亚大火成岩省"的喷发事件有较好的对应性。精细的年代学研究和地球化学证据表明，这次大规模火山作用是引起当时地球表层环境波动（高温、酸化、缺氧等）和海陆生物灭绝的最终起因（Burgess et al.，2014；陈军和徐义刚，2017）。地质时期大规模火山作用对地球表层系统产生重要的影响，体现在对气候、生态环境和生物以及矿产资源等多维度的系统影响上。

另外，生命起源和生物演化都离不开生存环境中物理化学条件的演变。生物的大规模出现（如生命大爆发）和消亡（如生物大灭绝）均与当时生态系统的物理化学性质（温度、氧气含量、水体酸碱度等）的剧烈波动关系密切。而生态系统的物理化学条件变化常常与火山作用关系密切，火山作用带来的巨量物质和能量可以快速改变地球表层系统的物理化学条件。例如，火山作用可以导致大气二氧化碳浓度升高，引起长时间尺度的升温、酸化等物化性质的改变，从而影响生物演化（繁盛或者消亡）。所以，火山作用所引发的地球表层各圈层物理化学条件的剧烈波动，是生物演化的关键影响因素。因此，开展大规模火山作用过程、机制以及地球表层圈层效应等研究对全面理解地球系统的演化具有重大的科学意义。

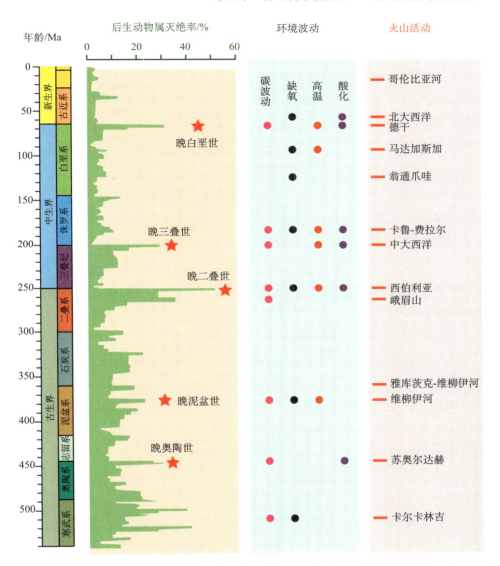

图 5-2　显生宙以来火山活动、环境波动和生物属种分布（修改自 Ernst and Youbi，2017）

2. 人类活动对全球气候变化的影响已经达到科学上的共识

工业革命以来，人类活动（特别是化石能源的燃烧）在短时间尺度内（$10^0 \sim 10^2$ 年）释放的巨量气态和固态物质是目前地球上正在发生的剧烈环境波动（比如高温、酸化、陆地风化、剥蚀作用加强、海洋表层富营养化、海水缺氧等）和生物变化（生物丰度和分异度降低）的重要起因。但是，对于其影响程度以及人类活动与自然因素对气候变化的相对贡献大小还存在很大的争议，如何更准确地预测人为排放空间和设定长期减排目标仍然存在很大的不确定性。目前全球气候变化以及国际应对形势的不确定性在很大程度上源于对地球自身多个圈层相互关联的认知缺乏，而其中核心问题就是气候环境对自然因素温室气体（及其他有害物质）排放的敏感度响应，以及气候环境变化如何进一步对生物圈的演变产生影响。从社会经济和发展角度来看，只有明确这两大问题，才能更好地分析气候环境变化给人类生存带来的潜在危机和影响，从而对减排政策的灵活性做出更准确的预测。

地质时期出现过与当今地球类似的严峻气候环境条件变化。如在二叠纪—三叠纪之交（Permian-Triassic boundary，PTB）、三叠纪—侏罗纪之交（Triassic-Jurassic boundary，TJB）和古近纪—新近纪之交（Paleogene-Eogene boundary，PEB）等地质关键转折期，均出现了大气二氧化碳浓度快速增加和大气快速增温、陆地风化加强、海洋酸化和富营养化等气候环境扰动事件，同时还伴随着重大的生物圈演化突变事件（如生物大灭绝）。这些地质记录告诉人们，地球的过去可以作为理解现在、预知未来的类比和参考。尤其需要注意的是，这些地质关键转折期大多出现了大规模的火山爆发，并且越来越多的证据表明，这些火山活动可以在短时间尺度内（$10^0 \sim 10^4$ 年）释放大量的气态和固态物质，并造成当时地球表层各圈层一系列气候环境突变乃至生物大灭绝。当今人类活动释放物质的成分和速率与地质时期火山作用有很好的相似性和类比性，因此，通过对关键地质时期的气候环境效应和生物危机效应的精细研究，可以"以古启今"，为全球气候变化应对以及政府决策提供有力的科学依据，帮助人们了解及预测当今地球系统的演化趋势（Payne and Clapham，2012）。

二、火山活动的气候和环境效应

地质历史时期的气候状态是动态变化的，既有地球表层温度很低的"冰室"气候，也有温度很高的"温室"气候，且每种极端气候状态常常伴随着大规模的火山活动（图 5-1）。大规模火山活动被认为是引起地球表层气候波动的重要因素。首先，火山活动可以直接释放地球深部的许多物质（如碳、硫、汞、卤族等）。火山熔岩在上升过程中，岩墙侵入沉积地层还会释放出大量的气体物质（甲烷、二氧化碳、二氧化硫、卤族气体等）。这两种过程都会引起巨量物质进入大气圈，从而改变大气圈成分，引起臭氧层破坏、酸雨形成、长期变暖和短期变冷等气候波动。其次，大量的熔岩喷出地球表层，可以改变地球表层的地形地貌。同时，喷发的基性岩相对地表其他岩性更易遭受化学风化，大量暴露在地球表层的基性岩可以引起化学风化作用加强，从而调控大气二氧化碳浓度。再次，火山活动还能引起森林火灾，直接破坏森林生态系统，导致动植物栖息地减少，进而导致陆地系统和大气系统恶化。而植被和土壤的大规模破坏，会反过来改变陆地风化作用的类型和强度，从而影响气候变化。最后，火山还能引起严重的地质灾害（如地震、海啸），特别是海底大规模火山喷发会释放巨量能量，能量通过海洋水体的传播和放大，可以引发大范围海啸和地震。比如 2022 年 1 月 15 日汤加海域洪阿哈阿帕伊岛海底火山喷发，引发的海啸影响了数千千米，造成了巨大的灾难（图 5-3）。

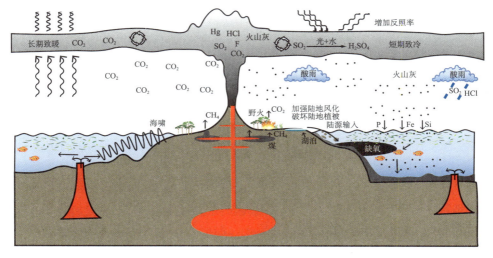

图 5-3　火山活动对地球表层系统的影响示意图

火山活动还会影响生态环境。例如，火山作用释放的温室气体，除了能形成温室气候，还能导致生态环境的变化——水体酸化和升温等。火山作用带来的重金属元素会毒化水体；而火山带来的营养物质则可以大大提高海洋表层的初级生产力，这些生产者繁殖产生的大量有机质在沉降过程中又会消耗水体中大量的氧气，造成水体大规模缺氧。火山活动通过改变气候和生态环境，最终对生物圈产生重大影响。例如，臭氧层的破坏会对陆地生物（如繁殖器官）的演化产生重要影响。同时，酸化、毒化、高温、缺氧等环境波动也会对生物（特别是动物）的生存和演化带来致命危害。这就不难理解地质时期多次大规模海洋缺氧、高温、酸化等事件与大规模火山活动和生物大灭绝事件之间存在很好的相关性（图 5-2）。

虽然大规模火山活动早就被认为是引起地质历史上环境剧烈波动和生物演变的主因（Wignall，2001），但之前的研究主要强调火山喷发和生物与环境事件的时间耦合性，以及火山作用释放的碳元素对地球表层各圈层碳循环的扰动。关于火山作用对地球表层环境和生物演变的影响机制还存在很大的争议。例如，白垩纪的大洋缺氧事件被认为是火山作用引起的，但是相伴的碳同位素是正漂移，而诸如西伯利亚大火成岩省的大规模火山活动却导致了全球范围内碳同位素负漂移（Hu et al.，2020）。另一个显著的环境变化是关于火山活动引起的温度波动，也存在着不同的认识。如早三叠世全球范围内表层海水温度升高了 8~10℃，被认为是由西伯利亚大火成岩省释放的大量二氧化碳引起的。反之，第四纪以来多次火山活动却对应着区域内或者全球范围内的温度降低，甚至有学者提出晚奥陶世的冰期也可能是火山活动所致。这些现象可能反映了火山活动在不同时间尺度上有不同的温度效应。火山作用对生物圈的影响也存在很多未解之谜；火山喷发的规模和生物灭绝的严重程度并没有很好的对应性，最大规模的火山喷发［如翁通爪哇（Ontong Java）大火成岩省］并没有与任何生物大灭绝事件相对应（Ganino and Arndt，2009）。

存在这些争议的原因在于火山活动对地球表层系统的影响过程非常复杂，主要体现在同一次火山活动可以产生不同时空尺度的环境效应，能够引发气-陆-海环境的连锁反应（图 5-2），以及火山活动地质记录的复杂性。由此带来了许多关键的科学 / 技术难题，主要包括以下几点。

1. 火山喷发的类型、规模和地理位置与环境因子之间具有怎样的定量关系

火山喷发的类型主要包括爆炸式喷发（如岛弧型的酸性火山）和溢流式

喷发（如板内基性火山）。在地质历史时期，与气候环境和生物灭绝关系最为密切、研究最多的是以溢流式喷发为主的大火成岩省（Wignall，2001；Xu et al.，2004；Ernst and Youbi，2017）。大火成岩省喷发规模大（$>10^5\ km^3$）（Coffin and Eldholm，1994）、速率快（小于10^6年），且基岩保存完好，利于开展研究。此外，玄武岩比花岗岩更易风化，被认为是调控大气二氧化碳浓度的重要方式（Dessert et al.，2003）。

但是，近年来的研究表明，酸性岛弧火山作用对气候也会产生重大影响。显生宙以来大规模的冰期阶段均伴随着赤道低纬地区的岛弧 - 大陆碰撞事件。岛弧 - 大陆碰撞火山喷发大量镁铁质硅酸岩，导致大陆风化速率加强，从而引起地球降温（Macdonald et al.，2019）。相反地，Mckenzie 等〔2016）在研究新元古代以来大陆岛弧全球时空分布时发现，大陆岛弧发育时期与温室气候时期相一致，反之亦然，并认为火山温室气体释放是引起长期气候变化的决定性因素。另有一些学者认为，与火山作用相伴的构造抬升可造成大陆风化加强，从而引起气候转变。例如，青藏高原隆升造成新生代气候总体变冷。不管是火山温室气体释放（引起升温），还是火山作用引起的大陆风化加强（引起降温），地质历史时期的大陆岛弧火山发育与百万年时间尺度的冰期 - 间冰期旋回息息相关，这是一个无可争辩的科学事实。

显然，对于火山作用与气候环境的相互关系尚存在不同的见解。出现这些分歧的主要原因有：①对于地质历史时期，尤其是重大地质转折期火山活动本身的性质仍缺乏了解；②对于地质环境本身的演变（如温度的变化）亟待更精准地论证；③缺乏沉积地层中火山活动和环境与生物事件的高精度高分辨率对比。在很多情况下，基性和酸性火山是同时喷发的，它们产生的环境和气候效应如何区分和识别，也是一大难题。例如，在二叠纪—三叠纪之交，除了西伯利亚大火成岩省外，在泛大陆边缘还发育大量的酸性岛弧火山（Zhang et al.，2021），两种不同类型的火山对地球表层的影响如何，目前还缺乏深入研究。

火山喷发规模和生物大灭绝的严重程度并没有形成很好的相关性，说明火山活动的规模并不是决定地球表层系统破坏程度的唯一因素。研究表明，熔岩在上升过程中，加热沉积围岩所释放出来的物质远大于火山直接释放的气体量，产生的环境效应也更严重（Ganino and Arndt，2009）。例如，西伯利亚大火成岩省熔浆在上升过程中侵位于含煤层位，而后者富集各种有毒元素（如硫、汞、铊、镉、镍、锌等），在经过炙热岩浆的烘烤和熔融作用后，随火山喷发而释放到地球表层系统，并直接作用于生态系统，对生物产生致命的冲击。反之，翁通爪哇（Ontong-Java）大火成岩省虽然喷发量巨大（基性岩是西伯利亚大火成岩省的5～6倍），但是它是在海底喷发的，对地球表层系统气候和环境的影响不明显，也没有造成明显的生物灭绝事件。因此，火山侵位地层的组成和性质至关重要，但遗憾的是，目前对于火山侵位地层的组成、面积和规模、受烘烤变质程度以及气候环境效应仍很少有定量的评估。

火山喷发的地理位置对地球表层圈层环境和生物的影响也非常大，主要体现在火山喷发是发生在大陆内部还是大洋底部，是发生在低纬度还是高纬度地区。

首先，洋底火山和大陆内部火山活动的环境效应差别很大。大洋底部喷发的火山释放的气态和固态物质主要进入水体，扩散范围有限。同时，由于喷发的熔岩主要是在海底，对化学风化作用和物质循环的影响也较小。所以，洋底喷发只对海洋的环境和生物产生一定的影响，而对环境、气候波动和陆地系统的影响相对有限。发生在白垩纪的大洋缺氧事件，被认为是海底火山所致，尽管对海洋系统有较大的影响，但对大气圈和陆地系统的影响相对有限（Hu et al.，2020）。但是，海底火山释放的能量通过海水传递、扩大，可以产生严重的地质灾害（如海啸）。反之，大陆火山活动对大气圈、陆地系统和海洋系统都会产生巨大的影响；它释放的物质直接进入大气层，气态和颗粒小的固态物质（如火山灰）可以随大气环流进行全球运移，对大气圈、大陆和海洋系统等产生剧烈的环境效应。例如，地史上多次陆内大火成岩省都对应着剧烈的环境波动（高温、酸化、碳同位素扰动）和生物危机事件（生物大灭绝）。尽管目前研究显示反映大陆内部喷发比海底喷发的气候、环境和生物效应更强烈，但是我们关于海底喷发对于远洋生物圈和深部生物圈的影响仍知之甚少且值得深入研究，因为已有研究表明，深部生物圈并不比表层生物圈逊色，对整个地球生态系统的贡献难以估量。

其次，大陆内部火山活动对地球表层的影响还与火山喷发的纬度有关。低纬度火山比高纬度火山具有更大的环境效应。如喷发到平流层的气、固态物质更容易随着大气进行全球传播，并且会对臭氧层进行破坏（Self，2006）。

反之，火山释放的物质如果只到达对流层，由于分布范围有限，则只对局部气候和环境产生影响。低纬度的火山熔岩由于处于气温高、湿度大的环境，更容易发生化学风化，对气候的影响效果特别明显。当然，中高纬地区的火山作用在特定条件下也可引起重要的气候环境事件。例如，公元 750 年以来北半球夏季气温重建结果表明，北半球的变冷趋势远超过低纬火山活动引发的气候效应，可能是中高纬地区火山爆发向平流层喷发大量硫化物气溶胶所致。因此，火山喷发的纬度不同，可能会造成气候和环境的触发机制出现差异，以致类似规模的火山活动在不同纬度喷发所造成的气候环境效应也不同。

由上可见，火山作用对地球表层环境的影响特别复杂，同一次火山活动在不同的时空范围内对地球表层产生的效果也可能不同。在短时间尺度内（数年），由于大量火山灰和硫元素的释放，在平流层形成大量的气溶胶，阻挡太阳光到达地球表面，从而使地球表面温度降低，形成"火山冬天"（Robock，2000）的现象。但是随着火山灰和硫元素在大气中被移除，火山作用带来的大量温室气体（如二氧化碳）的温室效应逐渐显现，地球表面温度升高（$10^3\sim10^5$ 年时间尺度）。在更长时间尺度内（10^6 年），由于大量基性岩的暴露，加大了化学风化作用消耗二氧化碳，大气中二氧化碳浓度下降，使气候在更长尺度下变冷。因此，火山作用主要通过火山喷发物、不同纬度熔岩的风化、活化含有机质的地层等方式引发温度的变化。

大火成岩省的喷发模式复杂，且存在多期次的活动和后期保存问题，加大了对火山喷发的模式、期次、成分及强度的研究难度，也极大地限制了火山作用与气候环境乃至生物演化的定量关系的建立。例如，石炭纪—二叠纪冰期旋回的形成与最终结束是如何与当时的火山作用联系的？二叠纪末—三叠纪初西伯利亚大火成岩省与环特提斯洋岛弧火山活动对显生宙以来最大生物灭绝及其该时期气候环境演变的贡献如何（陈军和徐义刚，2017）？这些问题都亟待进一步探索。

2. 火山作用如何引起海 - 陆 - 气环境之间的连锁反应

火山作用效应的另一个复杂性在于它能引发大气圈、陆地系统、海洋系统和生物圈的连锁反应（图 5-4）。火山释放出的大量物质可以改变大气的组分，从而引起陆地系统的破坏。而陆地系统的破坏又会通过改变陆地风化作用的类型和强度，以及通过陆源碎屑输入量影响海洋系统的表层和深层水体，最终引起整个海洋生物群的变化。在百万年时间尺度上，火山作用释放的二氧化碳是大气中二氧化碳的主要来源，而大陆风化则通过熔岩的硅酸盐矿物分解而消耗二氧化碳，从而对地球表层气候产生重要影响。火山喷发二氧化碳的同时也会释放出大量的二氧化硫和卤族元素进入大气圈，引起大气降水的酸化。酸化的水体会强化陆地风化作用，加剧陆地系统的破坏，从而导致陆源碎屑物质大量输入海洋表层，引起表层海洋生产者的繁盛（"富营养化"效应）。大规模海洋表层生产者的繁盛形成了大量有机质，这些有机质在沉降过程中消耗水体中大量的氧气，引发大范围的海洋缺氧。当海洋水体缺氧达到一定程度时，就对多细胞动物产生严重影响，引起动物死亡甚至灭绝。在地质历史上，多次海洋缺氧事件都与大规模陆地火山作用引起地球表层的系列变化有关（图 5-2）。

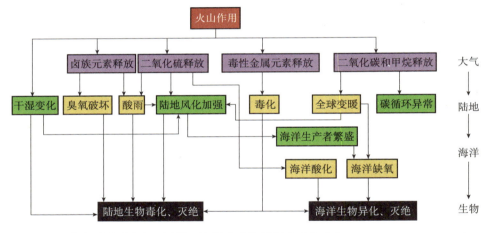

图 5-4　火山活动对大气、陆地、海洋和生物的影响（修改自 Ernst and Youbi，2017）

　　首先，火山作用引起的气候效应在不同时间尺度表现出明显的差异，或变冷或变热。如前所述，剧烈的火山喷发会导致"火山冬天"现象的出现。然而，气溶胶在大气或者平流层中的滞留时间远远小于二氧化碳的滞留时间，因此"火山冬天"效应相对短暂，一般只有几个月至几年，很难在沉积记录中被识别出来，仅能在第四纪沉积记录中被识别出来（Sigl et al.，2015）。尽管如此，"火山冬天"现象在人类历史上的影响却很大，可造成农作物大大减产，引起饥荒。公元前 44 年，埃特纳（Etna）火山爆发造成了罗马和埃及的饥荒饿殍；公元 1815 年，坦博拉（Tambora）火山喷发造成北半球次年平均温度下降约 0.7℃，且全年无夏；而 7.4 万年以前，多巴（Toba）火山喷发则造成地表温度下降约 10℃，七成以上的陆地植物均被破坏而人类文明也濒临毁灭（Robock，2000）。在更长的时间尺度上，由于岩浆上涌过程中发生岩浆脱气和挥发分出溶以及烘烤沉积地层中的有机质，火山作用往往伴随大量二氧化碳、甲烷等温室气体以及其他惰性气体释放到大气中，引起温室效应和气候变暖。而地球气候系统的另一个调节器——大陆风化（和有机质大量埋藏）往往需要一定的时间才能使得大气二氧化碳达到新的平衡（Walker et al.，1981）。在地质历史上，地球气候并非一直稳定，存在多次的冰期 - 间冰期旋回、显著的温室气候以及极热事件，而大量火山二氧化碳气体释放可能是其中一个致因。

　　其次，火山喷发释放的物质可以通过大气圈的气候环境波动影响陆地系统、海洋系统和生物圈。一方面，火山排放的二氧化硫和硫化物、卤族气体以及硝酸等引起的酸雨，能够对土壤及陆地生态系统以及生物造成不可忽视的破坏。研究显示，在地质历史重大的火山活动时期，酸雨和酸化现象普遍存在，且与生物大灭绝具有密切的因果联系。另一方面，当火山喷发释放的卤族元素和卤化烃气体进入平流层，在强紫外线的照射下，这些卤化物作为催化剂具有很强的还原臭氧的能力，会对臭氧层产生严重的破坏，使地球逐步失去抵御强光和紫外线的保护伞。1991 年的皮纳图博（Pinatubo）火山喷发和 2015 年的卡尔布科（Calbuco）火山喷发都对当时的臭氧层产生了一定的破坏，且难以恢复。地质历史时期几次大规模大火成岩省爆发释放的卤化物，对当时的臭氧层也可能产生严重破坏，甚至造成生物大灭绝。与火山作用引起的酸雨类似，由于历时短、缺乏高效的替代指标，识别沉积地层中古火山活动所引发的臭氧层破坏的信息很困难，这是当今古环境古气候（paleoclimate）领域又一个极具挑战性的难题。二叠纪末出现了大量的异形孢子，它与强紫外线照射下形成的现代孢子很像，这一度成为火山喷发造成臭氧层破坏的化石证据（Benca et al.，2018），但是由于孢粉的异化、特化，也可能是大量毒性元素富集所致，因而具体成因机制仍未确定。

　　再次，火山作用会释放毒性气体和金属 / 半金属元素等有毒物质，引发毒化危机。毒性气体包括硫化氢、一氧化氮、一氧化二氮等多种气体，除本身有一定的毒性外，还在大气中参与化学反应，产生气溶胶和酸性物质，影响地球表层温度和形成酸雨等。除了有机和无机非金属气体，火山作用还会释放可观的有毒易挥发金属和半金属物质，如汞、铊、镉、铅、镍、锌、碲等。这些物质具有较强的毒性，且容易在植物和动物体内富集，直接损害生命。研究发现，有毒的重金属，如汞、镍、碲在多次大火成岩省喷发时期的沉积地层中富集，且与碳同位素漂移以及生物大灭绝层位有较好的耦合，表明重金属中毒亦可能是造成生物危机的原因之一。

最后，火山作用对大气、陆地和海洋系统的影响非常复杂，对陆地生态系统和海洋系统的影响既有相似性又有差异性，还存在一定的内在联系。相似性主要体现在通过火山气体和毒性物质的排放，即通过大气圈这个连接纽带，火山作用可引起陆地和海洋系统相似的环境效应（如温度变化、酸雨与酸化、缺氧、毒化），进而对陆地和海洋生物的生存形成直接的威胁（Ernst and Youbi，2017）。差异性在于陆地和海洋系统对外力影响的媒介和缓冲力不同。陆地系统因缺少海水的缓冲体量而更易濒临崩溃，陆地温度因而出现更大幅度的波动，酸雨和酸化对陆地生态系统的破坏也更显著。火山作用如果伴随闪电或季节性干旱，会造成陆地上森林野火频发。相比较而言，海洋系统则因大洋环流的阻滞而更易遭受缺氧事件的影响。火山作用对陆地和海洋系统造成的影响还具有联系性，这主要在于地球表层系统是个有机的统一体，任何内、外力的作用均会产生"牵一发而动全身"的效应，火山作用也不例外。例如，火山作用引起的酸雨、野火，以及极端气候，容易造成陆地水土流失、风化加剧；风化产物通过河流传输到海洋，引起海水的营养化。这一方面直接影响海洋生态系统的健康；另一方面也可进一步造成洋流的阻滞或改变，反过来又作用于大气环流，改变水气循环。因此，陆地系统是连接气候变化和海洋生态系统波动的桥梁。

总之，火山作用对地球表层各个圈层的影响并不是单一的或者单向的，一次火山活动是如何引发大气圈、陆地系统、海洋系统和生物圈之间的一系列连锁反应，有待更深入，特别是定量化的研究。

3. 火山活动、地质环境和生物演化是如何耦合的

大规模火山作用是引发地球历史上多次环境波动和生物危机的重要因素。

显生宙以来，多次高温事件、缺氧事件、海洋酸化事件和生物大灭绝事件都被认为与大规模火山喷发有关（图5-1）。目前探究火山作用对生物和环境影响最主要的依据是时间的耦合性。但对于缺乏火山黏土岩的沉积地层，很难获得绝对年龄的记录，对火山活动的示踪就变得非常困难。由于研究手段所限，在生物和环境事件记录完整的沉积岩中进行高精度火山事件、生物演变（包括灭绝）与环境变化（酸化、缺氧、高温）的对比一直困扰着学术界。主要的难点在于火山沉积记录的不完整性：火山活动形成的碱性熔岩和火山黏土岩往往只在喷口附近区域分布，而在远离火山喷发区缺乏火山活动的直接记录。最好的解决方法就是在沉积物中找到火山活动的合适替代指标。

一些学者用碳、镍和锌等元素的浓度和同位素作为替代指标来示踪火山活动。其主要原理是火山作用可以从地球深部带来巨量的元素，到达表生圈层以后，会打乱元素在地球表层各圈层之间的循环和平衡，因而在沉积地层中出现元素丰度和同位素记录的波动。例如，火山活动从地球内部带来大量的轻碳（富含 ^{12}C）元素至地球表层，使得地球表层系统的碳同位素记录出现波动（如碳同位素负偏）。但火山作用还可能引起其他的环境和生物变化，也会对碳同位素产生不同的影响，导致碳同位素记录的复杂性。例如，火山作用可以引起生物种类的改变，并通过生物光合作用对碳同位素分馏系数产生影响而引起沉积物中碳同位素的变化。火山作用还可以带来大量的营养盐，促使海洋表层生产者繁盛，打破原有的无机碳和有机碳之间的分馏平衡，进而影响海洋碳库的同位素组成。火山作用产生的这些不同效应使得沉积物中碳同位素变化具有多解性，增大了运用碳同位素定量评估火山作用对地球表生圈层影响的难度。在地球深部富集的某些金属元素（如镍和锌）的含量和同位素也被用来示踪古火山记录。二叠纪—三叠纪之交，西伯利亚火山喷发对地球表层锌元素的循环产生重要影响。类似地，西伯利亚大火成岩省和中大西洋大火成岩省都使同时代的地层出现异常高的镍沉积。但是，这些金属元素在地球表生环境主要以固态形式传输，分布具有明显的区域性，在远离火山喷发区域沉积记录不明显。

近年来，汞含量和汞同位素被认为是沉积岩中有效的古火山示踪剂（Grasby et al., 2019）。汞是唯一可以在大气中以气态单质形式存在并可进行长距离传输的有毒重金属。由于熔点和沸点很低，汞和其他常温下通常为固体的金属元素不同，通常为液体，并且极易挥发成为气体。元素汞在大气中的滞留时间为半年至两年，可以随大气环流而在全球广泛分布。在长距离大气传输中汞可氧化为二价汞，并通过干湿沉降作用进入海洋和陆地。在水体环境中，汞通常和有机质与硫化物等结合形成络合物被快速移出水柱，并在沉积物中长期保存，导致汞含量在有机质含量高的沉积岩中比其他沉积岩要高出数倍甚至数十倍。在地质历史时期，火山作用是地球表层系统外来汞的主要来源。同时，汞同位素已成为示踪自然界汞元素来源的最新方法（Blum et al.，2014）。汞是自然界中同时存在同位素质量分馏和非质量分馏的金属元素，因而可以有效示踪汞的来源和反映生物地球化学信息。尤其是汞同位素的奇数非质量分馏（$\Delta^{199}Hg$）主要与汞的光化学过程有关，可精准地反映表生地球化学迁移转化过程。$\Delta^{199}Hg$ 在现代地球系统不同储库中具有明显的差异：在海洋体系主要偏正，在陆地体系则以负值为主，而火山来源的接近零。$\Delta^{199}Hg$ 在风化作用、流体作用、生物分馏富集、缺氧环境硫化物吸附等过程中的分馏非常小，因此可帮助识别出火山来源的汞。

　　近年来，沉积汞元素的浓度和同位素异常被广泛用来指示多个关键转折期的古火山活动，研究最为详细的是二叠纪—三叠纪之交的火山活动及其与地球表层圈层环境变化和生物事件的联系（Shen et al.，2019）。通过对比全球不同水深的沉积剖面，发现汞元素含量在灭绝界线附近比晚二叠世的背景值高出数倍，且主要来源于火山活动。在高精度时间框架和精确地层对比基础上，发现开阔海域深水剖面汞元素开始富集的时间要比生物大灭绝的时间早 5～10 万年，但在浅水剖面汞元素富集和生物大灭绝却是同时的。这指示火山活动引起的生态系统变动是从海洋表层逐步向深层水体发展的，整个海洋环境的恶化持续了数万年。

三、展望和未来研究方向

　　想要明确火山活动与气候环境效应的关系，首先要厘清火山活动本身的性质，包括喷发类型、喷发模式和期次等。现有的地球化学手段可以初步识别沉积地层中较强的火山活动信号，并判别出基本的火山类型和构造背景属性，但要定量评估各自的贡献还远远不够。火山活动的精确定年和高精度地层序列的建立十分关键，不仅有助于确立火山活动与生物危机的同时性，而且还有利于分析火山活动的期次、喷发速率和强度，给气候模拟提供尽可能准确的边界参数。而与火山活动有关的古气候模拟仍是一个研究薄弱的方向。

火山活动对地球表层气候的影响并非单一的，而是多重的、多时间尺度的。火山作用的气候环境效应，往往较明确地记录了气候变暖甚至更长期的气候变冷效应，而至今很少能识别出"火山冬天"现象，这需要在识别能力方面下更大的功夫。另一个深远的问题是，随着火山作用不断从地球深部释放出二氧化碳，地球深部的碳循环是如何变化的？其规模、机制是什么？大洋俯冲过程是否能高效率地将地球表层的碳带到地球深部以弥补火山作用释放碳的亏损？这些问题都很迫切地要求对地质历史时期火山作用释放的气体及其气候效应进行深入的定量化研究。

生物大灭绝事件多与大规模的火山活动联系在一起，但对于火山活动引起生物危机的机制和过程还存在很大的争议。例如，热河生物群中脊椎动物集群死亡，是火山喷发带来的高温火山灰和有毒气体直接导致动物迅速死亡和特异埋藏，还是火山活动触发了水生生态系统崩溃导致的？火山作用在什么条件下对生命"有害"？何时"有益"？这都需要高精度的火山作用与气候环境和生物事件的对比研究，以及涉及多圈层的系统研究。

第二节　地球热稳定器与气候系统的稳定机制

宜居地球研究的核心问题之一是地球如何在长达40多亿年的地质历史中长期维持相对稳定的宜居气候，从而保证生命的持续演化进程。地质记录表明，至少从40亿年前开始，除几次短暂的全球性雪球地球事件外，地球表面液态水长期大量存在。地表液态水的长期存在除了需要一定的重力、磁场条件阻止大气逃逸外，更要求地表温度长期稳定在狭窄的区间内。但是，40亿年以来，太阳发光度（solar luminosity）、地表反射率（大陆生长与漂移、植被覆盖）、温室气体含量等气候控制因子都发生了剧烈变化，与地球表面温度的长期稳定性形成鲜明对比。因此，维持地表温度长期稳定的机制成为大家广泛关注的科学议题，这也是理解地球宜居环境形成的关键（Walker et al.，1981）。

从能量平衡的角度，假设温室效应为一层绝热部分红外透过大气，地球表面气温则取决于以下关系式：

$$\frac{S_0}{4} \times \frac{5t_0}{5t_0 + 2t}(1 - A) = \left(1 - \frac{\varepsilon}{2}\right)\sigma T^4 \qquad （5\text{-}1）$$

式中，T 为地球表面气温；S_0 为当前地球上空太阳辐射常数，S_0=1368 W/m^2；t_0 为太阳系的近似年龄，t_0=4.7 Ga；t 为年代，$t=0$；A 为地表反射率；σ 为玻尔兹曼常数，$\sigma=5.67 \times 10^{-8}$ W/m$^2 \cdot$ K^4；ε 为红外辐射的大气吸收率。

式（5-1）的左边为地表和大气吸收的太阳短波辐射，其中第一项表示当前地球上空太阳辐射常数平均分配到地球表面；第二项近似表示随着核聚变反应加剧太阳辐射的增加；第三项表示地表反射率。地球主要通过云、冰雪、沙漠等地表覆盖体反射短波太阳辐射，当今地表整体反射率为 0.29。式（5-1）的右边表示地表向太空释放的红外辐射能量。ε 与大气中温室气体含量有关，根据现今地球能量平衡和地表平均温度（15℃，288K）可计算出 ε 值为 75.5%。

在 40 亿年前，太阳比现在黯淡，其辐射是现在的约 75%。如果 40 亿年前大气中温室气体含量与当前一样，全球地表温度只有 −5.3℃。但是低温下水汽含量更低，ε 值更低，冰川扩张也会导致地表反射率增高，全球温度可能更低。因此，在早期黯淡太阳的照射下，地球需要极高的温室气体含量或者极低的反射率才能维持液态水的存在。但是，对于早期地球具体的温室气体含量和地表反射率的数值还存在很大的争议，而且高的二氧化碳含量可能形成高反射率的二氧化碳云，并不能补偿低的太阳发光度（Caldeira and Kasting，1992）。更难以解释的是，如果早期地球由于较高的温室气体含量或者较低的反射率维持了宜居环境，那么随着太阳发光度的增高，在其他条件不变的情况下，温室气体含量或者地表反射率需要随着太阳发光度的增加而降低或者升高，从而抵消太阳发光度升高引起的增温效应，避免出现类似金星的过热环境。但是，太阳发光度变化是太阳本身的物理过程，地球地表反射率和温室气体含量是地球自身的过程，两个系统之间的匹配需要有效的自动反馈调节机制。因此，地球系统如何自动响应太阳发光度、地表反射率等因子的剧烈变化而实现自我调节，维持相对稳定的气候，成为研究地球宜居环境形成的重要议题，并逐渐形成两种假说体系，即盖亚假说和大陆风化假说。

一、盖亚假说

盖亚假说认为地球生命的出现是关键，使地球所有生命与无机环境紧密结合在一起，形成一个具有自我调节力的复杂系统，从而维持生命所需的最佳环境条件（Lovelock and Margulis，1974）。在盖亚假说中，地球必须是一个精巧的超级智能，才能协调物种个体、种群之间的有序合作，维持稳定的环境。但地球生命之间并没有超联系，生命积极参与维持地球的宜居环境也与生命的利己本能矛盾。因此，解析生命圈和生命演化如何调节宜居环境因子，特别是如何通过负反馈机制实现温度的自我调节，成为盖亚假说研究的重要内容，并提出了包括雏菊数值模型（Watson and Lovelock，1983）、二甲基硫气溶胶反馈等机制（Charlson et al.，1987）。由于生命系统影响自然环境的多样性和复杂性，以及地球系统本身的演化，也很难解析出生命系统调节环境的具体机制，因此盖亚假说面临较大的挑战。

盖亚假说更多是地球科学哲学方面的构架，提出生命系统具有调节地球宜居环境的可能。但是，由于地球生命与环境之间相互作用复杂性和演化性，很难确定具体的盖亚反馈机制，也难以检验地球的宜居环境是否确实由生物系统所维持。

环境与生命的协同演化关系，特别是重要地质事件中生命的响应及其反馈环境的方向可能是验证盖亚假说的关键。盖亚假说潜在的基础是生命的出现，生命系统不但可以适应环境，更可以改造环境以适应生命的繁衍。盖亚机制的形成可有效地稳定气候，因此生命出现前后或者重要生命演化节点前后环境变率的变化可能是验证盖亚假说的重要途径。从系统演化的观点看，宜居环境的破坏必然导致生命系统的重组，直到生命系统作为一个整体，演化成为一个可以实现环境调节功能的复杂系统，才得以持续发展和演进。地质历史多次的生命大灭绝和辐射演化可能正是生命系统无法面临环境挑战从而崩溃到重新构建的结果。解析导致生命大灭绝的环境因素，以及生态重构后对环境影响的方向是否有利于抵抗导致上次生物灭绝的环境变化，也可能提供验证盖亚假说的途径。

除太阳发光度、太阳系所处银河系悬臂位置等天文因素驱动外，地球深部过程是驱动地表环境和生物耦合演化最重要的方面。相关的深地过程的驱动包括：地幔温度的降低和部分熔融程度增加引起的地壳成分的变化、板块构造运动的启动、大陆地壳的暴露和生长演化、大火成岩省的爆发、超大陆旋回、地幔排气演变等。这些过程通过释放二氧化碳，改变地壳成分进而影响大陆风化和有机碳埋藏，以及改变陆地反射率等机制影响气候。研究地表生物圈对深地过程的响应可以帮助理解盖亚机制。例如，动物和碳酸盐生物壳体的出现有利于深海碳的沉积和俯冲再循环，可能是生物圈应对地幔排气的长期减少，维持一定大气二氧化碳含量的措施。陆生植物的登陆、维管植物的扩张、硅藻的出现和 C_4 植物的出现等可能都是生命系统面临新的环境挑战演化出的具有新的环境调节功能的生命形态。

解析生命与环境相互作用的难点在于古生态与生物环境功能的恢复。近来的一系列技术进步为突破带来了希望。例如，大数据与人工智能算法的结合可以在前所未有的高时间分辨率上恢复生物多样性，从而实现了生物多样性与环境因子在时间序列上的比较（Fan et al., 2020）。蓬勃发展的生物分子技术可以实现对生物某些特定生理功能的基因时钟定年（Chen et al., 2020a），从而使得解析生命功能与环境之间的协同演化关系成为可能。

二、大陆风化假说

大陆风化假说从地质碳循环角度出发讨论宜居环境的形成，认为地表温度的稳定性与大气二氧化碳含量和地球气候之间负反馈机制有关。特别在液态水的环境中，大陆风化吸收大气二氧化碳的速度响应大气二氧化碳的温室效应，从而扮演了地质空调的角色（Walker et al., 1981）。

大陆风化是指地球关键带水、气和生物的作用之下岩石和矿物发生分解的过程，联系了地球岩石圈、大气圈、水圈和生物圈的运行。大气和土壤中的二氧化碳与水结合形成碳酸，然后通过水解作用分解成硅酸盐矿物，是大陆风化最主要的形式。因此，大陆风化可以通过释放阳离子和关键营养元素——磷，从而控制海洋碳酸盐沉淀与有机碳埋藏，在宜居地球的运行和地表碳循环过程中发挥了重要作用（Li et al., 2022）：

$$CaSiO_3P_x+(1+x/k)CO_2+x/kH_2O \longrightarrow CaCO_3+SiO_2+x/k(CH_2O)P_k+x/kO_2 \quad （5-2）$$

式中，x 为岩石平均 P/Ca 值；k 为沉积岩的平均磷与有机碳比值。

Ebelmen（1845）发现了大陆风化在调节地球二氧化碳和氧气循环中的重要性，并在后来得到 Urey（1952）的重新重视。硅酸盐风化消耗大气二氧化碳的速率受控于气候，与大气二氧化碳含量之间形成负反馈关系，成为"地质空调"机制的关键环节。在构造时间尺度碳循环中，相对于地质碳循环通量，地表碳储库较小，碳的存留时间短。碳循环源汇不平衡或地球的温度过高或过低会都会导致大气二氧化碳浓度迅速发生变化，从而通过二氧化碳的温室效应改变硅酸盐风化吸收二氧化碳的速度，最终抵消碳循环不平衡或温度异常（Walker et al., 1981）。当气候变暖时，硅酸盐风化吸收大气二氧化碳的速度增加，导致大气二氧化碳含量下降，从而阻止进一步升温；反之，气温降低导致风化吸收二氧化碳降低，阻止进一步降温。

大陆风化假说仍面临诸多挑战。①大陆风化热稳定器还缺乏有效的地质证据。在更多的时候，大陆风化似乎驱动了气候变化，而非稳定气候。例如，造山运动、植物登陆以及易风化基性岩类在尺度的聚集可能加强大陆风化吸收大气二氧化碳，从而引起冰期气候（Berner，1997；Raymo et al.，1988；Macdonald et al.，2019）。②大陆风化响应气候还缺乏直接的证据和动力学机制。大量现代观测表明，大陆风化很大程度上受物理剥蚀，即新鲜岩石的供应控制而非响应气候（Larsen et al.，2014）。③大陆风化热稳定器的长期运行需要可风化陆地的长期暴露和固体地球不断向地表圈层释放二氧化碳。

大陆风化响应气候的动力学机制是需要重点关注的方向。

大陆风化响应气候是地球维持宜居环境和地表碳循环平衡最重要的立论基础。但相关的证据和动力学机制还存在巨大争论。大陆风化响应气候最初来自化学反应动力学的启示（Walker et al.，1981），即化学反应速度随着温度的升高而升高。但在野外尺度上，并没有观测到气候控制化学风化的确切证据。野外流域和土壤尺度化学风化速度与温度的相关性非常微弱（White and Blum，1995）。现在的主流观点认为，高剥蚀构造活跃区才是大陆风化响应气候的关键区域。低剥蚀构造稳定区大陆风化受新鲜基岩暴露程度的影响，化学风化往往受物理剥蚀控制（Riebe et al.，2017）。

经典风化动力学模型基于搬运限制扩散地貌。这是一种理想地貌，其坡面基岩破碎速度与风化带厚度之间形成负反馈机制，从而保证土壤产生与侵蚀之间的动态平衡（Riebe et al.，2017）。当土壤剥蚀速度低于基岩破碎速度时，风化带增厚，基岩破碎速度受风化带增厚保护随之降低，直到与地表侵蚀速度达到新的平衡；反之亦然。因此，低剥蚀区往往伴随厚的风化带，基岩暴露不充分，岩石破碎后在风化带的存留时间长，风化程度高，原生矿物完全风化，化学风化速度受限于新鲜破碎岩石的供应，与剥蚀速度成正比，为"供应限制"（图 5-5），因而无法响应气候。同时，低剥蚀区坡度较缓，风化流体的存留时间长，在风化带中达到完全饱和，降水量无法通过风化流体的饱和度影响风化速度（Riebe et al.，2017）。只有当剥蚀速度足够高时，风化带变薄，基岩充分暴露，岩石破碎后在风化带中的存留时间短，导致风化强度降低，化学风化通量才不再受新鲜破碎岩石的供应限制，而与温度、降水量等控制矿物界面风化溶解速度和溶液饱和度的动力学因子相关，为"动力学限制"。

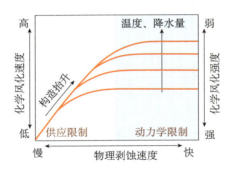

图 5-5　大陆风化经典调控模型（据 Riebe et al.，2017）

但是，高剥蚀区并没有观测到风化速度与气候因子的相关性。相反，包括新西兰等全球最极端的高剥蚀区在内，化学风化速度似乎随着物理剥蚀的增强而持续增加（Larsen et al.，2014）。因此，高剥蚀构造活跃区被认为是构造隆升驱动大陆风化，从而导致气候变冷的重要区域（Raymo et al.，1988），而不是大陆风化响应气候、调节气候和碳循环平衡的关键地区。更重要的是，地质历史上的造山运动往往具有幕式特征，主要集中于大陆会聚时期。地球长期处于构造稳定时期，因而在这些时期无法提供大陆风化响应气候所需的高剥蚀构造隆升区，从而无法维持地球气候的稳定性和碳循环平衡。

为解决传统风化动力学模型的缺陷，洋壳风化假说应运而生，该假说认为洋壳风化随着海水温度下降而减弱（Coogan and Dosso，2015）。但是洋壳风化碳酸盐沉积中的 Ca^{2+} 主要来自热液反应 Mg^{2+} 对洋壳中 Ca^{2+} 的替换。因此，洋壳风化可能更多响应海水 Mg^{2+} 的浓度（受大陆风化控制）和洋中脊扩张速度（热流通量）（Elderfield and Schultz，1996），与深海温度关系不大。也有研究提出风化效能假说，认为高剥蚀区大陆风化既可受构造隆升驱动，导致全球变冷，又能响应气候变冷，因而在全球变冷情况下保持风化通量不变，维持碳循环平衡（Kump and Arthur，1997）。但是，该假说无法解释新生代的碳循环。由于新生代洋中脊扩张速度相对恒定，其控制的洋中脊火山和俯冲带火山排气可能并未发生改变，风化效能假说无法解释新生代海水放射性成因锶、锇同位素比值的上升所反映的大陆风化通量增加的事实（Li and Elderfield，2013）。

经典大陆风化动力学模型的主要缺陷是它只适用于单一搬运限制扩散地貌（Riebe et al.，2017）。事实上，全球风化广泛发生在其他地貌区。特别是由古老造山带的缓慢侵蚀和地幔抬升所导致地球上存在大面积的高海拔、低剥蚀构造稳定区，如南非高原、德干高原和中国大别山、太行山、南方高山丘陵等。相比于构造隆升区，构造稳定区有更大的陆地面积和更可观的风化通量（Willenbring et al.，2013）。如图 5-6 所示，低剥蚀构造稳定区化学风化速度与温度显著相关。海洋同位素模型也表明全球玄武岩风化速度随着全球变冷而降低，从而弥补构造隆升区化学风化随着构造隆升的增加，维持了新生代碳循环平衡（Li and Elderfield，2013）。

因此，高海拔、低剥蚀构造稳定区可能是大陆风化响应气候突破经典大陆风化气候调控模型"瓶颈"，也是维持宜居地球和碳循环平衡的关键。这一领域方向还有如下基本问题有待论证：低剥蚀构造稳定区化学风化是否普遍受气候控制？低剥蚀构造稳定区化学风化受气候控制的动力学机制是什么？低剥蚀构造稳定区化学风化在全球尺度上的贡献占比是否足以调节地球宜居性与碳循环平衡？低剥蚀构造稳定区化学风化是否存在特殊的地球化学标识，从而可以应用于地质记录研究？解析这些基本问题是论证"大陆风化热稳定器"的基础，研究的关键在于以下五个方面。

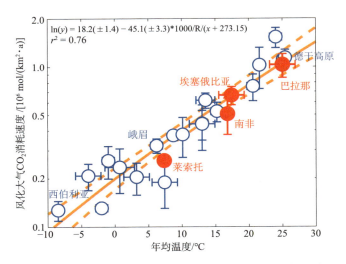

图 5-6 玄武岩化学风化吸收大气二氧化碳速度与温度相关图

蓝色点引自 Li 等（2016）；红色点引自 Chen 等（2020b）

（1）排除岩性、碳酸盐风化和外源风尘风化的影响。

不同类型的岩石化学风化速度差异巨大，很大程度上可以掩盖大陆风化的气候信号。例如，玄武岩占全球陆地面积的 3.5%，而其风化对全球硅酸盐风化消耗大气二氧化碳的贡献大于 30%（Börker et al.，2019）。对于玄武岩单一岩性，活火山地区含有大量高比表面积火山灰，风化活性比死火山地区大一个数量级（Börker et al.，2019）。风化速度研究的复杂性还体现在碳酸盐风化上。岩石中微量碳酸盐风化往往可以主导河流化学风化通量，从而给硅酸盐风化研究带来了极大的难度。此外，细颗粒高比表面积外源风尘具有高的风化活性，同时含有较高碳酸盐矿物，是大陆风化的重要来源。采用玄武岩、花岗岩单一岩性开展研究是排除岩石类型影响的重要手段。

（2）化学风化速度的准确测量与大气候梯度研究。

化学风化速度的测量主要依赖于流域溶解质通量和风化剖面。小流域河流通量和河水溶解质浓度受暴雨影响巨大，因此大多数流域无法实现高分辨率水文监测和样品采集，流域溶解质通量计算误差较大。采用水位和电导率自动记录探头以及选取具有水库的流域可以很大程度消除监测分辨率的影响。此外，剥蚀速度在坡面尺度具有较大的空间变化，而传统基于石英 ^{10}Be 侵蚀速率测量耗费巨大，无法实现高空间分辨率研究。更重要的是，低剥蚀区石

英 ^{10}Be 累计趋近衰变平衡，物理侵蚀测量误差大。利用铀同位素破碎年代学等新型物理侵蚀速度方法有望解决这一问题（Li et al.，2017）。开展全球大空间尺度研究，选取较大气候梯度流域，增加气候影响，也是降低相对误差并提取大陆风化气候影响信号的有效途径。

（3）物理侵蚀与风化强度协同研究。

野外流域尺度玄武岩风化响应气候最显著的观测来自具有极低物理剥蚀速度的大火成岩省，包括西伯利亚、德干高原、南非（莱索托）、巴拉那等（图5-6）。这些大火成岩省位于稳定大陆核心，具有典型的高海拔、低起伏的地貌特征，物理剥蚀速度处于全球的最低值区。根据大陆风化经典调控模型，低剥蚀区大陆风化本应响应物理剥蚀速度，无法解释低剥蚀玄武岩大火成岩省化学风化速度与气候因子的相关性。

高海拔、低剥蚀构造稳定区物理剥蚀本身受温度控制，从而通过物理侵蚀"供应限制"影响化学风化，可能是化学风化与温度良好相关的根源。但是高地形构造稳定区往往为坡度平缓的高原，为典型的扩散地貌，物理剥蚀速度受植被覆盖、强降水等侵蚀因子控制。根据高地形构造稳定区相对平缓高原面与深切沟谷相结合的地貌特征，高原边缘地貌裂点区可能是控制高原面侵蚀速度的关键。裂点区剥蚀不受扩散搬运控制，而直接受控于岩石破碎速度。同时，裂点区岩石破碎速度可能控制了整个高原面的扩散基准。高原边缘侵蚀的加快会增加高原地貌陡峭度，从而提高扩散侵蚀速度，并通过土壤厚度调节达到高原内部侵蚀速度与岩石破碎的动态平衡。由于高原边缘岩石充分暴露，岩石破碎速度可能与化学溶解动力学有关，从而受控于温度。因此，通过化学风化强度研究风化是否受"供应限制"，并解析高原边缘岩石破碎速度的气候控制因子及其机制，是解决高地形构造稳定区物理剥蚀与气候相关的关键。

（4）基于地理信息系统的大数据模型。

该方法是估计高海拔、低剥蚀构造稳定区化学风化在全球尺度上的贡献占比的重要途径。其中，数字地球模型和定量地貌学方法可以帮助识别高海拔、低剥蚀构造稳定区域（Willenbring et al.，2013）。在深刻理解各主要岩类大陆风化气候控制因子的基础上，根据全球岩类地质图和气候图集，可实现大陆风化通量的全球估计。

（5）新型地球化学指标研究。

高海拔、低剥蚀区一致性风化特征以及较高的风化环境（宇宙成因核素浓度高）有可能伴随特殊的同位素和元素地球化学特征。随着分析测试技术的进步，锂、镁、钙等稳定同位素体系（Liu et al., 2011；Wei et al., 2013）和铀等放射性同位素体系（Li et al., 2018）已成为大陆风化研究的主要探索方向，为寻找示踪高海拔、低剥蚀区风化地球化学指标提供了可能。如低剥蚀区化学风化普遍具有高的 $^{234}U/^{238}U$ 值（Li et al., 2018）。

三、大陆风化热稳定器

1. 大陆风化热稳定器的地质证据

大陆风化热稳定器虽然能较好解释地球宜居环境的形成机制，但并没有得到地质记录的有效验证。新元古代雪球地球事件后巨量的盖帽碳酸盐岩沉积被认为是风化热稳定器的证据。在雪球地球极端低温条件下，风化反应停止，大气二氧化碳浓度最终会积累到相当高的浓度，最终导致雪球地球解冻，并随之形成大量的盖帽碳酸盐岩沉积（Hoffman et al., 1998）。但是，除高浓度二氧化碳外，冰雪表面随着时间积累逐渐变暗也可能是雪球地球解冻的原因（Le Hir et al., 2010）。根据大陆风化热稳定器原理，可以开展以下研究，以验证大陆风化热稳定器的正确性。

（1）大陆风化热稳定器预测大气二氧化碳的输入应当于大气二氧化碳的输出，从而避免大气二氧化碳的过度积累和过度亏损。由于二氧化碳是驱动大陆风化主要的酸性物质，在地质时间尺度，大陆风化通量应受控于输入大气的二氧化碳通量。洋中脊、大火成岩省和俯冲带等深地过程是大气二氧化碳的主要来源。洋中脊排气与板块构造和地幔循环的样式密切相关（Fuentes et al., 2019），大火成岩省的喷发具有明显的幕式特征（Ernst et al., 2013），而俯冲带地幔排气和沉积物的分解与超大陆旋回所控制的俯冲带长度密切相关（Cao et al., 2017）。因此，验证深地过程引起的二氧化碳释放通量变化与大陆风化的协同演化是验证大陆风化热稳定器的重要途径。

（2）大陆风化效能与大气二氧化碳、温度的协同演化。大陆风化效能是指维持一定量大陆风化通量所需要的环境条件，包括大气二氧化碳含量、温度、岩石暴露、植被覆盖等。一些深地过程，如山脉抬升、大陆漂移、大火成岩省爆发、易风化火成岩在赤道地区的大量暴露等，极大增加了风化效能。根据大陆风化热稳定器原理，风化效能的提高必然导致大气二氧化碳的下降和温度的降低，从而维持总风化通量与输入大气的二氧化碳通量保持一致。因此，验证大陆碰撞、大火成岩省喷发、大陆漂移过程中大陆风化与大气二氧化碳以及气候的协同演化关系也是验证大陆风化热稳定器的途径之一。

　　验证大陆风化热稳定器的最大的难点可能来自大陆风化重建本身。重建深时全球大陆风化通量存在巨大挑战。受岩性、地貌等因素影响，大陆风化存在非常强的空间不均一性。因此，基于古土壤和陆源碎屑沉积的大陆风化记录可能存在极大的记录偏差。海水的化学成分，特别是海水的 $^{87}Sr/^{86}Sr$ 值可能记录了全球风化的特征，因为相比于海洋热液输入，大陆风化输入具有较高的 $^{87}Sr/^{86}Sr$ 值。但是受海洋化学沉积保存条件的限制，在新生代大量基于海水化学成分的风化指标，如锶和锂同位素往往不能成功应用于深时地球，特别是寒武纪以前化学风化的恢复。同时，解释海水 $^{87}Sr/^{86}Sr$ 值还需要知道平均大陆风化岩石 $^{87}Sr/^{86}Sr$ 值、热液通量等信息。而这些信息往往在深时不可获取。

　　低温水岩相互作用导致地壳亏损可溶元素、氧同位素等发生分异，并可能通过沉积物的俯冲作用影响地幔成分。因此，可以从地壳岩石甚至地幔中提取大陆风化留下的化学指纹信息。大数据统计可能是避免记录时空不均一性及恢复深时地球化学风化的重要途径。如利用海量碎屑锆石的 O-U-Pb-Hf 同位素体系是重建大陆风化历史的全新手段。锆石氧同位素组成反映了产生锆石的岩浆所在地壳的风化程度；锆石的 U-Pb 年龄和铪同位素模式年龄则可以把地壳风化的时间限定在锆石结晶年龄与壳幔分异年龄之间。图 5-7 是利用锆石氧同位素大数据，重建一段地球 30 亿年的大陆风化改造历史，发现地球风化历史与地幔循环和超大陆旋回引起的排气历史一致，初步证明大陆风化地质空调至少在长达 30 亿年的期间连续运行。通过大陆风化历史的恢复，最终可以建立大陆风化与地幔排气、陆壳生长、超大陆循环、大气氧化、生物和气候演化等地质事件的关联，解析宜居地球的形成机制。

　　在地质时间尺度验证大陆风化热稳定器的另一个难点在于固体地球二氧化碳排气历史的重建。固体地球二氧化碳释放主要来自洋中脊地幔排气、俯

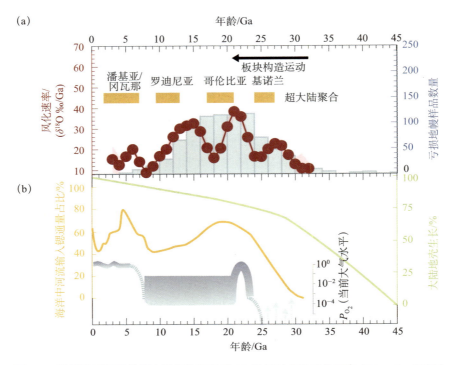

图 5-7　利用锆石氧同位素大数据恢复地球 30 亿年以来的风化历史（Li et al.，2022）

冲带无机和有机碳分解、沉积岩变质排气和大火成岩省喷发。洋中脊和俯冲带排气分别正比于洋中脊扩张速度和俯冲带长度。但是，洋中脊扩张较为可靠的记录仅限于过去 1 亿年，而俯冲带长度很大程度上依赖于板块构造运动的重建（Cao et al.，2017），具有很大的不确定性。大火成岩省喷发具有典型的幕式特征，且难以精准统计喷发总量（Ernst et al.，2013）。沉积岩变质排气作用更是难以限定。随着地幔循环数值模式的进步，从模拟的角度恢复二氧化碳排气历史是一个值得关注的方向（Fuentes et al.，2019）。

　　在地质时间尺度验证大陆热稳定器假说还面临协同演化的难题。例如，超大陆旋回一方面影响火山排气，另一方面又直接通过造山运动、岛弧风化、板块漂移等过程影响风化过程，因此难以建立火山排气、大陆风化、气候变化（大气二氧化碳含量）之间的因果关系。

2. 大火成岩省与风化热稳定器

　　与大火成岩省有关的生物地球化学循环的变化是避免协同演化，验证风化热稳定器的重要途径。大火成岩省喷发往往发生在较短的时间尺度内，可以通过高精度定年与其他地质事件区分。在较短的时间范围内，也容易获得连续的沉积记录，从而可以在同一套沉积记录内获取火山排气、大陆风化和气候变化的信息。大火成岩省喷发引发气候效应的途径有三点：①大火成岩省喷发或者入侵围岩，释放大量二氧化碳，加强温室效应和风化作用；②大火成岩省喷发大量新鲜的高反应活性火山岩，加强风化吸收二氧化碳；③大火成岩省不断向地表补充新鲜玄武岩和二氧化碳，是地质时间尺度维持硅酸盐风化热稳定期效能的关键。

根据 $CO_2/^3He$ 值与大火成岩省喷发面积统计，Marty 和 Tolstikhin（1998）估计地幔柱长期平均二氧化碳释放通量约为 3×10^{12} mol/a，大于洋中脊排气估计 1.2×10^{12} mol/a（Bianchi et al.，2010），约占硅酸盐风化作用长期二氧化碳吸收效应的一半。大火成岩省的高排气量与其来自深部富碳地幔储库有关，而洋中脊地幔则具有较低的碳含量。考虑到板块构造启动以来，随着地幔对流洋中脊地幔持续亏损，排气量逐渐降低（Fuentes et al.，2019），因此大火成岩省对大气二氧化碳的贡献度逐渐增加。如果没有大火成岩省二氧化碳的贡献，地球风化热稳定机制或许会更快停止运行，地球将更快进入类似火星的环境。

地表碳库的存留时间约为 10 万年，风化碳循环平衡的时间尺度为万年左右。因此，快速喷发的大火成岩省可导致大气二氧化碳浓度急剧升高，导致显著的环境效应，如大洋缺氧事件。因此，通过高精度定年厘定大火成岩省喷发的时间和速率是当前大火成岩省喷发环境效应研究的热点和难点。大火成岩省侵位与围岩反应释放二氧化碳的速率除了与侵位速度有关以外，也与围岩的性质和侵位的几何特征有关（Johansson et al.，2018）。

大火成岩省不但可以通过释放二氧化碳影响环境，还可以通过喷发大量新鲜的反应活性岩石加强风化二氧化碳吸收，在更长时间尺度上影响环境。富含钙、镁矿物的玄武质岩风化速度比花岗岩风化速度高约一个数量级，而富含火山灰的新鲜玄武质火山岩的风化速率又要比一般玄武岩风化速率高一个数量级（Börker et al.，2019）。因此玄武岩虽然只占陆地面积的 3.5%，却贡献了全球硅酸盐风化二氧化碳消耗的 35% 以上（Börker et al.，2019）。这是新生代冰期气候条件下的估计。玄武岩风化受温度控制（Li et al.，2016），因此在更多的地质历史时期，玄武岩风化的贡献可能更高。可以预期，大量玄武岩的存在可以增加全球大陆风化恒温器的调节能力。

大火成岩省二氧化碳释放和玄武岩风化的综合效果可能导致大火成岩省喷发在不同时间尺度上具有不同的环境效应（图5-8）。大火成岩省的喷发向大气注入大量二氧化碳，导致在千年至万年时间尺度上大气二氧化碳浓度急剧升高，引起较强的温室气候。在这期间，火山爆发释放的二氧化硫在年际尺度上具有负的辐射效应导致降温。随着二氧化碳排放的阶段性停止，新鲜火山岩石的快速风化可能吸收更多的二氧化碳，大气二氧化碳甚至可以下降到火山爆发前的水平，导致在万年时间尺度上的全球变冷（Schaller et al.，2012）。总之，由于大火成岩省的喷发容易与其他地质事件区分（Ernst et al.，2013），特别是沉积记录往往能同时反映大火成岩省喷发（如汞同位素指标）和大陆风化（如锂同位素指标），通过检测大陆风化对大火成岩省二氧化碳喷发的响应以验证大陆风化地质空调的运行。

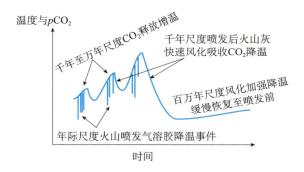

图 5-8   大火成岩省喷发引起不同时间尺度风化碳循环效应

3. 逆向风化、洋壳风化和其他热稳定器机制

大陆风化热稳定器的长期运行需要可风化陆地的长期暴露和固体地球不断向地表圈层释放二氧化碳。但是，大陆可能在晚太古宙之后才开始露出海面（Bindeman et al.，2018），在此之前大陆风化可能并不具备调节气候的能力。而且随着地质演化，大陆地表逐渐被已历经风化循环的沉积岩、沉积变质岩和 S 型花岗岩所覆盖，风化吸收二氧化碳的效率降低，气候调节能力减弱。虽然地球大火成岩省、裂谷扩张和俯冲带火山等深地过程源源不断向地表提供新鲜的玄武岩，但随着地球的逐渐降温，玄武岩的供给可能逐渐减少。

另外，虽然俯冲带和接触热变质作用可以实现沉积有机和无机碳再循环的问题，但随着风化作用的进行，碳库逐渐积累在地表储库中（Sleep and Zahnle，2001），地幔排气可能随着地质演化逐步减少（Fuentes et al.，2019）。针对这些问题，提出了逆向风化（Isson and Planavsky，2018）、洋壳风化（Coogan and Dosso，2015）等机制，以补充大陆风化热稳定器。

逆向风化是大陆硅酸盐风化的逆过程，可以看成风化反应产物，即式（5-2）的右端在海水环境中发生浓缩，从而驱使反应向左进行。在逆向风化过程中，阳离子与二氧化硅（或亏损阳离子的黏土矿物）结合，形成新的富阳离子的硅酸盐黏土矿物（如海泡石等），释放 H^+，从而中和海水中的碳酸氢根，释放二氧化碳。逆向风化反应抵消了大陆风化消耗二氧化碳的效率。

逆向风化过程尚缺乏直接的地质证据。由于逆向风化分散于全球沉积物中，其通量往往难以估计。最近 Li-Mg-K-Si 等金属稳定同位素和 ^{10}Be 等宇宙成因核素的研究（Misra and Froelich，2012；Bernhardt et al.，2020），显示逆向风化在全球元素地球化学循环中占据着重要的位置。在前寒武纪海洋中，由于缺少硅藻作为硅的"汇"，海水二氧化硅含量高，逆向风化可能非常重要（Isson and Planavsky，2018）。这一时期逆向风化可能在很大程度上降低了大陆风化吸收二氧化碳的效率，维持了较高的大气二氧化碳含量，从而解释了寒武纪以前黯淡太阳条件下更高的地表温度。现阶段逆向风化研究最大的难点在于逆向风化存在的直接证据，以及不同历史时期逆向风化的通量和重要性。

大洋地壳具有分布面积大、透水性好、高温和低温热液循环通量大的特点（Coogan and Dosso，2015）。洋壳的风化分为高温热液反应和低温热液反应。高温热液反应通量与洋中脊扩张速度有关，不受海水温度的影响，从而无法形成维持宜居环境的负反馈机制（Elderfield and Schultz，1996）；但是低温热液反应的温度很大程度上受海水温度的直接影响，因而可能形成负反馈机制（Coogan and Dosso，2015）。较低的海水温度导致较低的低温热液反应温度，从而降低洋壳风化吸收大气二氧化碳的效率，最终促使大气二氧化碳的积累，阻碍温度的进一步降低。但是，洋壳风化通量还存在极大的不确定性，因而无法估计其在碳循环中的重要性。更重要的是，洋壳风化是二氧化碳源还是二氧化碳汇也不清晰。洋壳风化主要表现为蛇纹石化过程中 Mg^{2+} 与水结合形成水镁石层并释放 H^+。如果 H^+ 直接中和碳酸氢根，则会释放二氧化碳。这种情况下，如果镁来自白云石的风化，洋壳风化则为碳源；如果镁来自硅酸盐风化，洋壳风化则抵消大陆风化的碳汇效应（与逆向风化类似）。洋壳风化释放的 H^+ 也可以置换岩石中的钙，最终在洋壳或者海水中沉淀为碳酸盐。这时洋壳风化才能作为碳汇与地表温度发生反馈，进而维持地球的宜居环境。但是，由于低温洋壳风化具有极大的空间不均一性，洋壳风化的程度也非常低，低温热液和蚀变洋壳样品也难以获取，洋壳风化的通量和 H^+ 释放模式还并不清楚（Elderfield and Schultz，1996）。受大陆暴露面积限制，早期地球大陆风化的重要性可能较低（Bindeman et al.，2018）。因此，洋壳风化在早期地球可能显得更重要，是研究早期宜居地球需要重点考察的方向。

除硅酸盐风化外，碳酸盐的风化也可能是维持宜居地球的重要机制。一般认为，在百万年级尺度上，碳酸盐风化与碳酸盐的沉积达到平衡，碳酸盐对构造尺度地质碳循环没有影响。但是，大陆架碳酸盐沉积响应温度，碳酸盐和镁沉积在大陆架和深海之间的分配，可能可以通过碳酸盐的再俯冲或者热液反应组成负反馈机制，维持宜居环境。较冷的气候环境抑制大陆架碳酸盐沉积，根据碱度平衡，更多的碳酸盐将沉积在深海。例如，随着新生代的变冷，深海成为碳酸盐沉积的主要部位（Opdyke and Wilkinson，1988）。深海有机碳和无机碳沉积的增加进而可能增加俯冲带二氧化碳的释放，从而阻止气候进一步变冷。另外，低温环境下陆架白云岩沉积的减少将会增高海水中镁的浓度，从而增加热液反应中镁的"汇"。如果热液反应中镁置换钙成为洋壳中的碳酸盐沉积，同样可以增加碳酸盐的俯冲和分解二氧化碳释放，组成延时负反馈机制。总体上看，暖期白云石的形成有利于镁硅酸盐风化作为碳汇，从而阻止气候的进一步变暖；在冷期白云的形成得到抑制，海水中镁的吸收以热液反应和逆向风化为主，导致镁硅酸盐风化不具有吸收二氧化碳的功能，同时白云岩风化具有释放二氧化碳的功能，从而阻止气候的进一步变冷。蓬勃发展的镁同位素体系有望解析与镁循环有关的碳酸盐风化、白云石形成和热液吸收等过程，从而成为取得理论突破的关键（Li et al.，2015）。

四、研究展望

盖亚假说和大陆风化热稳定器都还存在大量的理论和实证问题。因此，寻找新的理论突破，建立新的假说体系还存在一定可能。碳酸盐风化、埋藏与热液反应和逆向风化耦合形成的反馈体系是最有可能取得突破的方向之一。研究难点在于准确估计逆向风化的通量及其对碳循环的影响力。新兴金属稳定同位素体系的应用可能是重要的突破口。

在重要地质事件过程中，如在大氧化、雪球地球、大火成岩省爆发、板块构造运动启动、造山运动、超大陆循环、生命大灭绝等，生物、环境、大陆风化的协同演化提供了验证盖亚假说和大陆风化假说最重要的地质窗口。与深地过程相关的大火成岩省爆发尤其值得关注。大火成岩省通过二氧化硫和二氧化碳气体的排放、高风化活性玄武岩的喷发等多个方面对地表环境产生明显的影响。同时，大火成岩省的爆发时间短，具有明显的幕式特征，可以较好地与其他事件区分。建立火山活动，特别是火山排气的可靠指标与大陆风化的可靠指标可能是验证大陆风化热稳定器的关键。锆石的化学组成反映了不同阶段大陆地壳的风化改造，其所携带的信息还有待深入挖掘。利用遗传分子学研究特定生理功能演化历史与环境演化的相关性可能是验证盖亚假说的重要突破口。

在现代过程研究中，特别是结合地貌学、生态学、地球化学多学科的现代过程研究亟须加强。现代过程研究可以理解生命系统改造环境的具体机制和作用强度，解析大陆风化响应气候的动力学机制、强度和响应敏感度，估计逆向风化、洋壳风化和碳酸盐风化在碳循环中的重要性和对气候的可能响应。现代过程研究还是建立新的大陆风化指标和古环境指标的基础，从而应用于深时大陆风化和环境的恢复。

第三节　重大地质事件与地球宜居性

本节涉及的重大地质事件包括雪球地球事件、大氧化事件、极热和大洋缺氧事件和超大陆聚散，将探讨它们与地球宜居性的关联和影响。

一、雪球地球事件与地球宜居性

雪球地球假说最早于 1992 年由 Joe Kirschvink 提出，其后由 Hoffman 等（1998）发展成为一个完整的假说。该假说认为，新元古代早期罗迪尼亚超大陆集中分布在赤道及中纬度地区，强烈的风化作用加剧了大气二氧化碳的降低。同时，风化作用导致海洋营养物质供应充分，初级生产力增加，大量有机碳在超大陆裂解形成的全球大面积裂谷盆地中被沉积埋藏下来。加之哈德利环流对热的传导作用削弱或者改变，最终导致冰室气候发生。当高纬度冰川推进到低纬度（30°左右）的时候，在冰川对太阳光的强反射作用下冰室效应进一步加强，冰川快速推进到赤道地区，导致地球表面全部被巨厚的冰川覆盖（厚度可达 1km 以上），形成雪球地球。这是一个将地球动力学、大气科学、古海洋学和生命过程相结合的综合假说（Hoffman et al.，1998），是近 20 年来地球科学多学科交叉和地球系统科学研究的范例。

尽管新元古代雪球地球（距今 7.2 亿～6.3 亿年）假说得到地质学、地球化学、地球物理学和气候模型等多学科的综合论证（Hoffman et al.，2017）（图 5-1），但相关地质记录与雪球地球气候模型之间还有大量矛盾和问题没有解决。例如，雪球冰期是如何起始、又是如何结束的？为什么在短期发生两次雪球冰期？两次雪球冰期发生的过程和时限差异是怎么发生的？雪球冰期和极热间冰期交替发生这样的极端气候变化与岩石圈构造和岩浆运动是否相关？雪球气候事件与随后发生的大氧化事件和复杂生命快速崛起有什么关联性？为什么雪球冰期在显生宙没有再次发生？更多类似的问题都对雪球假说提出挑战。

随着新元古代雪球地球事件研究的不断深入，越来越多的证据表明雪球地球事件在距今 24 亿～22 亿年前的古元古代也曾发生过（Warke et al.，2020）。为此，时间上与地球第一次大氧化事件耦合的古元古代雪球地球事件也逐渐得到越来越多的关注。该领域存在的未解科学问题包括以下几点。

1. 雪球冰期事件的触发机制

如前所述，罗迪尼亚超大陆集中分布在赤道及中纬度地区，强烈的风化作用加剧了大气二氧化碳的降低，这也是导致雪球地球事件发生的关键原因（Hoffman et al.，1998）。然而，大陆风化作用是如何导致大气中二氧化碳含量降低到全球冰封阈值的过程还有待系统的地质和地球化学证据的支持。考虑到新元古代全球冰期发生在罗迪尼亚超大陆发生裂解的构造背景下，以地球深部过程为驱动的地球动力学新模型认为，分布在北美和西伯利亚的富兰克林大火成岩省是触动雪球冰期发生的关键原因，因为其喷发时间与全球冰期沉积发生时间吻合（7.18 亿年前）（Macdonald and Wordsworth，2017）。

目前看来，已有众多的假说都将雪球地球事件与新元古代构造岩浆运动联系起来，现代板块构造机制在该时期启动可能是雪球地球事件发生的原始驱动力。目前，各种假说多缺少系统的科学证据和气候模型的论证。首先，雪球地球假说认为全球大陆集中在低纬度，导致大陆风化作用强烈和大气二氧化碳的快速下降，但是缺乏支持这一假说的高精度全球古地理方面的研究，同时也没有雪球地球发生前气候逐渐变冷的可靠证据，急需雪球地球事件之前大陆风化作用过程和强度以及大气二氧化碳浓度变化重建的高分辨定量数据。另外，除构造古地理、风化作用和大火成岩省模型外，是否还有其他的雪球冰期触发机制存在？例如，Kasting（2004）曾提出高效温室气体甲烷的消耗和海洋中甲烷排放的减少可能触发雪球冰期的发生。由于甲烷的排放既涉及生物学过程（产甲烷菌和甲烷氧化菌），也涉及无机的水 – 岩反应过程，那就要从更多的角度和思维加以研究。

2. 两期雪球冰期和间冰期转换过程和触发机制

新元古代发生了两次雪球冰期，即斯图特冰期（Sturtian）和马里诺冰期（Marinoan）。前者持续约 5600 万年，而后者持续不超过 1500 万年（Rooney et al.，2020）。令人不解的是，斯图特冰期结束之后，经过一个不到 1000 万年的间冰期，地球再次进入一个雪球冰期。显然马里诺冰期的发生无法用长时间稳定低纬度大陆的分化作用来解释，除非这时期也发生了类似斯图特冰期前富兰克林大火成岩省的大规模火山喷发事件，或者当时大气中的主要温室气体不是二氧化碳而是甲烷。事实上，目前既没有马林诺冰期前大火成岩省的证据，也缺少马里诺冰期在全球几乎同时启动的年代学证据。假设间冰期时期甲烷是主要的温室气体，甲烷的大量释放不仅可以解释斯图特冰期的快速结束，也可以将甲烷排放的减少作为马里诺冰期的触发机制。

为此，需要加强斯图特冰期与马里诺冰期之间的比较研究。例如，马里诺冰期是否也是在全球同时快速启动？为什么马里诺冰期没有斯图特冰期普遍发育的条带状铁矿沉积？为什么马里诺冰期结束时普遍发育的特征"盖帽碳酸盐岩"在斯图特冰期并不常见？如果马里诺冰期的触发机制不同于斯图特冰期，那么有什么其他机制可能触发了马里诺冰期的发生？

3. 古元古代雪球地球事件与大氧化事件

由于古元古代冰期记录与 GOE 在时间上相吻合，因而两者之间的因果关系是学界探讨的热点。一种假说认为，生物产氧光合作用消耗了大气中的甲烷，从而触发了全球冰室气候；另一种假说则认为，雪球冰期结束之后的超级温室气候增强风化作用和海洋营养元素的供应，导致初级生产率的增加和有机碳的快速埋藏，可在千年时间尺度下导致大气氧快速增加。如果它是大氧化事件触发所致，那其关键是要解决大氧化事件与古元古代冰期事件发生的时间关系问题。但迄今为止，主要依据非质量分馏硫同位素记录揭示的大氧化事件过程和全球同步性问题并没有解决（Poulton et al.，2021）。

与新元古代雪球地球事件一样，古元古代雪球地球事件与全球构造（低纬度超大陆聚合和裂解）和岩浆活动存在一定的联系（Young，2019）。特别是有证据表明在古元古代中期（23 亿~22 亿年之间）构造和岩浆活动曾出现长达 1 亿年左右的停滞期，显然这种地球深部动力学过程对地球表层宜居性产生重大影响（Spencer et al.，2018）。如果低纬度超大陆聚合和裂解和岩浆活动也被认为是触发古元古代雪球地球事件的关键，那与新元古代雪球地球事件一样，相关的研究也同样需要加强。

二、大氧化事件与地球宜居性

充足的大气氧是包括人类在内所有复杂生命赖以生存的关键，同时大气和海洋氧化还原状态的变化直接影响和改变地表系统的物质状态和循环模式，因此揭示地球大气和海洋的氧化过程演变，是认识地球宜居性演化的关键科学问题之一。一系列地质与地球化学证据表明，地球大气在距今 23 亿年前后发生了从无氧到有氧状态的重大转变，即"大氧化事件"（Holland，2002）。例如，25 亿年之前的太古宙沉积地层中具有还原环境下才能保存的碎屑黄铁矿、菱铁矿和碎屑沥青铀矿颗粒，但这些还原成因物质在距今 25 亿～20 亿年前后的地层中开始消失，以条带状铁矿（banded iron formation，BIF，以赤铁矿和磁铁矿为主）为代表的沉积红层大量出现，古土壤氧化状态明显提高，以及海水碳酸盐岩中碳同位素（$\delta^{13}C$）具有显著偏重的正异常（Lomagundi 事件）。特别是太古宙中普遍存在硫同位素的非质量分馏现象，为大氧化事件的真实存在提供了强有力的证据（Farquhar et al.，2000）。

21 世纪以来，得益于地球化学分析技术的革命性发展，大量反映海水和大气氧化还原地球化学高精度示踪指标，为大氧化事件研究提供了强大的技术支撑，包括氧化还原敏感元素含量和比值（铀、钒、钼、镍、钡、铁组分和 Ce/Ce、I/Ca、U/Th、V/Cr、Ni/Co）、传统稳定同位素（碳、氧、硫、氮）和非常规同位素（钼、铀、铬、铁、汞、砷、钴、铜、锶、铊、钒、锆）等。目前的研究表明，地球大气氧含量的增加不是一个简单的线性过程。大氧化事件之后的元古宙地球大气氧含量维持在较低的水平，直到距今 6 亿年前后的元古宙—显生宙转折期，地球大气氧的含量才达到或者接近现代大气氧含量的水平（Lyons et al.，2014）。也就是说，在新元古代晚期发生了第二次大气快速增氧事件，被称为新元古代大氧化事件（Shields-Zhou and Och，2011）（图 5-9）。

尽管随着研究的深入，有关大气和海洋氧化还原状态的历史演变过程与地球宜居性的相关具体细节得到越来越多的揭示，但是新问题还是被不断提出。关键是：①不同地球化学参数、地质记录和模型重建的大气和海洋增氧过程存在相互矛盾；②地球大气增氧机制存在地表、地内和生物作用等不同的模型。

该领域未来宜重点关注以下几个方面。

1. 大氧化事件的起始时间与过程

虽然学界对 GOE 和 NOE 两次大氧化事件具有共识（Lyons et al.，2014）（图 5-9），但对两者发生的具体时间和过程仍不十分清楚，存在着相互矛盾的证据，这直接制约了对大氧化事件形成机制的认识（Cole et al.，2020）。首先，GOE 之前太古宙地球表层环境的氧化特征目前还没有统一的认识。研究显示，整个太古宙地球表层可能已经存在由产氧光合作用导致的局部增氧事

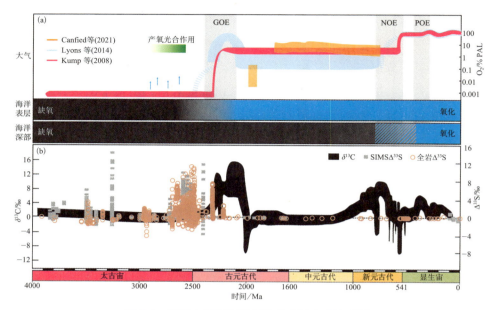

图 5-9　地球大气和海洋氧化状态演变研究现状

（源自 Lyons et al.，2014；Canfield et al.，2021；Poulton et al.，2021）

（a）大气和海洋氧化演变历史；（b）硫同位素和碳同位素演化历史；PAL= 现今大气氧含量

件（图 5-9），称之为幕式的、短暂性的"吹氧"事件。例如，利用和生产氧气的生物酶在 31 亿年前就出现了，最早低水平的氧化记录也可追踪到 38 亿年前（Ostrander et al.，2021）。

　　其次，GOE 的开始时间目前最可靠的标志是以 S-MIF 的消失来限定的（Farquhar et al.，2000；Lyons et al.，2014）。然而，目前学界对于 S-MIF 消失的时间和研究过程存在较大矛盾。Poulton 等（2021）认为 GOE 可能经历了约 2 亿年时间不断变化过程，直到 2.22 亿年前大气才出现永久性的不可逆氧化状态，即大气氧超过 0.001%PAL（PAL= 现今大气氧含量），在时间上与 2.22 亿年前开始的碳酸盐岩碳同位素正异常事件（Lomagundi 事件）和大量浅水硫酸盐蒸发岩和磷矿沉积相同步，此时的大气氧含量估计达到 1%～40% PAL。导致这些矛盾的可能原因除了地层年龄数据精度和可靠性不高之外，S-MIF 信号是否可能由硫化物中硫的再循环引起也需要进一步研究。

　　另一个非常引人不解的问题是 Lomagundi 事件在约 20.6 亿年之后消失了，说明大气氧的含量下降到可能只有 0.1%PAL 水平（Bellefroid et al.，2018）。距今 18.5 亿～8.5 亿年全球海洋碳同位素持续保持长达 10 亿年的稳定，表明有机碳埋藏的减少，导致大气氧在这个时期长期维持在较低水平（0.1%PAL），被称为"无聊的十亿年（boring billion）"或者"地球的中世纪（Earth's middle age）"。这种现象直到新元古代末期发生第二次大氧化事件才得以改变（Shields-Zhou and Och，2011）。

Shields-Zhou 和 Och（2011）提出 NOE 主要发生在 8.5 亿～5.5 亿年，其主要依据是海水碳酸盐岩 $\delta^{13}C$ 大幅度频繁变化（-12‰～+6‰）。我国华南地区的数据表明，NOE 发生的时间在雪球地球事件之后，至 5.2 亿年前大洋的氧化水平达到现代大洋的水平，与动物的快速爆发式演化（"寒武纪大爆发"）相吻合（朱茂炎等，2019）。但是，不同地球化学的指标在全球各地不同沉积环境下差异明显，一些研究认为第二次大氧化事件发生 4 亿多年前，与陆生植物登陆相吻合，被称为"古生代大氧化事件"（Paleozoic Oxidation Event，POE）。由此可见，新元古代—古生代转折期的大气和海洋氧化还原状态的重建存在亟待解决的问题，不同地球化学参数反映的大气和海洋状态氧化还原状态具有不可比性，加上区域和全球地层对比存在普遍的不确定性，使得这一问题更加复杂化。

2. 大气和海洋氧化程度的定量评估

揭示地球大气氧演化和大氧化事件过程的关键在于如何决定和定量评估大气和海洋氧化程度。相关的方法包括：①沉积地质记录；②生物演化的化石记录；③地球化学指标；④生物地球化学模型。早期研究主要采用的是沉积地质记录和生物化石记录。随着研究的发展，氧化还原敏感元素和同位素地球化学参数常用来评估大气和海洋的氧化还原状态，但这些指标受到沉积环境、岩石矿物类型和成岩作用的影响，所反映的信息可能是非原始的，有的则反映的是局部和区域性，而非全球的海水状态。所以，单一指标往往不可靠，需要多指标联用。由此可见，新的氧化还原代用指标需要发展，非沉积物记录需要重视。例如，洋壳玄武岩和岛弧岩浆岩氧化还原可以用以示踪大洋深部和大气氧化状态（Stolper and Bucholz，2019），特别是与俯冲有关的再循环岩浆岩的氧化还原状态能为揭示地表氧化状态和与深部相互作用的提供重要信息。

另一个关键问题是，海水（表层、深海）的氧化状态与大气氧含量之间的具体关系不明确。当前定量估算大气氧含量主要通过与大气氧相关的元素和同位素记录，包括氧化古土壤、非质量分馏三硫同位素（Δ^{33}S）和三氧同位素（Δ^{17}O），但 Δ^{17}O 参数同样受到地质记录完整和样品可靠性影响，其受控机制也很复杂（Hemingway et al., 2020）。

依据同位素质量平衡原理，利用沉积地层中碳－硫同位素的箱式模型（box model）也可定量估算大气氧含量长周期演变，从最早的 GEOCARB 模型不断发展至 GEOCARBSULF 模型和 COPSE 模型（Lenton et al., 2018），初步揭示了新元古代末期以来的大气氧含量长周期变化过程。但是沉积地层中的 δ^{13}C 和 δ^{34}S 记录受到地质和生物作用影响的因素较多，包括岩浆活动、古地理格局变化、风化作用和营养物质供应以及成岩作用等，而不同生物的光合作用对碳同位素分馏也产生直接影响。这需要在建模中充分考虑相关因素（Lenton et al., 2018）。在这一方面，我国的研究基础和人才队伍都比较薄弱，需要大力加强。

3. 大氧化事件的触发机制

地球表层增氧过程和大氧化事件形成机制需要从"源"和"汇"两个方面去综合分析。从"源"的角度需要分析增氧过程是否与产氧量的增加直接相关；从"汇"的角度则要研究增氧过程是否与消耗氧的还原剂直接相关。从"源"的角度来看，如果产氧光合作用是地球氧气的"源"，那么产氧光合作用生物蓝细菌就应该出现在 30 亿年之前。如果产氧光合作用在 30 亿年之前就已经出现，那为什么直到 24 亿年前后才发生大氧化事件呢？显然，如果将产氧光合作用作为地球氧气的"源"还有很多问题没有解决。

实际上，非生物光合作用产氧机制是存在的。例如，水蒸气在上大气层中的光解作用可以直接产生足够的氧气，但这个过程产氧不可能超过 0.001% PAL；还有人提出，地球在 38 亿年内通过放射性钾 40 同位素辐射分解作用产生的氧气。与这些非生物作用产生氧气机制不同，Mao 等（2017）发现深下地幔中水变成极强的氧化剂，可分解成氢和氧。当下地幔中氧气和过剩 Fe^{3+} 向地表上升释放可为 GOE 提供充足的氧源。但目前还缺乏地质记录证明这些非生物光合作用氧源触发了 GOE。

从"汇"的角度来看，大气氧的增加需要氧的消耗减少。无论陆生还是水生光合作用生物在产生氧气的同时，其形成的有机质降解会消耗同等量的氧气。只有当有机质埋入沉积物被永久保存下来，氧才有可能过剩导致大气氧的增加。GOE 末期大量黑色页岩沉积，以及与 GOE 和 NOE 相伴随的海水碳酸盐岩中的 $\delta^{13}C$ 正异常都表明有机质被大量埋藏，证明这一机制是存在的。不过，GOE 开始的时间明显早于大量黑色页岩沉积和 $\delta^{13}C$ 正异常事件（Lomagundi 事件）；而 NOE 时期的 $\delta^{13}C$ 和黑色页岩沉积的时间关系复杂，表明有机质埋藏并不是 GOE 和 NOE 的唯一触发机制。另外，大规模条带状含铁建造的形成和 GOE 存在明显的时间相关性，早期地球大量还原性 Fe^{2+} 氧化形成大规模 BIF 沉积，这个耗氧过程被广泛认为是 GOE 推迟的原因。

与地表有机碳埋藏和 BIF 沉积耗氧减少的机制不同，有人提出 GOE 的发生可能与火山放气的氧化还原状态改变有关，强调地球动力学机制在距今 24 亿年前后发生重大变化导致了 GOE 的发生。随后一系列研究支持了地球演化的阶段性和深部过程触发大氧化事件的解释。例如，太古宙晚期地壳熔融深度由深变浅和中酸性大陆地壳面积增加，导致岩浆作用和蛇纹石化作用释放的还原性气体降低，可能促进了大气氧的增加（Lee et al., 2016）。

另外，还原气体甲烷在早期地球大气中的含量可能是现今大气中的上万倍，因此大气中甲烷气体的减少也被认为是触发 GOE 发生的关键机制（Catling and Zahnle, 2020）。有研究表明，甲烷菌的关键营养元素镍在 GOE 之前的海水中明显下降导致大气中甲烷含量的下降，对上述机制提供了支持证据，这同样与地幔降温导致超基性岩浆喷发降低的地球内部过程有关。

以上探讨的大氧化机制主要涉及 GOE，相同的机制是否可以解释 NOE 呢？从现状来看，因为新元古代—古生代转折期复杂生命演化加速，生物协同演化过程与 NOE 关联性可能更大（Lenton et al., 2014）。但是，NOE 具有复杂的阶段性或者阶梯性过程，其触发机制可能更加复杂，不排除深部过程的控制。例如，冈瓦纳大陆聚合造成大量硫酸盐输送至海洋可能导致了富氧溶解有机碳（dissolved organic carbon，DOC）的缺氧大洋氧化（Shields et al., 2019）。总之，大氧化事件的触发机制还有大量问题需要解决，与地球深部过程的关系也需要加强研究。

三、极热事件和大洋缺氧事件与地球宜居性

自 20 世纪 60 年代起，随着大洋钻探的实施，科学家陆续在全球大洋和陆地剖面发现了具有等时性的白垩纪黑色页岩，且含有异常丰富的有机质（通常总有机质含量大于 1%），代表着大洋缺氧的异常环境，被命名为白垩纪大洋缺氧事件（OAEs）（Schlanger and Jenkyns，1976）。随后这种大洋缺氧事件在地球其他历史时期得到广泛研究，一直是国际古气候、古海洋研究的前沿和热点，主要有三方面原因：①大洋缺氧事件形成的黑色页岩是许多大型油气田的烃源岩（或生油岩）；②全球黑色页岩的异常堆积影响了全球碳循环；③大洋缺氧事件与深海大火成岩省、极热事件密切相关，影响和改变了全球宜居环境和生物演化进程（图 5-10）。

极热事件和大洋缺氧事件时期的气候和环境变化改变了地球上生命体的生存环境，生物更替演化速度加快。海洋浮游生物、底栖有孔虫、软体动物类、珊瑚、陆地动植物等都存在着不同规模的新生与灭绝。在国际上，该领域研究材料主要来自白垩纪以来的大洋钻探的岩心材料，同时辅以陆地剖面作为对比研究，为大洋钻探科学计划的优先目标。我国学者则以陆地剖面研究为主，尤其是在二叠纪—三叠纪界线事件、奥陶纪末事件、白垩纪大洋缺氧与富氧事件等方面取得了突出的成果。由于极热事件和大洋缺氧事件也是当今人类所面临的环境变化问题，相关研究必将为人类应对相应的环境问题提供有益借鉴。

1. 极热事件与大洋缺氧事件

胡修棉等（2020）将中新生代五次典型的极热事件（包括 PTB、TOAE、OAE1a、OAE2、PETM）依据碳同位素偏移的特征分成两类。第一类极热事件（PTB、TOAE、PETM）以碳同位素总体负偏移为特征（简称 NCHE），而第二类事件（OAE1a、OAE2）以碳同位素总体正偏移为特征（简称 PCHE）。PTB 事件是这五次极热事件中增温幅度最大的，随后依次为 TOAE、OAE1a、PETM、OAE2；而 PETM 的增温速率最快，大于 1 ℃/ka，其后依次是 PTB、

OAE1a、OAE2、TOAE。值得一提的是，现今全球气温增温速率是 PETM 启动期间中纬度地区增温速率的 4.2～5.6 倍。

极热事件常伴大规模大洋缺氧。PTB、TOAE、OAE2、PETM 期间硫同位素（$\delta^{34}S_{CAS}$）均普遍发生正偏移，幅度分别约为 24‰、3‰～5‰、5‰和 1‰。然而，OAE1a 期间的硫同位素呈现约 5‰ 负偏移。PTB、TOAE、OAE2、PETM 期间钼同位素（$\delta^{98/95}Mo$）有正偏移趋势，幅度为 1.5‰～5‰。TOAE 期间铊（$\varepsilon^{205}Tl$）和 OAE2 期间铀同位素（$\delta^{238}U_{carb}$）分别显示两次正偏移（Montoya-Pino et al.，2010；Them et al.，2018）。极热事件和大洋缺氧还存在如下几个重要科学问题亟待解决。例如，极热事件升温幅度在纬度和海陆空间上是否存在规律？大洋缺氧的机制是什么？大洋缺氧是否存在空间上的规律？各极热事件期间缺氧程度是否不同？等等。

2. 极热 / 缺氧事件与生物演变

不同极热事件（NCHE 和 PCHE）所反映的环境变化和驱动机制不同，因而两种极热事件对生物圈的影响也存在差异明显（胡修棉等，2020）。PCHE 极热事件对陆地生物和浅海生物没有造成明显的影响，只对一些对环境变化比较敏感的深水生物种属造成部分绝灭或繁盛。而 NCHE 极热事件对生物则有较大的影响：①海洋和陆地生物发生不同程度的绝灭或更替；②海洋和陆地生物由低纬度向高纬度迁移；③海洋生物的丰度、形态等发生改变。目前有关极热 / 缺氧事件对生物演变的影响研究以地区性实例为主，尚缺乏系统的全球性和跨海陆研究，以及缺乏不同时间尺度极热 / 缺氧事件对比研究。由于缺乏定量化研究，无法确定极热 / 缺氧事件期间哪种环境因素（全球升温、大洋酸化或缺氧）等或哪几种因素对生物如何产生影响。

3. 极热 / 缺氧事件与大火成岩省、气候 - 环境变化之间的耦合机制

中生代极热 / 缺氧事件和大火成岩省的喷发在时间上耦合，但不同的极热事件对应不同的大火成岩省类型。NCHE 类极热事件和大陆大火成岩省相关，大量轻碳释放到大气－海洋系统，导致了碳同位素负偏移，造成全球增温，极端干旱和野火频发，大陆风化增强和陆源碎屑输入增多，浅海碳酸盐台地消亡，大洋出现酸化、缺氧、生物大量灭绝等。而 PCHE 类极热事件和大洋大火

成岩省相关，其喷发初期，巨量轻碳进入到大气海洋系统中，引起碳同位素短暂负偏移和全球增温，但是由于其在深海环境喷发，释放的热量和营养物质直接进入海洋系统。一方面，由于喷发高温使得海水溶解氧含量减少，造成海水缺氧；另一方面，大陆风化及岩浆喷发释放使得海水表层营养物质的增加，海洋初始生产力增加，造成海底缺氧。有机质生产力强，保存条件好，导致有机质大规模埋藏，碳无法返回到大气海洋系统，碳同位素发生正偏移。

尽管如此，极热事件期间温室气候 – 环境 – 生物变化之间的耦合机制还不是十分清楚。NCHE 和 PCHE 两类极热事件的响应差异是否是由大火成岩省喷发形式的不同造成的？大陆架和陆地来源的甲烷是否对极热事件有巨大贡献？大规模的大火成岩省喷发带来的温室气体本身不足以造成地质记录中所表现的碳同位素和温度等的变化幅度，因此需要加强论证大陆架、陆地湿地和湖泊系统中甲烷释放对极热事件的贡献。陆地生态系统对极热事件是如何响应的？现今的地球并没有类似极热事件期间的大火成岩省喷发，人类活动所排放的二氧化碳持续增加是否会造成类似极热事件期间的全球变化？现今的地球气候系统需要多长的时间持续突破现在的稳态，走向不可逆的变化？这些都有待继续进行研究。

四、超大陆聚散与地球宜居性

超大陆是在地球演化某一阶段所形成的包含当时所有主要陆块的一个巨型大陆，是大陆板块汇聚的结果。事实上，所有大陆板块聚合到一起的概率是极低的，这也是为什么地球在近 46 亿年漫长演化过程中只形成少数几个超大陆，包括距今约 2.5 亿年前形成的"潘吉亚（Pangea）超大陆"、距今 10 亿年前的"罗迪尼亚（Rodinia）超大陆"和距今 21 亿～18 亿年前的"哥伦比亚（Columbia）超大陆"（Zhao et al., 2002），欧美学者更喜欢用"努纳（Nuna）超大陆"（Hoffman，1989）。

自从板块构造理论诞生以来，超大陆就一直是国际地球科学研究的一个热点，因为它不仅是重建大陆演化历史、发展板块构造理论、催生地球动力学新理论的切入点，而且超大陆的拼合和裂解事件具有全球性，势必影响地球的宜居环境，对了解古气候变化与古环境变迁、生物演化具有重要的指导意义。在过去的 20 年里，地质学家对潘吉亚、罗迪尼亚和哥伦比亚三个超大陆开展了广泛研究，并取得令人瞩目的研究成果。然而，这些研究主要侧重于超大陆聚散机制和古地理重建方面，即局限于超大陆聚散对岩石圈的影响，而有关超大陆聚合和裂解事件对水圈、大气圈和生物圈的影响却研究甚少。事实上，无论超大陆聚合还是裂解均会对地球宜居性产生重大影响。超大陆的聚合是通过全球性碰撞造山事件来完成的，全球性碰撞造山可能会导致全球海平面下降，大陆风化面积的增加会导致大气中二氧化碳浓度的降低，并引起极端干燥寒冷的冰室气候；而超大陆的裂解往往是超级地幔柱作用的结果，可能会导致全球海平面上升，大气中二氧化碳浓度的增加会引起潮湿的温室气候。目前有关超大陆聚散对地球宜居性的影响还处于初步研究阶段，相关研究主要聚焦在显生宙泛大陆的聚散对水圈、大气圈和生物圈的影响，对罗迪尼亚和哥伦比亚等更古老的超大陆聚散的研究相对不足，已有的初步认识亟须相互验证。

1. 超大陆聚散对水圈的影响

超大陆聚合是通过全球性陆-陆碰撞造山事件实现的，而在陆-陆碰撞拼合过程中，被动型大陆边缘常常被榴辉岩化俯冲大洋板片拖拽而发生大陆深俯冲，因此，超大陆的聚合会导致大陆总体面积的减少。如有学者估计印度大陆在与欧亚大陆沿喜马拉雅碰撞带拼合过程中，其北缘有近千千米的印度大陆岩石圈俯冲于欧亚大陆之下。在地球表面积恒定情况下，大陆面积的巨量减少势必导致大洋面积的巨量增加，而在一定的时间内，地球表面大洋中的海水量是固定的，大洋面积的增加会导致海平面的下降。相反，在超大陆裂解过程中，超级地幔柱喷发的巨量玄武岩会导致洋壳加厚，致使海平面的上升。这些理论上的推测已有部分得到有关潘吉亚超大陆聚散期间全球海平面升降模拟结果的支持（Vail，1977；Worsley et al.，1984）（图 5-10）。当然这些理论推测的可靠性有待于对更老的罗迪尼亚和哥伦比亚超大陆聚散研究结果的证实。而全球海平面变化的评估方法优化和新技术的发展是该领域方向研究的关键。

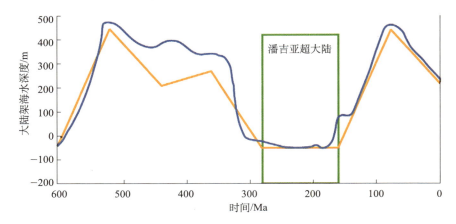

图 5-10　过去 600 百万年以来大陆架海水深度模拟（Nance et al.，2014）

黄色线为 Worsley 等（1984）模拟结果；蓝色线为 Vail（1977）模拟结果

2. 超大陆聚散对大洋环流方向的影响

海水不是静止不动的，而是长年累月沿着比较固定的路线流动着，这就是大洋环流。大洋环流受许多因素影响，如高低纬度所造成的海水温差、季风、潮汐作用、科里奥利力等，但大陆海岸地形也是影响现代大洋环流的重要因素。无论是热洋流还是冷洋流，其运动方向都受海岸线制约。在洋－陆分布格局不变的情况下，大洋环流路径基本固定，如现今大洋环流在北半球形成两个顺时针洋流环，称为北太平洋环和北大西洋环，而在南半球形成三个逆时针洋流环，称为南太平洋环、南大西洋环和印度洋环。然而，超大陆的聚合和裂解事件会导致大陆海岸线发生全球规模的重组，从而导致大洋环流方向发生重大改变。古洋流方向的信息可以在大陆边缘海相沉积盆地的沉积地层中以特定的标志保留下来。判断和恢复古洋流方向应该将确定局部水洋流方向的微观研究方法与确定大范围水流方向的宏观研究方法相结合。目前，该领域的研究刚刚起步，首要任务是建立一套确定大陆边缘海相沉积盆地古水流恢复和重建的综合方法，以恢复超大陆期间和裂解之后全球主要大陆边缘海相沉积盆地重建和古洋流。

3. 超大陆聚散对海水温度和盐度的影响

超大陆聚合导致许多大洋盆地消失，最终出现一个超大陆被一个超大洋所环绕的洋陆分布格局。在超大陆存在期间，大洋环流受大陆海岸线的制约程度减弱，不同地域海水温度主要受纬度所控，低纬度区暖海水可以畅通无阻地流入高纬度区与冷海水混合，导致全球大洋海水温度差和盐度变化的降低。相反，超大陆裂解会导致许多新的洋盆出现，如罗迪尼亚超大陆的裂解曾导致七个新大洋的开启（Zhao et al.，2018）。不同大洋之间被裂解的大陆块所阻隔，海水不能自由流通，造成各个大洋海水温度、盐度和蒸发量的不同。例如，在 3 Ma 以前，北美大陆和南美大陆之间并未像今天这样连在一起，温暖的太平洋海水可以自由地从南美与北美大陆之间的海峡流入大西洋，并被大西洋北上的海峡洋流带到北冰洋，导致北冰洋海水温度升高、盐度增大及蒸发量升高，水蒸气进入大气圈后冷却，并通过降雪方式在北极形成巨厚的冰层。这说明大陆海岸地形的改变不仅会导致大洋环流方向的改变，也会改变大洋海水温度和盐度，而超大陆聚散是导致大陆海岸地形发生变化的重要方式，势必会对大洋海水的温度和盐度产生重要影响，进而影响全球大洋生态系统和地球的宜居环境。因此，有必要开展潘吉亚、罗迪尼亚和哥伦比亚超大陆聚散对大洋海水温度和盐度影响的研究。

4. 超大陆聚散对大气圈和生物圈的影响

地球之所以能从最初荒凉无寂的行星演变成当今生机勃勃的宜居星球，原因之一是因为地球上有板块构造。一方面，板块构造将主要生命营养元素（碳、氢、氧、氮、硫、磷等）通过大洋中脊或弧后盆地火山喷气热柱从地球深部带到地表大洋中；另一方面，通过大洋中脊或岛弧火山作用喷射到大气圈中的二氧化碳气体经过风化作用形成可溶盐酸盐，通过河流汇入大洋，最终形成碳酸盐岩成为洋壳的一部分。板块俯冲会将碳酸盐岩转回到地幔中，从而完成碳的循环。因此，板块构造环境下的碳循环像一个地球恒温器，通过调节大气圈中的二氧化碳浓度，形成有利于初始生命形式存活和进一步繁衍的温室性气候。然而，地球表面这种恒温气候在超大陆聚合和裂解过程中会被改变，甚至形成一些极端气候条件，对地球宜居性产生重大影响。例如，在超大陆聚合过程中，地幔岩浆喷发至地表的机会明显减少，通过火山射气进入大气圈中的二氧化碳含量急剧降低，从而形成极端寒冷干燥的气候环境。有人就曾提出二叠纪末生物大灭绝事件就是潘吉亚超大陆聚合所导致的极端寒冷干旱气候所致（Nance et al.，2014）。相反，在超大陆裂解过程中，超级地幔柱不仅从地球深部带来大量生命营养元素，而且会通过火山喷发将大量的二氧化碳带入大气圈中，导致地球升温。寒武纪生命大爆发可能与罗迪尼亚超大陆和冈瓦纳大陆块裂解有密切关系（Nance et al.，2014）。但是这些超大陆聚散对大气圈和生物圈影响的假说缺少深入研究和系统论证。有效恢复超大陆聚散关键期大气二氧化碳浓度变化及其对生态系统影响的过程和机制是需要优先解决的问题。

五、展望和未来研究方向

综上所述，地球演化的不同阶段发生过各类性质和规模不同的重大地质事件，对地球宜居性产生了深刻的影响。揭示重大地质事件的深地过程以及对地表环境和生物演化的影响，对认识地球宜居性演化至关重要。今后10～15 年宜围绕这一领域中四个重大地质事件，优先解决如下关键科学问题。

（1）雪球冰期事件对地球宜居性的影响。重点围绕构造古地理、风化作用和大火山岩省等与气候相关的地质过程与古气候模型开展研究，揭示雪球冰期和间冰期气候的具体演变和雪球冰期前后大气 - 海洋氧化过程，探讨雪球冰期的触发和结束机制以及对生物演化的影响。

（2）两次大氧化事件对地球宜居性的影响。重点开展大气和海洋氧化程度的定量评估方面探讨，揭示地球大气和海洋氧化的具体过程及其与生物演化之间的关系，探讨大氧化事件的触发机制，特别是与地球深部过程和板块构造机制演变之间的关联机制。

（3）极热 / 缺氧事件对地球宜居性的影响。重点围绕显生宙以来几次对生物演化具有重大影响的极热 / 缺氧事件开展研究，揭示这些极热 / 缺氧事件的具体演变过程，探讨极热 / 缺氧事件与大火成岩省、气候 - 环境变化之间的耦合机制。

（4）超大陆聚散对地球宜居性的影响。重点开展超大陆聚散对全球海平面、大洋环流、海水温度 / 盐度和营养等成分的影响，特别是超大陆聚散对物质循环和气候的影响方面的研究。

解决这些问题的关键是需要采用地球系统科学的思维，构建新的理论和方法体系，从全球角度构建相关地质事件各种记录的数据库，加强地球科学不同分支科学的交叉融合，重点聚焦地球深部过程对地表过程影响的机理研究，构建新的地球系统数值模型。目标是揭示重大地质事件的物理、化学和生物学过程及其相互作用机理，为认识地球宜居性演化提供科学依据。

本章参考文献

陈军，徐义刚. 2017. 二叠纪大火成岩省的环境与生物效应：进展与前瞻. 矿物岩石地球化学通报，36（3）：374-393.

胡修棉，李娟，韩中，等. 2020. 中新生代两类极热事件的环境变化、生态效应与驱动机制. 中国科学：地球科学，50：1023-1043.

朱茂炎，赵方臣，殷宗军，等. 2019. 中国的寒武纪大爆发研究：进展与展望. 中国科学：地球科学，49：1455-1490.

Bellefroid E J, Hood A V S, Hoffman P F, et al. 2018. Constraints on Paleoproterozoic atmospheric oxygen levels. Proceedings of the National Academy of Sciences of the United States of America, 115: 8104-8109.

Benca J P, Duijnstee I A P, Looy C V. 2018. UV-B-induced forest sterility: implications of ozone shield failure in Earth's largest extinction. Science advances, 4: e1700618.

Berner R A. 1997. The rise of plants and their effect on weathering and atmospheric CO_2. Science, 276(5312): 544-546.

Bernhardt A, Oelze M, Bouchez J, et al. 2020. $^{10}Be/^9Be$ ratios reveal marine authigenic clay formation. Geophysical Research Letters, 47(4): e2019GL086061.

Bianchi D, Sarmiento J L, Gnanadesikan A, et al. 2010. Low helium flux from the mantle inferred from simulations of oceanic helium isotope data. Earth and Planetary Science Letters, 297(3/4): 379-386.

Bindeman I N, Zakharov D O, Palandri J, et al. 2018. Rapid emergence of subaerial landmasses and onset of a modern hydrologic cycle 2.5 billion years ago. Nature, 557(7706): 545-548.

Blum J D, Sherman L S, Johnson M W. 2014. Mercury isotopes in earth and environmental sciences. Annual Review of Earth and Planetary Sciences, 42(1): 249-269.

Börker J, Hartmann J, Romero-Mujalli G, et al. 2019. Aging of basalt volcanic systems and decreasing CO_2 consumption by weathering. Earth Surface Dynamics, 7(1): 191-197.

Burgess S D, Bowring S, Shen S Z. 2014. High-precision timeline for Earth's most severe extinction. Proceedings of the National Academy of Sciences of the United States of America, 111(9): 3316-3321.

Caldeira K, Kasting J F. 1992. Susceptibility of the early Earth to irreversible glaciation caused by carbon dioxide clouds. Nature, 359: 226-228.

Canfield D E, van Zuilen M A, Nabhan S, et al. 2021. Petrographic carbon in ancient sediments constrains Proterozoic Era atmospheric oxygen levels. Proceedings of the National Academy of Sciences of the United States of America, 118: e2101544118.

Cao W R, Lee C T A, Lackey J S. 2017. Episodic nature of continental arc activity since 750 Ma: A global compilation. Earth and Planetary Science Letters, 461: 85-95.

Catling D C, Zahnle K J. 2020. The archean atmosphere. Science Advances, 6(9): eaax1420.

Cawood P A. 2020. Earth matters: A tempo to our planet's evolution. Geology, 48(5): 525-526.

Charlson R J, Lovelock J E, Andreae M O, et al. 1987. Oceanic phytoplankton, atmospheric sulphur, cloud albedo and climate. Nature, 326: 655-661.

Chen S C, Sun G X, Yan Y, et al. 2020a. The Great Oxidation Event expanded the genetic repertoire of arsenic metabolism and cycling. Proceedings of the National Academy of Sciences of the United States of America, 117(19): 10414-10421.

Chen Y, Hedding D W, Li X M, et al. 2020b. Weathering dynamics of large igneous provinces (LIPs): a case study from the Lesotho Highlands. Earth and Planetary Science Letters, 530: 115871.

Coffin M F, Eldholm O. 1994. Large igneous provinces: crustal structure, dimensions, and external consequences. Reviews of Geophysics, 32(1): 1-36.

Cole D B, Mills D B, Erwin D H, et al. 2020. On the co-evolution of surface oxygen levels and animals. Geobiology, 18(3): 260-281.

Coogan L A, Dosso S E. 2015. Alteration of ocean crust provides a strong temperature dependent feedback on the geological carbon cycle and is a primary driver of the Sr-isotopic composition of seawater. Earth and Planetary Science Letters, 415: 38-46.

Dalziel I W D. 1997. Overview: neoproterozoic-Paleozoic geography and tectonics: Review, hypothesis, environmental speculation. Geological Society of America Bulletin, 109(1): 16-42.

Dessert C, Dupré B, Gaillardet J, et al. 2003. Basalt weathering laws and the impact of basalt weathering on the global carbon cycle. Chemical Geology, 202(3/4): 257-273.

Ebelmen J J. 1845. Sur les produits de la decomposition des especes minerales de la famile des silicates. Annual Review of Earth and Planetary Sciences, 12: 627-654.

Elderfield H, Schultz A. 1996. Mid-ocean ridge hydrothermal fluxes and the chemical composition of the ocean. Annual Review of Earth and Planetary Sciences, 24: 191-224.

Ernst R E, Bleeker W, Söderlund U, et al. 2013. Large igneous provinces and supercontinents: Toward completing the plate tectonic revolution. Lithos, 174: 1-14.

Ernst R E, Youbi N. 2017. How large igneous provinces affect global climate, sometimes cause mass extinctions, and represent natural markers in the geological record. Palaeogeography, Palaeoclimatology, Palaeoecology, 478: 30-52.

Fan J X, Shen S Z, Erwin D H, et al. 2020. A high-resolution summary of Cambrian to Early Triassic marine invertebrate biodiversity. Science, 367: 272-277.

Farquhar J, Bao H, Thiemens M. 2000. Atmospheric influence of Earth's earliest sulfur cycle. Science, 289: 756-759.

Fuentes J J, Crowley J W, Dasgupta R, et al. 2019. The influence of plate tectonic style on melt production and CO_2 outgassing flux at mid-ocean ridges. Earth and Planetary Science Letters, 511: 154-163.

Ganino C, Arndt N T. 2009. Climate changes caused by degassing of sediments during the emplacement of large igneous provinces. Geology, 37(4): 323-326.

Grasby S E, Them T R, Chen Z H, et al. 2019. Mercury as a proxy for volcanic emissions in the geologic record. Earth-Science Reviews, 196: 102880.

Hemingway J D, Olson H, Turchyn A V, et al. 2020. Triple oxygen isotope insight into terrestrial pyrite oxidation. Proceedings of the National Academy of Sciences of the United States of America, 117: 7650-7657.

Hoffman P F. 1989. Speculations on Laurentia's first gigayear (2.0 to 1.0 Ga). Geology, 17(2): 135.

Hoffman P F, Abbot D S, Ashkenazy Y, et al. 2017. Snowball Earth climate dynamics and Cryogenian geology-geobiology. Science Advances, 3(11): e1600983.

Hoffman P F, Kaufman A J, Halverson G P, et al. 1998. A neoproterozoic snowball Earth. Science, 281(5381): 1342-1346.

Holland H D. 2002. Volcanic gases, black smokers, and the Great Oxidation Event. Geochimica et Cosmochimica Acta, 66(21): 3811-3826.

Hu X M, Li J, Han Z, et al. 2020. Two types of hyperthermal events in the Mesozoic-Cenozoic: Environmental impacts, biotic effects, and driving mechanisms. Science China Earth Sciences, 63(8): 1041-1058.

Isson T T, Planavsky N J. 2018. Reverse weathering as a long-term stabilizer of marine pH and planetary climate. Nature, 560(7719): 471-475.

Johansson L, Zahirovic S, Müller R D. 2018. The interplay between the eruption and weathering of large igneous provinces and the deep-time carbon cycle. Geophysical Research Letters, 45(11): 5380-5389.

Kasting J F. 2004. When methane made climate. Scientific American, 291(1): 78-85.

Kirschvink J L. 1992. Late Proterozoic low-latitude global glaciation: the snowball Earth. New York: Cambridge University Press.

Kump L R, Arthur M A. 1997. Global chemical erosion during the Cenozoic: weatherability balances the budge// Ruddiman W. Tectonics Uplift and Climate Change. Boston: Springer.

Larsen I J, Almond P C, Eger A, et al. 2014. Rapid soil production and weathering in the Southern Alps, New Zealand. Science, 343(6171): 637-640.

Le H G, Donnadieu Y, Krinner G, et al. 2010. Toward the Snowball Earth deglaciation. Climate Dynamics, 35(2): 285-297.

Lee C T A, Yeung L Y, McKenzie N R, et al. 2016. Two-step rise of atmospheric oxygen linked to the growth of continents. Nature Geoscience, 9: 417-424.

Lenton T M, Boyle R A, Poulton S W, et al. 2014. Co-evolution of eukaryotes and ocean oxygenation in the Neoproterozoic era. Nature Geoscience, 7: 257-265.

Lenton T M, Daines S J, Mills B J W. 2018. COPSE reloaded: An improved model of biogeochemical cycling over Phanerozoic time. Earth-Science Reviews, 178: 1-28.

Li G J, Elderfield H. 2013. Evolution of carbon cycle over the past 100 million years. Geochimica Et Cosmochimica Acta, 103: 11-25.

Li G J, Hartmann J, Derry L A, et al. 2016. Temperature dependence of basalt weathering. Earth and Planetary Science Letters, 443: 59-69.

Li G J, Yang R, Xu Z, et al. 2022. Oxygen isotopic alteration rate of continental crust recorded by detrital zircon and its implication for deep-time weathering. Earth and Planetary Science

Letters, 578: 117292.

Li L, Li L F, Li G J. 2017. Uranium comminution age responds to erosion rate semi-quantitatively. Acta Geochimica, 36(3): 426-428.

Li L F, Chen J, Chen T Y, et al. 2018. Weathering dynamics reflected by the response of riverine uranium isotope disequilibrium to changes in denudation rate. Earth and Planetary Science Letters, 500: 136-144.

Li W Q, Beard B L, Li C X, et al. 2015. Experimental calibration of Mg isotope fractionation between dolomite and aqueous solution and its geological implications. Geochimica Et Cosmochimica Acta, 157: 164-181.

Liu C Q, Zhao Z Q, Wang Q L, et al. 2011. Isotope compositions of dissolved lithium in the rivers Jinshajiang, Lancangjiang, and Nujiang: Implications for weathering in Qinghai-Tibet Plateau. Applied Geochemistry, 26: S357-S359.

Lovelock J E, Margulis L. 1974. Atmospheric homeostasis by and for the biosphere: the gaia hypothesis. Tellus, 26(1/2): 2-10.

Lyons T W, Reinhard C T, Planavsky N J. 2014. The rise of oxygen in Earth's early ocean and atmosphere. Nature, 506(7488): 307-315.

MacDonald F A, Swanson-Hysell N L, Park Y, et al. 2019. Arc-continent collisions in the tropics set Earth's climate state. Science, 364(6436): 181-184.

MacDonald F A, Wordsworth R. 2017. Initiation of Snowball Earth with volcanic sulfur aerosol emissions. Geophysical Research Letters, 44(4): 1938-1946.

Mao H K, Hu Q Y, Yang L X, et al. 2017. When water meets iron at Earth's core-mantle boundary. National Science Review, 4(6): 870-878.

Marty B, Tolstikhin I N. 1998. CO_2 fluxes from mid-ocean ridges, arcs and plumes. Chemical Geology, 145(3/4): 233-248.

McKenzie N R, Horton B K, Loomis S E, et al. 2016. Continental arc volcanism as the principal driver of icehouse-greenhouse variability. Science, 352(6284): 444-447.

Misra S, Froelich P N. 2012. Lithium isotope history of cenozoic seawater: changes in silicate weathering and reverse weathering. Science, 335(6070): 818-823.

Montoya-Pino C, Weyer S, Anbar A D，et al. 2010. Global enhancement of ocean anoxia during Oceanic Anoxic Event 2: A quantitative approach using U isotopes. Geology, 38 (4): 315-318.

Nance R D, Murphy J B, Santosh M. 2014. The supercontinent cycle: a retrospective essay.

Gondwana Research, 25(1): 4-29.

Opdyke B N, Wilkinson B H. 1988. Surface area control of shallow cratonic to deep marine carbonate accumulation. Paleoceanography, 3(6): 685-703.

Ostrander C M, Johnson A C, Anbar A D. 2021. Earth's first redox revolution. Annual Review of Earth and Planetary Sciences, 49: 337-366.

Payne J L, Clapham M E. 2012. End-permian mass extinction in the Oceans: an ancient analog for the Twenty-First Century?. Annual Review of Earth and Planetary Sciences, 40: 89-111.

Poulton S W, Bekker A, Cumming V M, et al. 2021. A 200-million-year delay in permanent atmospheric oxygenation. Nature, 592(7853): 232-236.

Raymo M E, Ruddiman W F, Froelich P N. 1988. Influence of late Cenozoic mountain building on ocean geochemical cycles. Geology, 16(7): 649.

Riebe C S, Hahm W J, Brantley S L. 2017. Controls on deep critical zone architecture: a historical review and four testable hypotheses. Earth Surface Processes and Landforms, 42(1): 128-156.

Robock A. 2000. Volcanic eruptions and climate. Reviews of Geophysics, 38(2): 191-219.

Rooney A D, Yang C, Condon D J, et al. 2020. U-Pb and Re-Os geochronology tracks stratigraphic condensation in the Sturtian snowball Earth aftermath. Geology, 48(6): 625-629.

Schaller M F, Wright J D, Kent D V, et al. 2012. Rapid emplacement of the Central Atlantic Magmatic Province as a net sink for CO_2. Earth and Planetary Science Letters, 323: 27-39.

Schlanger S O, Jenkyns H. 1976. Cretaceous oceanic anoxic events: causes and consequences. Geologie En Mijnbouw, 55(3-4): 179-184.

Self S. 2006. The effects and consequences of very large explosive volcanic eruptions. Philosophical Transactions of the Royal Society A, 364: 2073-2097.

Shen J, Chen J B, Algeo T J, et al. 2019. Evidence for a prolonged Permian-Triassic extinction interval from global marine mercury records. Nature Communications, 10: 1563.

Shields G A, Mills B J W, Zhu M Y, et al. 2019. Unique Neoproterozoic carbon isotope excursions sustained by coupled evaporite dissolution and pyrite burial. Nature Geoscience, 12: 823-827.

Shields-Zhou G, Och L. 2011. The case for a Neoproterozoic oxygenation event: Geochemical evidence and biological consequences. GSA Today, 21(3): 4-11.

Sigl M, Winstrup M, McConnell J R, et al. 2015. Timing and climate forcing of volcanic eruptions for the past 2,500 years. Nature, 523: 543-549.

Sleep N H, Zahnle K. 2001. Carbon dioxide cycling and implications for climate on ancient Earth.

Journal of Geophysical Research: Planets, 106(E1): 1373-1399.

Sobolev S V, Brown M. 2019. Surface erosion events controlled the evolution of plate tectonics on Earth. Nature, 570(7759): 52-57.

Spencer C J, Murphy J B, Kirkland C L, et al. 2018. A Palaeoproterozoic tectono-magmatic lull as a potential trigger for the supercontinent cycle. Nature Geoscience, 11: 97-101.

Stolper D A, Bucholz C E. 2019. Neoproterozoic to early Phanerozoic rise in island arc redox state due to deep ocean oxygenation and increased marine sulfate levels. Proceedings of the National Academy of Sciences, 116(18): 8746-8755.

Svensen H H, Jerram D A, Polozov A G, et al. 2019. Thinking about LIPs: A brief history of ideas in Large igneous province research. Tectonophysics, 760: 229-251.

Them T R II, Gill B C, Caruthers A H, et al. 2018. Thallium isotopes reveal protracted anoxia during the Toarcian (Early Jurassic) associated with volcanism, carbon burial, and mass extinction. Proceedings of the National Academy of Sciences of the United States of America, 115(26): 6596-6601.

Unrug R. 1992. The supercontinent cycle and Gondwanaland assembly: component cratons and the timing of suturing events. Journal of Geodynamics, 16(4): 215-240.

Urey H C. 1952. The planets: their origin and development. New Haven, Conn: Yale University Press.

Vail P. 1977. Global cycles of relative changes of sea level. Seismic stratigraphy: Applications to hydrocarbon exploration.

Walker J C G, Hays P B, Kasting J F. 1981. A negative feedback mechanism for the long-term stabilization of Earths surface temperature. Journal of Geophysical Research: solid Earth, 86(C10): 9776-9782.

Warke M R, Di Rocco T, Zerkle A L, et al. 2020. The great oxidation event preceded a paleoproterozoic "snowball Earth". Proceedings of the National Academy of Sciences, 117(24): 13314-13320.

Watson A J, Lovelock J E. 1983. Biological homeostasis of the global environment: the parable of Daisyworld. Tellus B, 35B: 284-289.

Wei G J, Ma J L, Liu Y, et al. 2013. Seasonal changes in the radiogenic and stable strontium isotopic composition of Xijiang River water: implications for chemical weathering. Chemical Geology, 343: 67-75.

White A F, Blum A E. 1995. Effects of climate on chemical weathering in watersheds. Geochimica Et Cosmochimica Acta, 59(9): 1729-1747.

Wignall P B. 2001. Large igneous provinces and mass extinctions. Earth-Science Reviews, 53(1/2): 1-33.

Willenbring J K, Codilean A T, McElroy B. 2013. Earth is (mostly) flat: apportionment of the flux of continental sediment over millennial time scales. Geology, 41(3): 343-346.

Worsley T R, Nance D, Moody J B. 1984. Global tectonics and eustasy for the past 2 billion years. Marine Geology, 58(3/4): 373-400.

Xu Y G, He B, Chung S L, et al. 2004. Geologic, geochemical, and geophysical consequences of plume involvement in the Emeishan flood-basalt province. Geology, 32(10): 917.

Young G M. 2019. Aspects of the Archean-Proterozoic transition: How the great Huronian Glacial Event was initiated by rift-related uplift and terminated at the rift-drift transition during break-up of Lauroscandia. Earth-Science Reviews, 190: 171-189.

Zhang H, Zhang F F, Chen J B, et al. 2021. Felsic volcanism as a factor driving the end-Permian mass extinction. Science Advances, 7(47): eabh1390.

Zhao G C, Cawood P A, Wilde S A, et al. 2002. Review of global 2.1-1.8 Ga orogens: implications for a pre-Rodinia supercontinent. Earth-Science Reviews, 59(1-4): 125-162.

Zhao G C, Wang Y J, Huang B, et al. 2018. Geological reconstructions of the East Asian blocks: From the breakup of Rodinia to the assembly of Pangea. Earth-Science Reviews, 186: 262-286.

深地科学研究中的新技术和新方法

前面凝练出的深地科学前沿领域重大科学问题可以归为两大类，一是涉及地球深部的结构、组成和动力过程；二是涉及深部过程或者深部引擎如何控制地表系统的演化。"工欲善其事，必先利其器"。这里的"器"是指技术和方法，是指解决深地重大问题所需的技术突破和平台保障，只有在技术和方法上均有创新和突破，才能够做以前做不到的事情以及做别人不能做的事情，实现超越和引领。本章旨在分析哪些技术可以支撑深地科学的创新研究，哪些方法或科技思维需要在未来加以重视。

地球深部下不去、看不见、摸不着，目前人类钻井极限深度仍未超过地壳浅部的十多千米厚度，因此从地壳下至地核三千多千米范围内的物质成分和结构仍然是一个谜。对于前一类的重大科学问题，一般通过地球物理探测、地球化学示踪、高温高压模拟实验和计算动力学等手段进行研究。地球物理学主要利用地震波来探测现今地球内部的结构，而岩石探针则通过研究地表上来自地球深部的岩石矿物和来自地球外宇宙的陨石等样品，来推测地球的内部结构和物性，重建地球演化的历史，实验和计算则通过模拟深地极端环境来了解地球内部物质组成和结构。每一种手段都有其独到之处，但也有局限，正确的方法是在发展各自技术的同时，通过联合和融通，提升对深地组成和过程的认识程度。而对后一类问题，则需建立统一的高精度事件框架和整合不同圈层的地球模型，从而从整体上揭示地球系统的运作机制。本章就这些需要突破的六个方面进行展望。

第一节　深部地球物理探测技术

地球物理学运用物理学原理和方法，对地球的物理场进行观测和分析计算，进而探索地球本体及近地空间的介质结构、物质组成、形成和演化。与岩石探针、高温高压实验等深地研究方法相比，地球物理探测所获得的地球介质信息是原位信息，且具有探测深度大、范围广、分辨率高等特点，不仅可以构建地球深部三维结构图像，而且能够通过不同观测的联合分析约束地球内部动力运行过程，因此在地球深部探测中具有不可替代的地位。

重力、地磁、电磁、地震、大地热流和放射性等是研究固体地球本体的主流地球物理方法，但迄今为止，只有地震学和电磁感应测深两类方法能够对地幔尺度进行大深度直接探测。

一、深部探测的主要发展趋势

1. 地震深部探测

地震学方法是研究地球内部介质结构和属性的重要手段，人类对地球内部结构的定量认识主要来自于地震学的贡献。进入21世纪以来，地震深部探测在成像方法、震源和观测技术等方面取得了许多突破性进展，为进一步揭示深地奥秘提供了机遇。

1）环境噪声成像

Aki（1957）提出了利用随机平稳噪声获取介质结构信息的前瞻思想。这一思想于1993年首先在日震学中得到应用（Duvall et al., 1993），后于2005年应用于地震学研究领域（Shapiro et al., 2005）。环境噪声成像方法摆脱了对人工或天然震源的依赖，这种虚拟源具备可重复性，不仅为低成本、高分辨率的地震成像提供了理论基础，而且还为地下介质时移监测提供了理想的信号来源。该方法的意义不仅在于成像方法本身，更在于为地震学开辟了新的、高效的、可靠的信息来源，堪称 21 世纪以来地震学领域最具突破性的进展之一。目前基于环境噪声的方法已成功应用到近地表工程、油气勘探、区域和全球尺度地球结构成像（Nakata et al.，2019），但绝大多数研究主要集中于面波频散信息的提取和利用，尽管已有一些成功提取地壳、地幔过渡带、下地幔小尺度散射体体波信号的研究案例（Zhan et al.，2010；Ryberg，2011；Poli et al.，2012；Zhang et al.，2020a），但如何基于环境噪声构建高信噪比、全波列格林函数，并进行大深度、高分辨率地球内部结构重建和时移监测，仍将是今后地震学研究领域最需要、也是最可能取得突破的重要方向之一。

2）有限频层析成像与全波形反演

自 20 世纪 70 年代中期 Aki 和 Lee（1976）提出地震层析成像方法至今，基于射线理论进行走时层析成像仍是研究地球内部结构的主流方法。经典的射线理论是基于地震波无限高频假设提出的，实际上，从地震波的激发、传播到接收全过程，无限高频假设均不具有物理可实现性。在有限频条件下，强的小尺度非均匀体引起的散射和波前愈合效应，在震相走时上是无法区分的，从而影响地震波走时成像的分辨率。Marquering、Dahlen 和 Nolet 等在 21 世纪初提出了有限频层析成像方法（Marquering et al.，1999；Dahlen et al.，2000）。该方法基于波场扰动理论，建立了旅行时残差与介质速度扰动之间的线性关系，在不过分增加计算成本的情况下，在一定程度上克服了射线理论的不足。全波形反演（full waveform inversion，FWI）是一种尽量使用波形记录中全部信息特征的反演方法，一般是基于波动方程进行的全波场正演模拟，包括全部震相的相位、频率、振幅等特征信息，集成了偏移和层析成像的优点，跳出了经典走时成像在异常体尺度、扰动幅度、反演参数等方面的局限。对初始模型依赖较强、计算量过大和反演结果具有多解性，是目前制约 FWI 应用的主要因素。作为一种更为先进的、基于有限频理论的地震成像方法－技术体系，FWI 涉及震源、模型参数化、初始模型构建、正演模拟、波场反向延拓和算法优化等多个环节，其中任一环节的实质性进步，均将带来计算精度和效率的提升。如通过正演波场与伴随波场的相互作用快速求解目标函数梯度的伴随层析成像方法（adjoint tomograpy）、将成像区域局限于目标区的厢式层析成像（box tomography）方法、基于 W2 目标函数构建的全局优化方法、基于机器学习方法的波形反演等（Masson and Romanowicz，20017a，2017b；Yang and Ma，2019）是近年来取得的代表性进展。此外，无串扰的震源编码方法、不确定性分析算法、全局优化算法、基于机器学习方法的数据分析、计算加速和超级计算等方面的发展，将会对全波形反演产生深远影响（Tromp，2019；Romanowicz et al.，2020）。

3）可重复人工震源

天然地震产生的能量强，但地震数目、时空分布有限。尽管环境噪声作为一种新的可供利用的天然源，可以克服传统天然震源的不足，但对于地球深部探测而言需长时间连续观测，且尚存在体波信号提取困难等问题。人工震源在激发空间和时间上的可控性、震源参数的确定性等优势，可在很大的程度上弥补天然地震和环境噪声的不足，但如何做到绿色环保、经济高效，是有待解决的重要问题。陈颙院士团队开展了一系列非传统人工震源实验，遴选水体中气枪阵列激发的人工震源作为研究大陆地壳结构的有效震源，先后在云南、新疆和甘肃等地区建立了固定式地震信号发射台，使我国在人工地震信号发射台建设和利用方面走在了世界前列（陈颙等，2017）。特别设计的人工水体中气枪阵列激发的信号具备很好的一致性，可重复性强，经数千次叠加后的有效信号可追踪上千千米，探测深度可达上地幔顶部，为利用地震响应随时间变化进行地球深部应力应变动态监测提供了重要的研究手段。北京大学宁杰远教授团队等将行进中的高铁作为可重复人工震源加以利用，针对高铁震源、波场、频谱及成像方法进行了攻关研究，目前已取得了系列重要进展（石永祥等，2021；蒋一然等，2022）。在如何加大可重复人工震源的探测深度和范围，以及发展配套的观测技术和数据处理分析方法方面，尚存在广阔的探索和应用空间（王宝善等，2016）。

4）短周期密集台阵探测

随着便携式、低功耗、一体化短周期地震仪和节点式地震观测系统的发展，短周期密集台阵探测技术逐渐成为探测地球精细结构的重要手段。根据探测目标的不同，观测系统可灵活地按线性或面状阵列布设，台间距通常为几米至几千米。相较于传统宽频带地震探测方法，不仅显著提高了空间和时间分辨率（temporal resolution），而且为震相的连续追踪、信噪比提高、基于波动方程高精度成像的应用等提供了重要的数据支持。短周期密集台阵观测的实现，得益于低成本、低功耗、节点化地震传感技术的进步，观测记录的密集性、长时连续性，是其特色和优势所在，其重要意义不仅在于记录本身显著提高的空间和时间分辨率，更在于海量数据对传统深部探测方式、数据处理技术、基本理论方法带来的挑战和机遇，尤其是在勘探地震学与天然地震学之间架起了理念互鉴、技术互通的桥梁，成为实现高分辨率地震深部探测新的发展方向（Lin et al.，2013；Inbal et al.，2016；张明辉等，2020）。

5）光纤地震仪与旋转地震学

光纤传感是通过在光纤一端重复发射探测激光，在同端或另一端接收散射光或透射光，并解调其相位、偏振、振幅等变化，从而实现对光纤及环境参数（如应力、应变、温度）变化的感知。按光纤在传感系统中所起的作用，可分为以光纤为传感部件的本征传感和以引导激光传播进行传感测量的非本征传感两大类（王伟君等，2022）。光纤地震仪是基于光纤传感技术而发展起来的地球振动传感设备，具有环境适应性强、运维成本低、易于分布式组网等优点。在光纤的本征传感应用方面，主要包括基于散射光的分布式声波传感（distributed acoustic sensing，DAS）和基于前向透射光的振动传感，前者在油气勘探与开发监测、近地表结构探测、轨道交通安全监测、活动断层和滑坡等灾害监测中已得到有效应用，后者在海底地震监测和定位、海啸预警等方面展示出了一定的应用潜力（Zhan et al.，2021）。在光纤的非本征传感应用方面，目前已有加速度型、位移型、应变型和旋转型等光纤地震仪得到开发和应用，但受限于噪声水平、频带宽度，以及拾振器结构设计（稳定性和尺寸）、系统传递函数研究程度等，目前仅有位移型光纤地震仪可应用于地球深部探测所需的规模化、高灵敏度、长周期天然地震信号观测（张文涛等，2021），而旋转型光纤地震仪因其对振动旋转分量的高精度测量而大大促进了人们对地震波旋转效应的认识和应用。根据经典力学理论，刚体运动需三个平动分量和三个旋转分量才能得到完备的描述。早在19世纪中叶，人们就已关注到地震波传播过程中的旋转效应，但由于直接观测旋转分量困难，且人们普遍认为旋转运动效应过于微弱等技术和认识方面的原因，传统地震仪始终以平动分量观测为主。近几十年来，地震波旋转分量在理论研究和仪器研制方面均取得了重要进展，并逐渐发展成为一门全面研究由地震、爆破

237

及周围环境振动引发的地面旋转运动的新兴学科——旋转地震学（Lee et al.，2009）。特别是近年来，以环形激光陀螺仪和光纤旋转地震仪为代表的、基于光纤传感技术而研制的高灵敏度、高精度系列旋转测量仪器的出现，为旋转地震学观测和应用提供了关键设备支撑，并在地震波场分离、震源参数反演与破裂过程重建、深部结构成像等方面展现出强大的应用潜力（王伟君等，2022）。

2. 电磁感应深部探测

电磁感应测深是以人工激发或天然电磁波信号为场源，基于地表或近地空间电磁场观测资料，利用电磁感应原理获取地球内部电导率分布的地球物理方法。由于电导率对温度、矿物组分（特别是水、铁和硫含量）以及熔流体的分布十分敏感，该类方法在揭示地球内部结构、状态和物质组成上具有不可替代的作用（Karato，1990）。大地电磁法（magnetotelluric method，MT）和地磁测深（geomagnetic depth sounding，GDS）是目前能够探测壳幔深部结构的两种常用的电磁测深方法。MT 以天然平面电磁波为场源，通过地表观测正交电磁场构建地下电性结构。由于平面波信号周期范围的限制以及高导软流圈的存在，该方法主要用于岩石圈尺度的探测研究（Selway，2015）。GDS以磁层内环状电流所激发的磁场为场源，通过固定地磁台站资料获取区域乃至全球地幔深部的电导率分布（Kelbert et al.，2009）。近年来，随着理论方法、仪器设备的发展和完善，地球深部电磁感应研究取得了长足进展，但同样也面临一些新的难题和挑战。

（1）区域性阵列大地电磁观测网络的开展实施，以及三维正反演并行计算技术的日渐成熟，使得开展大范围岩石圈三维立体电导率成像研究成为现实。目前已开展的此类研究包括美国阵列探测计划（USArray）、澳大利亚岩石圈结构大地电磁探测计划（AusLAMP）及我国深部探测技术与实验研究专项（SinoProbe）等（董树文和李廷栋，2009；Meqbel et al.，2014；Robertson et al.，2016）。

（2）近地电磁卫星观测填补了传统地面观测的"空白区"（如海洋、高原、极地等地区），可显著改善全球观测数据的空间覆盖率，提升地幔电性结构成像的横向分辨率和精度。近年来，国外学者利用 CHAMP、Orsted、SWARM

等卫星数据已开展一系列深部成像研究，并取得了重要进展（Püthe et al.，2015；Grayver et al.，2016，2017）。我国于 2018 年成功发射了首颗电磁卫星——"张衡一号"，主要用于电磁环境监测和地震预报研究，其基础数据可进一步用于深部探测研究；此外，我国已于 2023 年发射并正式投入使用的地磁卫星——"澳科一号"，将为地球深部研究提供新的观测资料。

（3）随着海域电磁观测仪器（如海底大地电磁仪，利用无人波浪滑翔器搭载的漂浮式磁测平台等）及相关方法技术的快速发展，电磁探测研究正逐步由大陆走向深海，在海洋构造演化和矿产、油气资源调查研究中发挥越来越重要的作用。近期，挪威学者利用联合可控源和大地电磁数据获得了北冰洋莫恩斯（Mohns）超慢速扩张脊的壳幔电性结构图像，并对流体含量和热结构进行了约束（Johansen et al.，2019）。

（4）利用非常规的天然电磁场源（如海洋潮汐、电离层 S_q 电流体系）信号开展深部成像研究有望弥补传统 MT 和 GDS 对上地幔电导率结构敏感度不足的缺陷，但相对更复杂的场源结构给成像也带来了新的挑战（Zhang et al.，2019；Munch et al.，2020）。

（5）联合电磁测深结果和其他多学科资料（如地震波速、高温高压实验等）定量约束壳幔温度结构、流熔体含量乃至流变性得到了广泛采用并取得了较好的效果。Liu 和 Hasterok（2016）基于电性结构构建黏滞度模型，将电磁测深结果与地球动力学模型联系起来，展示出良好的应用前景。

二、重点关注的方向

深部地球物理探测技术的发展，取决于观测技术、成像方法、研究思路和理念的发展，未来需重点关注以下三个方面。

1. 推进海 - 陆联合观测技术发展，注重仪器设备、观测数据共享平台建设

全面认识板块构造、大陆与大洋的协同演化，是当前地球系统科学和深地科学研究的前沿。近年来，过去探测困难的海洋地区已逐步成为国际深部地球物理探测的重点目标，如夏威夷热点深部地幔探测实验（Plume-

Lithosphere Undersea Melt Experiment，PLUME）、南大西洋被动边缘演化（South Atlantic Margin Processes and Links with onshore Evolution，SAMPLE）、太平洋地球物理观测阵列（Pacific Array）等观测计划已经或正在实施。在占地球表面 70% 的海洋地区开展高质量地球物理观测，是对地球深部获得全面空间采样的基本前提。大力发展海域地球物理观测技术（如海底电磁观测、海底地震观测、潜标式海洋地震观测、海底光纤传感等），并推进建立洋－陆地震、电磁台网、GPS 观测、雷达卫星影像以及重力、地磁卫星测量等多学科、多手段联合观测台网，将为我国在岩石圈流变学、洋陆演化和板块构造重大理论创新方面取得突破提供重要保障。要实现上述目标，我国需要注重设备与数据共享平台建设，实现地球物理观测设备和数据利用方面的价值最大化。

2. 强调突破观测系统限制、借鉴多学科思路的方法创新

因受地表观测系统的限制，深部探测属于"遥感"方法，而且台站的分布不均制约了对地球深部结构成像的精度和分辨率。针对这种观测系统限制的方法创新，应是未来我国深部探测研究的重要内容。如利用波场干涉思想和技术，从连续噪声记录中提取结构信号、从已有地震信号数据中提取新的结构信号，有望极大地补充和拓展现有观测系统；通过波场干涉或延拓，将地表观测系统"移动"到接近深部研究目标区域，使"遥感"变为"近测"，有望显著提高结构成像精度和分辨率。然而，这些思路和方法在未来深部结构探测方面的应用，尚有待地震学干涉理论、信号提取和分析技术等方面取得突破。随着密集观测数据的积累，地球科学进入大数据时代，应用人工智能、互联网等新技术的深部结构探测既是研究需要，也将助力地震学理论的创新和进步。

3. 加强下地幔和地核探测，推动定量化、多尺度综合研究

根据地球系统科学研究对深部地球物理探测的需求，未来我国深部探测需要加强对目前认识程度仍很薄弱的下地幔和地核结构的研究，以期获得从深部到浅表全面、完整的认识；对深部结构和性质的研究模式需要从定性走向定量化，以减小认识中的不确定性；在不断提高地球物理探测精度和分辨率的基础上，将地球物理、地质、岩石学、地球化学等多学科观测与动力学模拟和实验相结合，加强圈层相互作用和地球系统研究。

第二节　高温高压实验模拟技术

　　地球科学是个大侦探科学，从确知的物理化学规律推断久远时空的历史事件，对比地质现象观测，对地球的演化过程做出合理的解释。岩石探针利用来自深部岩石和外来陨石等的岩石地化研究重建地球时空演化历史，多重地球物理探测观测到地球内部现今的物性和结构，但由于缺乏时间信息，难溯既往。两者的取证都是越深远越困难，但最严重的短板在于基本岩石矿物物理化学的规律随着地球内部深度的温度条件的增加而变得不可知。虽然地核的压力在三四十年前就可用金刚石压砧（diamond anvil cell，DAC）（Mao，1978），或冲击波高温高压实验模拟达到，但缺乏全面精确的探测手段。迄今对深地较清晰的了解，只限于地幔过渡带以上，仅占半径的十分之一不到，尚无全球整体的时空理论。21 世纪以来，随着高温高压技术与各种测量技术的不断进步，尤其是与第三代同步辐射技术的深度结合，以及第一性原理计算的大幅推进，对高温高压条件下岩石和矿物的岩矿物理化学性质规律的定量认识建立开始有了转机。

一、高温高压实验的主要发展趋势

　　目前，高温高压实验装置能模拟的实验条件基本覆盖了整个地球内部的温压范围（0～360 GPa，300～6000 K），极大地加深了对地球深部的认知。地幔过渡带（410～660 km）以上的地幔岩组成以橄榄岩为主。由于温压条件改变，在地幔过渡带中的地幔岩石 / 矿物会发生相变，主要成分为瓦兹利石 / 林伍德石和超硅石榴子石。1976 年，刘玲根合成了镁铁硅酸盐〔（Mg，Fe）SiO_3〕钙钛矿（Liu，1976），并确定其为下地幔的最主要矿物，后被命名为布里奇曼石（Tschauner et al.，2014）。Murakami 等（2004）发现钙钛矿在下地幔底部的温压条件下可相变为后钙钛矿，揭示了下地幔底部 D″ 层的物理机制和结构组成。Lin 等（2005）发现高压下地幔矿物中的铁可以发生电子的高低自旋转变，从而影响下地幔过程及动力学等。高温高压实验揭示纯固态铁在内核条件下的密度和弹性参数与地球物理观测结果非常吻合，表明地球内核主要由纯固态铁构成，并可能含有极少量的其他轻元素；但是外核比相同状态下的纯铁密度要小约 10%，表明外核含有一定量的其他轻元素（如碳、氢、氧、硫和硅等），可能为铁镍合金。

自 2012 年以来，对下地幔条件下新结构相的精细鉴定和深地超常规的氧化、还原反应领域的一系列新发现，代表了当前高温高压固体地球科学发展的前沿成果。一般认为下地幔底部是非常还原的，接近铁 - 氧化亚铁的氧逸度条件。但自 Zhang 等（2014）发现铁镁硅酸盐布里奇曼石在大于 1800 km深度的下地幔环境下，会分解成无铁的布里奇曼石和六方富铁相，开创了深下地幔超常态高压化学的先河。2016 年，胡清扬等发现在深下地幔的三氧化二铁（Fe_2O_3）可以被水氧化并还原出单质氢，产生呈黄铁矿结构的过氧化铁（FeO_2H_x，$x<1$）（Hu et al.，2016；Hu et al.，2017），颠覆了对深部氧化还原和化学价态的传统认知。这些研究成果表明，在含水的板片里局部可以非常氧化，甚至超过三氧化二铁。不但像铁这类能变价态的过渡元素可以生成高氧化物，平常不变价态的镁、铝等在高压下也可成高氧化物（Lobanov et al.，2015），这是因为氧离子在深下地幔的高压下，不再是固定的二价，而是可以变价把一部分的电子分给氧 - 氧共价键（Liu et al.，2019），形成了极为丰富的新化学现象与结构。新型的金属高氧化物形成的机理，基本是金属氧化物加水，释放部分的氢留下氧而成（Mao et al.，2017）。

以往的研究结果表明，地幔过渡带可能是地球内部主要的储水层，其主要矿物——林伍德石和瓦兹利石可能含有高达约 3% 的水，因此推测地幔过渡带能容纳几个海洋的水含量；实验研究还表明，下地幔可能是干的，因为在下地幔条件下所有已知的含水矿物都会分解，而名义上不含水的主要矿物，如布里奇曼石只有 ppm 量级的水。2014 年后的实验研究发现，下地幔局部地区可能含有多种含水矿物，扭转了这个概念，如下地幔含水镁铝硅酸盐 δ - 相和 H- 相的合成（Nishi et al.，2014）；Tschauner 等（2018）在下地幔获得的金刚石包体发现固态的 Ⅶ 相冰。我国在高温高压下合成含铁氧化物，以及黄铁矿结构 FeO_2H_x（Hu et al.，2017）、（Fe，Al）O_2H 和六方结构的（Fe，Al）O_2H（Zhang et al.，2018a）等多种耐高温高压水的载体。最近，林彦蒿等发现斯石英及其高压相也可贯穿过渡带，将水携带至下地幔（Lin et al.，2020）。由于斯石英是俯冲板片中的主要矿物，意味着斯石英及其高压相携带的水，已经足够氧化下沉到地幔底部的玄武岩地壳板片（Hirose et al.，1999）。

受变形实验技术的制约，地幔深部（包括转换带和下地幔）物质变形的高温高压实验具有很大的难度和挑战，但已有少量的原创性研究成果。转换带矿物流变学强度实验研究结果表明，林伍德石比布里奇曼石以及瓦兹利石的强度要小（Hustoft et al.，2013；Kawazoe et al.，2016），可能是转换带下部强变形的主要因素，其变形机制以位错蠕变为主。Mohiuddin 等（2020）在对橄榄石向林伍德石相变的显微构造分析中发现，橄榄石在相变过程的相变产物以细粒的林伍德石为主，提出冷的俯冲板片在转换带深部主要由粗粒的橄榄石和细粒的相变产物组成，可以产生较强的塑性变形，而热的俯冲板片在地幔转换带深部以粗粒的相变产物为主，可能变形较弱。到目前为止，由于实验数据积累的不够及实验技术上面临巨大挑战，对转换带矿物流变学性质的研究依然存在很大的争议，包括其主导变形机制以及转换带地震波各向异性的解释。下地幔流变学高温高压研究主要通过半定量的金刚石压砧实验和计算模拟来初步实现，Girard 等（2016）通过对布里奇曼石和镁方铁石多晶集合体的流变性质的研究结果表明，布里奇曼石比铁方镁石的强度要大，铁方镁石可能承担了下地幔的主要应变，对下地幔矿物变形的模拟计算结果显示扩散控制的纯攀移蠕变可能是决定下地幔黏度的主导变形机制。Wu 等（2017）通过原位高温高压实验获取的核幔边界 D″ 层的后钙钛矿组构可以解释 D″ 层的波速结构。

另外，声发射技术、三维成像技术与 D-DIA 变形实验技术的结合，为中深源地震机制的研究提供了更为直观的实验手段，结合实验样品超显微构造的观察，中深源地震物理机制的高温高压变形实验研究近年来取得了很大的进展，确证了高压相变在中深源地震成因中的关键作用（Schubnel et al.，2013；Wang et al.，2017）。

值得指出的是，近 20 年来这些新的发现和深地科学的突飞猛进与高温高压实验技术的突破是分不开的，尤其是高温高压实验技术与第三代同步辐射探测手段结合所释放的巨大潜力彰显了技术进步在科学创新中的重要性（Duffy，2005；Shen and Mao，2017）。

二、高温高压实验关键技术

高温高压实验技术是深地科学发展的关键支撑，需充分利用与物理、化学、数学、计算机等学科的交叉集成来推进到一个新的高度。静态加压技术有金刚石压砧技术（0～400 GPa）和大压机技术（0～30 GPa），动态冲击加压设备有二级轻气炮（0～2000 GPa）。采用单轴压缩或扭转剪切变形技术的高温高压变形实验装置主要有 Paterson 流变仪（0～500 MPa）、Griggs 流变仪（0～5 GPa）、D-DIA 流变仪（0～25 GPa）和 Drickamer 流变仪（0～25 GPa）。高温高压实验加热的技术有双面激光加温和电阻加温等。高温高压技术通过和现代同步辐射、中子衍射、输运（电导、热导）、流变等多种分析测试手段，以及与计算模拟的技术结合，可以全面确定地球内部温压条件下物质的物理化学性质，包括状态方程和相变、弹性、输运（如导电性、热传导）、黏性及流变性质（图 6-1）。

1. 静态高压技术

不断提升压力是高温高压学的长期愿望。地球科学家早就认识到高温高压实验对解决地球内部性质和过程的重要性。压力是单位面积上的力，而任何材料在变形或断裂前的强度都是有限的，因此，静态高压实验技术出现了小型化的趋势，在给定压力的情况下，以最小的受力面积获得最大压力。由于地球内部的压力变化达到 4～6 个数量级，不同的高压装置适合于不同深度的科学问题。然而它们都有一个共同的问题，即样品被大块的密封金属包围，使得对样品进行原位探测变得很困难。

多面砧压机（或称大压机）和金刚石对顶砧压机极大地拓展了静态实验的压力范围，并可使样品在高温高压条件下进行原位探测，目前已广泛地用于地球材料的相变和熔融过程的研究，深度达到约 700 km（或约25 GPa）。这个压力极限可以通过使用烧结的金刚石压砧来进一步提升。多面砧压机研究的一个目标就是获得对应于地幔大部分深度（1500～1800 km，

图 6-1　高温高压实验技术

50～60 GPa）或更高的压力。在多面砧压机中实现更高的压力可使金刚石压砧技术和大腔体压机技术之间压力范围无缝衔接，从而严格量化地球材料的熔化关系，完善对不同深度地幔的认识。

　　利用金刚石对顶砧压机实现的压力已经超过地球内部的压力极限。由于钻石的透明性，可以在高压下对样品进行光学观察，如 X 射线衍射和散射，以及穆斯堡尔谱、红外、拉曼和布里渊光谱技术。最重要的是，金刚石的透明度允许高强度激光聚焦到样品中，产生局部加热到数千度的温度，真正模拟了地球内部大部分的温压条件。可以说，金刚石压机真正提供了一个了解地球和其他星球内部的窗口。

2. 动态加压技术

　　传统矿物冲击波研究主要采用爆炸或两级气炮技术，为了解材料在极端温压条件下弹性和热力学特性、深地幔中硅酸盐熔体的密度和热力学特性研究提供了重要帮助。近年来，传统的冲击波技术得到了激光冲击波实验技术的补充和升级，正在迅速扩大可以实现的温压范围。

一些科学问题非常适合运用激光冲击波实验来研究，如木星级行星内部的物理特性。这些行星主要由炙热的、高度压缩的氢和氦组成，其温压条件远远高于静态实验所能达到的极限。要研究相关问题，如这些元素在什么条件下会成为金属元素、金属性的氢和氦在什么条件下会在内部形成溶液、在什么条件下它们可能发生不混合以及这些条件如何影响行星的热态等，还需要技术的协同发展，第四代同步辐射 X 射线光源。

3. 变形实验技术

变形实验技术一般是在等静压实验技术提供的高压基础上，通过局部部件（变形杆或压砧）的移动来实现。为了准确测量岩石和矿物的力学强度，采用外置应力传感器的传统流变仪（Paterson 流变仪和 Griggs 流变仪）需使用气体、液体或高温下低黏度的物质（如 NaCl、CsCl）来作为传压介质以降低内部摩擦力，这些传压介质的高压密封难度很大，使得这些传统流变仪装置的压力范围被限制在常规超硬材料极限强度范围以内（一般 < 5 GPa）。

2000 年以来，借助同步辐射技术的发展，高压条件下应力的测量成为可能（Weidner，1998），使得进行 5~20 GPa 压力条件下的定量流变学实验首次成为可能。新一代流变仪（变形 DIA）在美国数所大学和国家实验室联合攻关下研制成功并投入使用（Durham et al.，2002；Wang et al.，2003；Wang et al.，2010）。虽然变形 DIA 流变仪在应力和应变的测量精度方面存在不少需要改进的地方，与同步辐射技术的联用也限制了该实验装置的推广和普及，但是首次实现了对上地幔深部和转换带物质的定量流变学实验研究的突破。采用相同的应力测量技术，随后发展的 Drickamer 装置和变形 T25 装置并没有在压力上取得更显著的突破。

相对于等静压高温高压实验，现阶段高温高压条件下的变形实验受实验技术的制约，仍主要局限在转换带及其以上的温压范围内（章军锋和金振民，2013）。2000 年以前，关于地球内部流变学的高温高压实验研究，主要集中在对地壳和岩石圈地幔主要组成岩石或矿物的流变学特征及其本构方程的建立上。现在，随着大吨位大压机和变形 DIA 装置及相关探测技术的发展，地幔深部的流变学性质及深源地震成因机制的研究正在逐步成为高温高压变形实验研究的最前沿和中心。

4. 加热技术

高压下在金刚石压机中产生高温的方法有两种：激光加热（laser heating）和电阻加热。前者通常使用红外激光器，并将激光沿着压机的压缩方向照射，可以有效地产生高达 6000 K 的温度，但会受到轴向和径向温度梯度的影响。双面加热可大大降低 DAC 中的温度梯度。激光加热的难点是较难实现精细的温度控制，对低于 1100 K 的温度进行可靠的测量也仍是一个挑战。电阻加热具有热稳定性较好和样品加热温度均匀的优点。石墨电阻加热法已将温度极限推到近 2000 K，更高的电阻加热温度可以通过采用掺硼的金刚石来实现（Xie et al.，2021）。

三、高温高压关键测量技术——同步辐射技术

同步辐射在 20 世纪用来做常规 X 光衍射，测定高压下简单的晶体结构和状态方程。现在与高温高压模拟装置结合后已成为实验室里模拟直到地心的高温高压条件变化的全能探测工具，用于研究岩矿流体复杂体系的组成、结构、相变、分解、化合、密度、强度、流变、黏度和缺陷等宏观物理化学性质，以及深地物质的原子间键、化学价态、元素分配、稀土元素、结构相变、电子相变、声子色散、弹性波速和磁旋排列等基本材料物性（Mao et al.，2001；Ding et al.，2014）。近年来，中国深地科学能迅速跃进的优势，正得益于拥有高端深地科学用户和结合同步辐射光源的交叉领域专家，因能充分发挥各光源之长而受到世界顶尖光源欢迎。适逢国内第三代的上海同步辐射光源建设二期工程、第四代的北京高能同步辐射光源破土并将在 2026 年出光，此时正宜掌握新一代的 X 光亮度、通量、能量、发散度、相干性、纳米尺度和时间分辨等指标优势，创新物理化学探测的 X 光技术，确保并提升中国深地科学高温高压实验领域先发的引领优势。基于此，可重点开发以下技术。

1）径向衍射

径向衍射可以提供有关样品应力、应变、变形和位错滑移机制的信息。在专门设计的装置（如变形 DIA 或扭转 Drickamer 装置）中，通过径向衍射技术可测量样品在变形过程中的应力和应变曲线，原位测量矿物和岩石在高

温高压与不同差异应力和应变速率下的变形、流变和脆性破裂行为，模拟地球内部的高压变形和探测高压下岩石脆性破裂的物理机制，为深源地震成因机制和地球内部动力学过程提供实验约束。

2）X射线光谱

可用作电子结构探测，如价态及能带结构等。在过去十几年中，随着先进第三代同步辐射光源的建成，高压X射线光谱取得了重大进展。在建的北京高能光源有X射线光谱线站，包括可研究价态的X射线近边吸收光谱（XANES）、可确定配位数的扩展X射线吸收精细结构谱（EXAFS）和可研究价态变化的共振X射线发射光谱。

3）纳米成像

将纳米成像和超高压技术结合，可以研究部分矿物熔融行为，以了解地球历史早期的核心形成过程，也可以准确确定超高压实验中压力梯度及应力情况。

4）非弹性X射线散射

高压非弹性X射线散射已开发的技术有非共振非弹性X射线散射技术、共振非弹性X射线散射（resonant inelastic X-ray scattering，RIXS）技术、核共振非弹性X射线散射（nuclear resonant inelastic X-ray scattering，NRIXS）技术、核前向非弹性X射线散射（nuclear forward inelastic scattering，NFIXS）技术和康普顿散射（Compton scattering，CS）技术。这些技术可以提供准粒子（如声子、磁激子、等离子激元和价电子等）激发的信息，以研究诸如价态、能隙、成键方式以及声子性质。

第三节 计算地球科学

随着计算机计算能力的大幅提高以及高性能并行计算技术的进一步发展，通过大规模数值计算进行科学研究已经成为深地科学研究领域的重要技术方法之一。目前，计算地球科学主要可分为两个方面，一是利用数值计算模拟深部地球在长时间尺度上的变形和运动，进而构建深部地球与地球表面耦合的大尺度精细动力学模型（Stadler et al.，2010）；二是针对难以在实验室内进行准确模拟的深地的相变和熔融过程，使用计算模拟，如分子动力学模拟方法进行研究。基于第一性原理计算，可以模拟预测地幔矿物和熔体的物理化学性质及行为（Wentzcovitch and Stixrude，2010），以及相关的同位素分馏效应（Luo et al.，2020）。

一、计算地球动力学

地球动力学模型通过使用数值手段求解地球表面和内部运动遵循的物理规律方程，如质量、动量和能量守恒方程，对岩石圈和地幔在地质时间尺度上的物质和能量的传输过程进行系统性模拟（Zhong et al.，2000）。数值模拟地球动力学研究能够将深地科学从对当前一个时间断面地球内部状态的研究拓展到自地球形成以来演化到今天所经历的整个动力学过程，对深地科学研究具有重要的作用。目前，数值模拟地球动力学研究的前沿技术主要包括以下几个重点问题。

1. 建立从板块构造起始到成熟阶段的连续性演化模型

板块构造运动是地球相比较于其他类地行星的一个重要特征，其经历了从初始到现今成熟演化的漫长地质过程。这一过程对地球整体的冷却、内部结构的分布，以及地表构造的形成都具有关键的控制作用。当前的数值模拟动力学模型对于板块构造的起源、古老地质时期（如前寒武纪）的演化、超大陆循环，以及显生宙以来的板块运动都进行了相应的研究。然而，这些研究均针对其中的特定时间段或特定问题，还没有建立起从板块构造起始到成熟阶段的连续性演化模型。这一连续性演化模型的建立是数值模拟地球动力学目前亟待解决的问题之一，对理解地球的演化历史和深地过程具有重要的意义。

2. 动力学模型与矿物学、岩石地球化学模型的耦合

为了更好地模拟地球内部的实际过程，理想的地球动力学模型应该能够

将地球内部各种矿物岩石成分以及复杂的熔体和流体过程均加以考虑模拟，进而理解很多动力学的重大问题，如大陆地壳的形成等。然而，由于目前存在的技术限制，如矿物学与岩石地球化学各种测量手段得到的参数尚不全面，误差较大，地球动力学模型的分辨率受制于有限的计算资源，这些矿物学和岩石地球化学过程与动力学的耦合还处于相对初步的阶段（Rozel et al.，2017）。随着测量技术的提高与计算能力的进一步提升，建立高精度高复杂度的耦合模型必将是深地科学研究的重点突破口之一。

3. 动力学模型与多圈层演化模型的耦合

地球内部的演化过程与地球的表面圈层存在着紧密的耦合作用，如地球内部的水循环和碳循环过程与地表的水圈和大气圈的演化密切相关，水圈和大气圈的演化又对地表生物的繁衍或灭绝具有关键的控制作用，这直接决定了地球宜居环境的形成。如何建立深部地球与水圈和大气圈耦合的多圈层演化模型是当前数值模拟地球动力学研究领域的另一个重大前沿问题。当前的初步尝试主要通过将地表圈层的演化进行参数化，并将关键参数与动力学模型进行耦合。进一步的研究应考虑将目前独立发展的全球大气或水循环模型与精细动力学模型进行联合求解以得到更为完善的多圈层耦合模型。

二、第一性原理计算

第一性原理计算基于密度泛函理论，是一种高效的解量子力学方程的手段。它无须引进任何经验参数就能预测材料的性质，所得结果可以跟实验测量值媲美，在物质科学研究中得到广泛应用。该计算因能较易控制温压参数，随着计算能力的提高，已成为与高压实验相辅相成的地球深部矿物性质研究的重要手段，并广泛运用到深地研究的各个领域；如晶体在高压下的结构、相图、状态方程、热力学和弹性性质、熔融曲线以及熔流体的微观结构、扩散和黏滞系数等输运特性、元素和同位素的配分等，在认识地球内部波速结构、深部物质循环、行星形成和分异、岩浆的演化、同位素示踪等方面发挥不可或缺的作用。在后钙钛矿相变和地幔矿物中铁的自旋转变这两项有关地球深部波速结构的重大研究进展中，第一性原理计算都扮演了关键角色（Cohen et al.，1997；Oganov and Ono，2004；Tsuchiya et al.，2004）。未来，基于第一性原理计算的地球科学可重点关注以下问题。

1. 高温高压下的矿物相图

高温高压下的矿物相图对认识深地结构和过程极为关键。通过相图，我们可以获得反演地球深部组成以及过程建模所需的相变宽度、克拉伯龙斜率、熔融曲线、固相线、元素配分等方面的知识。但通过高温高压实验构筑相图极具挑战，高温高压条件的实现以及体系是否达到平衡等均是实验测量的难点。第一性原理计算是研究相图的有效方法，计算固溶体端元矿物的相图跟实验的通常很符合，因此可以提供更高温度和压力下的关键结果。虽然跟端元矿物相图的计算没有原则的区别，但固溶体的相图所需计算的构型相比于端元体系有海量的增加。例如，即使原胞只含 10 个可以被 A 类或 B 类原子占据的位置，总共就可以有 2^{10}（约 1000）个不同占据构型，因此计算量成为第一性原理计算研究矿物固溶体相图的最关键的瓶颈。我们急需发展方法提高计算效率。

计算效率的提高在第一性原理计算领域特别重要，如地幔主要矿物的高温高压波速性质对认识地球内部非常关键，但由于常规高温高压弹性计算极其昂贵，相应的数据一直比较缺乏，中国科学技术大学吴忠庆研究组通过发展一个比常规方法快十多倍的方法，在几年的时间内获得了大部分地幔主要矿物高温高压下的波速数据，将它们运用于研究地幔过渡带的水含量和地球内部波速异常等，取得了一系列重要成果（Wang et al.，2020）。在提高计算效率的方案中，第一性原理计算与机器学习方法结合应该是最有潜力的。

2. 第一性原理计算与机器学习方法结合

传统的经验势计算方法，利用经验函数，根据原子位置就可直接计算体系的能量，该方法计算快，但结果受采用的经验势的质量影响，精度不能保证。为了得到高温高压下多元体系的相图，既需要有第一性原理计算的精度，又需要有经验势方法的计算效率。第一性原理计算与机器学习方法的结合有望实现这个目标，用第一性原理计算的结果演练，利用机器学习方法产生高质量的原子相互作用势，同时实现精度和效率两方面要求。这方面的研究已成为机器学习方法的一个重要方向，在高压领域已有很好的应用前景，显示了巨大潜力。例如，Cheng 等（2020）用 Behler-Parrinello 人工神经网络框架训练了氢的相互作用势，对 1728 个原子的氢进行长时间的模拟，获得了氢在高温高压下的相图，发现液体氢分子到液体氢原子是连续的相变，而不是一阶相变。Liu 等（2020）用自行开发的基于机器学习方法加速的晶体结构搜索方法和第一性原理计算预言了氦和氨在高压下可形成多种稳定化合物，并发现这类化合物在高温高压极端条件下会出现介于固体和液体之间的特殊物态——塑晶态和超离子态。Zhang 等（2020b）用机器学习方法研究了地核温压条件下硫在固态和液态铁间的配分行为。

3. 深度势能分子动力学计算

第一性原理分子动力学模拟方法是研究矿物和溶体在高温高压下微观结构、弹性性质以及元素扩散和热导等输运特性的主要方法，但受计算量的限制，模拟体系的原胞一般不超过 200 个原子，模拟时长通常不到几十皮秒（PS）。而深地科学前沿所面临的问题都比较复杂，对物性数据的精度要求也高，常面临大体系长时间模拟需求。目前比较可行的方案是第一性原理分子动力学方法跟机器学习方法结合，在众多机器学习方法中，深度势能分子动力学（deep potential molecular dynamics，DeePMD）特别值得关注，该方法利用第一性原理计算数据训练神经网络，可有效提高计算能力（数个数量级），在不牺牲准确度的情况下对大型体系进行数值模拟（Zhang et al., 2018b）。2020 年高性能计算领域备受瞩目的戈登·贝尔奖就由中美科学家组成的"深度势能"团队获得，他们结合分子建模、机器学习和高性能计算相关方法，将有第一性原理计算精度的分子动力学模拟的极限提升至 1 亿个原子规模。DeePMD 在热导、扩散、动力学同位素分馏、元素配分等方面的研究尚处于起步阶段，未来这方面大有可为。相信第一性原理计算结合机器学习方法将对矿物高温高压下物性的研究产生深远影响。

综上所述，计算地球科学在深地科学研究领域显示了巨大的潜力。这是我们必须抢滩登陆的新兴研究方向，中国科学家在该领域的贡献和突破十分可期。

第四节　地球化学示踪体系

地球化学示踪是深地科学研究中的重要工具，而同位素地球化学示踪更是其中最有力的工具之一。随着分析技术的飞速发展，近年同位素地球化学发展迅速，这里着重讨论近年同位素地球化学领域在理论、分析技术、观测及其在深地科学应用的发展、挑战和机遇。

一、地球化学理论

1. 高温高压下的同位素平衡效应

根据经典同位素分馏理论，高温过程的同位素分馏极小。然而，后续的理论工作（Bigeleisen，1996）考虑了非简谐效应、核场等平衡效应，发现了与压力（Polyakov，2009）、磁、核场相关的同位素效应（Schauble，2013；Yang and Liu，2016），均与深地过程密切相关。另外，在高温高压条件下，化学键性质会出现明显改变，导致与常温常压下截然不同的新化学（Mao and Mao，2020）甚至同位素效应（Dalou et al.，2019）的出现。

2. 高维度同位素效应

同位素质量依赖分馏理论预测了同一元素多个同位素之间的相互关系。多个同位素在同一分子内的随机组合可以预测各同位素体的丰度。一个分子或离子在一特定的过程（如还原，平衡，扩散）中，其多个组成元素的同位素分馏也会有特征的关系。任何偏离了这些预测同位素关系的分馏都可视作高维度同位素效应（high-dimension isotope effects），可通过其与预测值的偏差来定量。这些同位素效应正在被应用于地球和行星表生环境的研究中，最近陆续被应用于地幔不均一和板块运动的研究中（Thomassot et al.，2015；

Delavault et al.，2016；Cao et al.，2019）。高维度同位素效应在深地研究的应用方兴未艾。

3. 非平衡同位素效应

经典同位素分馏理论基于统计物理和过渡态理论。近几十年的光电化学、高能粒子轰击、电离过程、微波辐射等产生的化学反应使人们认识到，麦克斯韦-玻尔兹曼的统计分布、稳定的过渡态反应势垒等假设在许多大气化学、行星化学、界面化学中不适用。这些化学过程中表现出来的同位素效应不遵守经典的或者 Bigeleisen 1996 年修正过的质量依赖分馏理论。要探究这些非经典质量依赖的同位素信号的起源或非热平衡体系的同位素效应（isotope effects in non-statistical systems），我们必须结合现代化学动态学手段，摒弃热平衡统计分布的假设，深入量子态-态的水平。非热平衡体系的同位素分馏理论亟待建立。

二、地球化学分析技术

1. 新概念质谱

新型质谱和高精电子元件改进了同位素比值的测量。最新的轨道阱质谱利用离子在特定静电场中运动频率的不同，通过捕捉粒子和快速傅里叶转换，对阱内离子进行质量分析（Makarov，2000），其分辨率对于某些特定化合物可高达一百万。该新兴技术最近被应用于地学研究（Eiler et al.，2017；Hofmann et al.，2020），在未来的同位素高精度分析和深地科学应用中具有很广阔的前景。同时，多电荷态离子质谱也是同位素比值分析的新概念。现在的同位素比值质谱的离子源不具备超强的电离能去测量所有元素，其较低的电离效率也造成多种带电分子产生，从而让谱图复杂化，干扰了目标元素同位素的测量。相比其他离子源，电子回旋共振技术只需少量样品便能产生多电荷离子，加上可以排除分子离子的干扰，该技术具备应用在稀有气体同位素和某一元素的多同位素高精度测量的潜力。

2. 色谱－多接收器电感耦合等离子体质谱仪联用

多接收器电感耦合等离子体质谱仪是地学研究的重要仪器之一，在近20～30年中被广泛应用于金属同位素的测量。最近，通过离子色谱或气相色谱联用，配合干式或冷式等离子体，溶液阴离子单体中的 $\delta^{33}S$、$\delta^{34}S$、$\delta^{81}Br$、$\delta^{37}Cl$ 等同位素比值可被准确测量（Smith et al.，2017；Kümmel et al.，2020）。该技术的最大优势是所需的样品量约为传统方法的 1/100 或更少，且可用于多种单体的同位素测量。

3. 高分辨率光谱仪

挥发分是深地或行星过程研究的重点和难点。通过可调谐二极管激光吸收光谱或光腔震荡光谱等技术，学界已可对多种气体（如 CO_2、CH_4、H_2O、N_2O）的多个同位素体进行精确测量，其优势在于简单快捷（Durry et al.，2010；Ono et al.，2014），但其在深地研究的应用和对深地样品的测量仍相对较少。

4. 微小样品的高空间分辨率测量

深地样品和模拟深地过程的实验样品通常十分稀缺和珍贵，实现高空间分辨率的高精度高敏度测量可以提供更多重要信息。纳米二次离子质谱是可以实现此类分析的最新技术（Yang et al.，2015），但对于多种元素多同位素的精确测量和相关基体效应，还有很多技术可以改进。

三、地球化学观测

地球深部的地球化学在线数据十分稀缺。深海潜水器的发展加深了我们对深海热泉水热过程的认识，无人机的发展也为采集火山喷发的气体和岩浆样品，以及深入研究地球内部过程提供重要手段。这方面重大科学的发现需要耐高温高压材料和相关实验设备的创新。深地过程的研究大部分依赖岩石和矿物样品，因此，能便捷地获取全球地质样品是验证新假说的重中之重。虽然中国境内有大量多样的地质样品，但缺少一些重要地质记录，如轻变质的古太古代、活跃的地幔柱和俯冲带火山、深海热液等。另外，对地外天体

（如月球与火星）的地质过程进行探索，与固体地球进行比对，同样可以促进我们对深地过程的了解。例如，美国国家航空航天局（National Aeronautics and Space Administration，NASA）拟通过探索金属小行星 Psyche，对行星内核进行直接观测研究。因此，深地研究地球化学研究应与行星科学研究紧密结合。同时与国际科学界保持长期及紧密的合作关系，以确保我们可以获得我们所稀缺的地质材料。

第五节　高精度地质年代学

地球系统科学的首要研究目标是对地球不同圈层的整合，而整合的前提是将深时不同圈层演化轨迹放在统一的时间框架内，高精度地质年代学（geochronology）是实现这一目标的关键技术。广义的地质年代学包括放射性同位素年代学和非放射性同位素年代学两大部分，前者以放射性同位素衰变为基础，通过精确测定矿物或岩石的放射性母-子体同位素组成并计算获得"绝对"年龄；后者是利用其他物理、化学、天文和地质学等方法获得"相对"年龄。在系统地球科学的框架下，理解地质过程发生的规律、因果关系与控制因素，同位素地质年代学不仅需要测定地质事件发生的时间，而且还需要量化地质事件发生全过程的时间长度和速率，从而理解其发生机理。现代地球科学更加强调综合运用不同定年体系和技术方法，将绝对定年技术与相对定年技术深度结合，使各定年体系之间的结果相互印证、在适用温度范围内相互衔接和覆盖，使我们得以通过前所未有的高时间分辨率来认识地质过程，显著拓展和延伸了人类认识自然的能力（李献华等，2022）。以下是该领域需重点关注的方向和技术问题。

一、高精度 ID–TIMS 定年技术

现代地球科学研究对地质事件发生的过程和速率日益关注，对年代学

的精确度和准确度提出了更高的要求。在此背景下，以提高时间分辨率为核心目标的国际"地时计划"（EARTHTIME）应运而生（Kerr，2003）。"地时计划"是一个有组织的、以学术团体为基础的国际科学计划，其第一阶段（EARTHTIME 1.0，2004～2016 年）的主要目标在于评估并消除不同实验室及不同定年体系（如 U-Pb 和 $^{40}Ar/^{39}Ar$）之间存在的差异。在美国国家自然科学基金和欧盟的资助下，通过地质年代学学术共同体的努力，EARTHTIME 1.0 取得了显著成果：①通过配置和标定统一的 U-Pb 稀释剂和标准年龄溶液，将 U-Pb 体系校准到标准度量衡单位系统（SI 单位）；②通过统一的化学流程及数据处理程序，将锆石 ID-TIMS U-Pb 体系工作方法标准化，获得通常优于 0.1% 的单颗粒测试精度和优于 0.05% 的加权平均年龄精度；③通过 U-Pb、$^{40}Ar/^{39}Ar$ 和旋回地层学相互校准，将 $^{40}Ar/^{39}Ar$ 体系定年精度提高到优于 0.2% 水平；④建立了强大的、富有影响力的地质年代学学术共同体，并促进了学科之间的学术合作与交流。目前"地时计划"已经进入了第二期发展阶段（EARTHTIME 2.0）（Condon et al.，2017），在继续提高 U-Pb 等定年体系准确性和精确性的基础上，以及强调综合使用年代学方法的基础上，将其他衰变体系，如 Re-Os 和 U-Th 方法，以及微区原位 U-Pb 方法等也纳入了"地时计划"年代学工作体系中，让更加广泛的研究者能深度参与，以建立超高时间分辨率的深时地质年代学框架。

"地时计划"的实施和发展极大地促进了一系列以地质年代学为基础的重大地球科学问题的突破。例如，通过详细的高精度锆石 U-Pb 年代学工作，科学家提出了二叠纪末期生物灭绝事件的突发性（Shen et al.，2011；Burgess et al.，2014）以及西伯利亚大火成岩省大规模岩床侵入诱导的环境突变机制。Schoene 等（2010）研发了 ID-TIMS 单颗锆石 U-Pb 精确定年和微量元素 -Hf 同位素综合分析技术（TIMS-TEA），为区分不同生长期次的锆石和精细限定结晶历史提供了判别依据，如区分前成（antecryst）、新成（autocryst）和捕获（xenocryst）锆石等，进而实现更准确地确定岩体形成时代和精细刻画岩浆过程。

我国于 2013 年正式加入国际"地时计划"并成立"地时 - 中国"（EARTHTIME -CN）（万晓樵等，2014），下设同位素年代学、古地磁学、旋回地层学和生物地层学四个工作组。"地时 - 中国"立足于国内丰富的地质记录和实验室联盟（包括 5 个 $^{40}Ar/^{39}Ar$ 年代学实验室、3 个 ID-TIMS 实验室、1 个 SIMS 实验室、2 个轨道调谐团队和 2 个古地磁实验室），在"地时计划"框架下得到了迅速发展，特别是在高精度 $^{40}Ar/^{39}Ar$ 定年方法与标样研发、旋回地层学等研究领域已经取得了长足的进步，但高精度 ID-TIMS 锆石 U-Pb 定年技术与国际先进水平相比还存在明显差距，在未来若干年内，需要协同攻关、努力突破若干"瓶颈"问题，将高精度 ID-TIMS 锆石 U-Pb 定年技术提升至国际先进水平（李献华等，2022）。

二、高精度旋回地层学方法

由于同位素质谱分析精度的物理极限和放射性母体同位素衰变常数的不确定性，同位素定年的精度是有"极限"的。在深时地质演化研究中，特别是在深时与现代过程的对比研究中，同位素定年的极限精度仍不能达到现代过程所需的时间分辨率要求，这就需要增加超高精度相对年代时标研究来进一步提高时间分辨率。旋回地层学方法利用地球轨道参数（长、短偏心率、斜率和岁差）具有 40 万年、10 万年、4 万年和 2 万年的周期性变化及其驱动的沉积旋回记录，能够在同位素绝对定年的基础上建立一个"浮动"万年级高精度天文年代标尺，从而获得具有更高时间分辨率的深时精细年代学框架。即使没有绝对年龄的约束，旋回地层学方法建立的"浮动"天文年代标尺也具有相对时间概念，在高精度确定地质事件的时间尺度等方面具有无可比拟的优势。

旋回地层学与放射性绝对年代学的相互校正和联合运用有利于地质年代学的发展。例如，Kuiper 等（2008）利用摩洛哥晚中新世 Messâdit（梅萨迪特）剖面建立的高分辨率天文年代格架对火山灰层中单颗粒透长石 $^{40}Ar/^{39}Ar$ 年龄进行校准，发现两者之间存在一个约 0.8% 的系统误差，由此得到 $^{40}Ar/^{39}Ar$ 年龄的校正系数，并将 Fish Canyon 透长石标样（FCs）的推荐年龄由 28.02±0.56 Ma 校正为 28.201±0.046 Ma，将 $^{40}Ar/^{39}Ar$ 定年方法的绝对误差从约 2.5% 减小到约 0.25%。Wu 等（2014）利用在"松科 1 井"识别出的不同级次的米兰科维奇旋回，建立了分辨率为 0.4 Ma、持续时间近 27 Ma 的天文年代标尺，进一步提高了晚白垩世地磁极性年代表 C33r 至 C29r 极性带的年代格架分辨率。此外，利用洞穴沉积、珊瑚、砗磲、树轮等具有生长年轮的地质记录，通过高空间分辨率的地球化学和同位素分析，可以将深时的时间分辨率提高到年、季节或更高。

三、扩散年代学

得益于微区分析技术的进步，基于化学扩散的扩散年代学（diffusion chronometry）近年来得到迅速发展，可以利用同一矿物中多种元素的扩散（或同一岩石中多种矿物）实现对地质过程的高时间分辨率解析，以实现对地质过程更为全面的认识（Costa et al.，2020），是高精度地质年代学发展的重要方向（李献华等，2022）。由于不同元素的扩散速率可存在几个数量级的差异，多元素扩散联用，通过"空间换取时间"，可约束数分钟到数百万年时间尺度的岩浆活动。因此，扩散年代学可提供极高时间分辨率的时间信息，是研究包括岩浆热液成矿过程、岩浆作用和火山活动等地质过程的时间长度及速率的绝佳途径之一。扩散年代学给出的偏基性岩浆体系喷发前岩浆的滞留时间通常为几天至几年，但对偏酸性且演化程度更高的岩浆体系来说，则可以长达几十年甚至几千年（Costa et al.，2020）。即使是时间相对较长的中酸性岩浆体系，扩散年代学给出的时限依然比通过锆石 U-Th 定年获得的时间尺度小至少两个数量级，这对传统的岩浆演化和存储模型提出了挑战。得益于超高空间分辨率分析技术的发展（如纳米离子探针等），传统认为扩散作用基本停滞的低温体系和"短暂"过程将成为重要的发展方向。例如，Li 等（2022）实现了空间分辨率为 100 nm 的石英铝含量分析，使利用石英这一广泛存在的矿物来约束百年、千年尺度的地质过程成为可能；并以西藏知不拉夕卡岩矿床为例，成功厘定出千年尺度上"多期次"的"脉冲成矿作用"。绝对定年和相对定年一致的认识暗示这些特征可能是形成高品位大型矿床的关键控制因素之一（Li et al.，2018，2022）。

四、高精度数字化时间轴

"高精度数字化时间轴"是地质年代学研究的一种新范式，它以生物地层学为基础、以同位素绝对年龄为"铆钉",将可用于地层对比的各学科海量数据融合在一起,用机器学习方法分析大型的生物化石数据集,并研发新一代人工智能算法,通过超级计算机实现算力突破,从而建立起高精度地质时间轴(Fan et al.,2020)。该方法已经建立起平均时间分辨率达到约 2.6 万年的古生代地质记录,并基于更加精确的海洋化石年龄为生物多样化和灭绝事件的时限提供新制约(Callaway,2020),使古生物学家能够以"惊人的细节"绘制 3 亿年来地球生物多样性历史(Wagner,2020)。"高精度数字化时间轴"的研究有可能获得一个全新的数字化显生宙地质年表。

第六节 地球系统模型

观测与模型是地球系统科学中两种基本的研究手段。过去 30 年见证了观测手段的飞速发展,积累了大量观测资料,包括海量地球化学、地球物理、地层学和古生物学数据。随着观测资料的不断积累,地球科学研究范式发生了改变。当前,地球科学已进入运用地球系统模型(Earth system models)定量研究的新阶段。定量揭示地球"圈层循环"、探索"人地关系"、解析"重大表生事件"的"地球深部动力学过程"、科学评估当今和预测未来"全球变化"以及"生态系统演变趋势"等已经成为地球科学研究的新视角,而地球系统模型是探索这些前沿领域的核心手段。

地球系统模型的兴起源自科学界、政界和普通民众对探索未来地球环境如何响应人类活动的需求,在气候模型基础上加入了碳循环以及海洋生态和海洋生物地球化学等模块,随后被联合国政府间气候变化专门委员会(Intergovernmental Panel on Climate Change,IPCC)广泛用于评估全球气候变化。古气候学家提出,对古气候精细演变过程的定量重建是评估未来变化的重要途径,于是,基于物理学、化学和热动力学等理论的地球系统模型应运而生,并被用于综合模拟大气、海洋、海冰、陆地表面和陆地植被以及海洋的生物地球化学等,预测地球碳循环和水循环。

宜居地球的过去、现在和未来是当今地球科学研究的主题。但古今对比面临一系列重大挑战。自工业革命以来，人类活动导致大气二氧化碳浓度急剧上升，引起全球变暖、水循环重组、海洋缺氧与酸化等重大环境变化，海、陆生态系统面临严重威胁。目前不同模型预测地球未来 200 年增温差距较大（1.4～7.8℃），远远超过了地质历史时期任意时段的增温速率。按照预测趋势，1 万年之后地球增温将超过 70℃，但这种极端情况在地球过去 45 亿年历史中从未发生过。由于缺乏深时二氧化碳和环境变化的定量数据，难以与当今全球变化直接类比。为了从支离破碎的各种地质、地球化学、地球物理、古生物等记录中寻找地球过去的运作模式、获取气候和环境变化定量参数，地球系统模型应运而生，并逐渐在地球系统科学研究中发挥着越来越重要的作用。长期以来，我国深地科学界从事地球系统模型研究的人员极少，且起步晚，在未来应充分重视这一符合地球系统科学发展趋势的新兴方向。

一、地球系统模型研究现状及面临的挑战

近年来，不同复杂度模式的地球系统模型，如中等复杂程度的地球系统模型（耦合碳同位素的栅格化地球系统模型，carbon-centric Grid ENabled Integ rated Earth system model，cGENIE）和复杂地球系统模型 CESM/iCESM，逐渐被引入深时模拟关键地质历史时期地球系统演化，试图回答地球如何在过去 6 亿年内维持相对稳定的宜居气候，使生命能够不断进化和发展。例如，地质历史时期火山频发，导致地球气候剧变，生态系统发生重大更替（Zhang et al.，2021）。一般而言，火山喷发会同时排出二氧化碳气体和二氧化硫气体，但两者对气候的调控结果截然相反，二氧化碳导致全球增温，而二氧化硫导致全球降温（Black et al.，2018），那么怎样的二氧化碳和二氧化硫排放特征才能同时满足沉积记录中的碳、硫同位素特征和古海水温度指标给出的数据？火山排气导致的温室效应如何影响海洋温盐循环进而改变海洋的化学状态？火山排出二氧化碳气体的去向是什么？火山导致的温室效应会使冰川消融，大量淡水注入海洋，那么用于恢复古温度的化石材料氧同位素变化，有多少是淡水注入的贡献？又有多少是温度效应的贡献？再者，火山活动可以通过高温影响海洋温盐循环触发大面积海洋缺氧，火山活动亦可以通过调

控大陆风化速率、增加海洋营养盐输入通量刺激生物生产力触发海洋缺氧事件，那么哪些因素占主导？海洋溶解氧含量的空间分布如何变化？上述前沿科学问题难以用地球化学指标回答。将地球系统模型引入深时，为认识地球宜居性的演化和预测未来地球宜居性走向提供定量参数。

目前，深时地球系统模型研究仍处于探索阶段，面临模型边界条件匮乏、陆地气候因素和大气组分缺乏精确限定等问题；同时，众多表生地球系统变化的最终驱动因素与地球深部过程有关。如何整合不同层次、不同复杂度的模型为更好揭示深时地球系统演化提供定量参数是地球系统模型面临的新挑战。

二、未来地球系统模型研究需重点关注的方向

1. 古气候模拟对未来气候变化的启示

众所周知，火山排放碳会导致增温事件。当碳排放达到某个阈值，生态系统就会面临重大灾难，但这个阈值仍难以界定（Rothman，2019）。运用地球系统模型定量获取地质历史时期增温事件碳排放总量、模式和速率等参数是古今对比的关键。研究增温事件期间的生态记录是理解生物群落如何应对气候变暖的必要途径。尽管过去的气候状态与今天截然不同，但定量解析地质历史时期的气候变化和地球气候系统的运作模式能够为未来气候演变的模拟和预测提供重要参考（Tierney et al.，2020）。地球系统模型提供了对地质历史时期增温事件碳循环、温度、降水、海洋氧化还原状态、海水同位素组成等直接的模拟结果。实际测定的各种古气候、古环境和古温度数据可被用于模型反演，获取更为接近真实状态的地球系统运作模式。但这种模拟和参数反演之间往往存在一定程度的"语言障碍"，一方面因为地球系统模型获取的古气候信息是相对间接的；另外一方面由于气候、环境代用指标有固有的不确定性，并不完美。因此，如何将古气候、古环境数据和地球系统模型有效融合显得至关重要，需重点关注：①选择合适的与指标记录相关的地球化学示踪方法，明确代用指标的气候环境意义；②整合古气候记录与模型数据的分析方法；③不同时间尺度地球圈层自然碳循环的规律；④全球气候响应大气二氧化碳浓度的形式；⑤将地质证据与地球系统模型研究相结合，以便更准确地评估和预测人类活动对气候变化的影响。

2. 深时极端气候的触发与终结机制

地质历史时期发生了多次极端气候事件，包括新元古代雪球地球事件、奥陶纪末冰期、石炭二叠纪大冰期和新生代冰期等冰室气候，二叠纪—三叠纪之交和古新世—始新世之交（Paleocene-Eocene Thermal Maximum，PETM）等极端高温事件。是什么原因触发和终结了冰期/极热事件？这些极端气候起始、发展和终结不同阶段碳循环过程是怎样？地球系统运作模式如何？仍是宜居地球研究的重要科学问题。以新生代冰期为例，新生代环境自早始新世以来持续降温（>10℃），并伴随大气二氧化碳浓度降低、两极冰盖出现和扩张，从"温室地球"演变为"冰室地球"（Zachos et al.，2001）。新生代长期降温主要由大气二氧化碳浓度的持续降低引起（Beerling and Royer，2011）。但什么原因导致二氧化碳浓度降低，目前仍然不清楚。从百万年时间尺度碳循环角度来看，岩浆活动的去气作用与大陆硅酸盐化学风化消耗的二氧化碳通量整体上维持动态平衡，调控大气二氧化碳浓度（Berner and Caldeira，1997）。著名的"构造抬升-风化"假说（Raymo and Ruddiman，1992）认为青藏高原隆升促使大陆硅酸盐风化加强，消耗大气二氧化碳，同时向海洋输送的碱度通量增加，碳酸盐补偿深度加深。但该假说与诸多地质事实不吻合（Willenbring and von Blanckenburg，2010）。二氧化碳浓度变化的机制远比我们现有的认识来得复杂。

极端气候会响应两极冰川消长状态，从而影响海水氧同位素组成。以PTB界线事件和PETM为例，高温导致两极冰川消融，大量淡水注入海洋，海水氧同位素值降低，而高温过程也导致化石材料记录的氧同位素值降低，但是化石材料的氧同位素降低有多少是淡水注入的贡献？又有多少是温度效应的贡献？目前 iCESM 对 PETM 海水氧同位素的模拟很好地评估了淡水和温度对氧同位素降低的贡献（Zhu et al.，2020），但类似的研究还未拓展到深时，导致深时古温度变化的精确数据缺失，难以科学评估碳循环异常与温度波动之间的关系。CESM 模型也被用于二叠纪—三叠纪之交的海洋，从而揭示海洋溶解氧含量的空间分布特征（Penn et al.，2018）。总体而言，目前对深时极端气候的研究仍缺乏定量数据，需重点关注：①极端气候事件起始、发展、终结不同阶段碳循环过程以及定量的二氧化碳变化数据；②极端气候前后碳的来源与去向以及极端气候过程中温度变化的精确数据；③极端气候诱发环境动荡的过程与机制。

3. 生物与环境协同演化

生物演化与环境变迁交叉融合、互相作用，构筑成完整的地球生物演化史。盖亚假说提出生命系统能够调节地球宜居环境，但具体的调节与反馈机制尚不明确，且缺乏地质证据支撑。地球两次大氧化事件均被认为与生物圈重大变革有关；约 24 亿年前的大氧化事件与能进行产氧光合作用的蓝细菌出现有关，前寒武纪—寒武纪转折期的第二次大氧化事件可能与真核生物崛起改变了生物地球化学循环有关（Lenton et al.，2014）。有研究认为，奥陶纪末冰期与海洋生物碳泵增强导致大量有机碳被埋藏有关（Shen et al.，2018），而晚古生代大冰期则被认为与陆地根系植物繁盛有关，认为根系植物加速了地表物理和化学风化作用，降低了大气二氧化碳浓度（Royer et al.，2014）。同样，地质历史时期也有众多宜居环境的破坏导致生命系统发生重大更替，如 PTB 火山排气导致全球温度飙升，导致了地质历史时期最大的生物大灭绝（Shen et al.，2011；Chen et al.，2016）。但生物演化与环境的关系绝非上述简单的线性关系，而是错综复杂的。例如，PTB 高温事件导致生物大灭绝（Joachimski et al.，2012；Chen et al.，2016；Fan et al.，2020），而 PETM 却导致灵长类动物和被子植物辐射（Jaramillo et al.，2010；McInerney and Wing，2011）。因此，对生物与环境协同演化（coevdution of life and Earth environments）的认识都面临着定量气候和环境参数匮乏以及地球系统运作模式不明等问题。如何将现有地球系统模型引入深时，建立重大环境与生物演变事件的地球系统运作模式，是解析生命与环境相互作用、评估地球未来生态系统走向的关键。需重点关注：①获取重大生物转折事件前后或者重要生命演化节点前后环境演变过程的定量数据；②阐明重大环境演变事件发生的精细过程，特别是环境突变因素（高温、海洋缺氧、海洋酸化、海水硫化、有害辐射增强等）之间的内在联系等。

4. 重大表生环境演变的地球深部过程

地球深部过程对表生环境的改造从地球形成之初就存在。具有产氧能力的光合作用早在 32 亿年前就已经存在（Schirrmeister et al.，2016），但为何大氧化事件发生在 24.5 亿年前后？大气氧气堆积的"滞慢"与深部过程有关。早期地幔和地壳中的铁以 Fe^{2+} 为主，地幔去气作用产生大量氢气和甲烷等还原性气体，这些隐藏在地球深部的还原剂消耗了光合作用产生的大部分氧气，使氧气难以在大气中堆积。当地幔逐渐被氧化，地幔排出气体转变为氧化性为主的气体，大气中氧气才开始堆积（Kasting et al.，1993；Nicklas et al.，2019）。深部过程对地表环境改造的另外一个显著的例子就是火山喷发，火山喷发由地球深部活动导致，其喷发产物诸如火山灰、气体、岩屑等可以穿透地球不同的圈层，造成水圈、生物圈和大气圈的重大变化。因此，定量阐明地球表生环境演变的地球深部过程是地球宜居性演化的重要组成部分，需要结合不同层次、复杂度模式的模型开展定量研究，需重点关注：①运用碳排放模型计算地球深部过程导致的排气速率和总量；②结合碳排放模型获取的参数，运用地球系统模型建立碳排放诱发海陆环境演变的过程。

本章参考文献

陈颙．姚华建，王宝善．2017. 大陆地壳结构的气枪震源探测及其应用．中国科学：地球科学，47（10）：1153-1165.

董树文，李廷栋．2009. SinoProbe——中国深部探测实验．地质学报，83（7）：895-909.

蒋一然，宁杰远，温景充，等．2022. 高铁地震波场中的多普勒效应及应用．中国科学：地球科学，52（3）：438-449.

李献华，李扬，李秋立，等．2022. 同位素地质年代学新进展与发展趋势．地质学报，96（1）：104-122.

石永祥，温景充，宁杰远．2021. 高铁震源地下介质成像的理论分析．中国科学：地球科学，52（5）：893-902.

万晓樵，王成善，吴怀春，等．2014. 从地层到地时．地学前缘，21（2）：1-7.

王宝善，葛洪魁，王彬，等．2016. 利用人工重复震源进行地下介质结构及其变化研究的探索和进展．中国地震，32（2）：168-179.

王伟君，陈凌，王一博，等．2022. 光纤振动传感之一：旋转测量技术及其地震学应用．地球与行星物理论评，53（1）：1-16.

张明辉，武振波，马立雪，等．2020. 短周期密集台阵被动源地震探测技术研究进展．地球物理学进展，35（2）：495-511.

张文涛，李慧聪，黄稳柱，等．2021. 光纤地震仪研究进展．应用科学学报，39（5）：921-842.

章军锋, 金振民. 2013. 地球深部条件下的高温高压流变学实验研究. 固体地球科学研究方法. 北京: 科学出版社.

Aki K. 1957. Space and time spectra of stationary stochastic waves, with special reference to microtremors. Bulletin of the Earthquake Research Institute, University of Tokyo, 35: 415-457.

Aki K, Lee W H K. 1976. Determination of three-dimensional velocity anomalies under a seismic array using first P arrival times from local earthquakes. 1. A homogeneous initial model. Journal of Geophysical Research, 81(23): 4381-4399.

Beerling D J, Royer D L. 2011. Convergent Cenozoic CO_2 history. Nature Geoscience, 4(7): 418-420.

Berner R A, Caldeira K. 1997. The need for mass balance and feedback in the geochemical carbon cycle. Geology, 25 (10): 955.

Bigeleisen J. 1996. Nuclear size and shape effects in chemical reactions. Isotope Chemistry of the Heavy Elements. Journal of the American Chemical Society, 118(15): 3676-3680.

Black B A, Neely R R, Lamarque J F, et al. 2018. Systemic swings in end-Permian climate from Siberian Traps carbon and sulfur outgassing. Nature Geoscience, 11: 949-954.

Burgess S D, Bowring S, Shen S Z. 2014. High-precision timeline for Earth's most severe extinction. Proceedings of the National Academy of Sciences of the United States of America, 111(9): 3316-3321.

Callaway E. 2020. Supercomputer scours fossil record for Earth's hidden extinctions. Nature, 577(7791): 458-459.

Cao X B, Bao H M, Gao C H, et al. 2019. Triple oxygen isotope constraints on the origin of ocean island basalts. Acta Geochimica, 38(3): 327-334.

Chen J, Shen S Z, Li X H, et al. 2016. High-resolution SIMS oxygen isotope analysis on conodont apatite from South China and implications for the end-Permian mass extinction. Palaeogeography, Palaeoclimatology, Palaeoecology, 448: 26-38.

Cheng B Q, Mazzola G, Pickard C J, et al. 2020. Evidence for supercritical behaviour of high-pressure liquid hydrogen. Nature, 585(7824): 217-220.

Cohen R E, Mazin II, Isaak D G. 1997. Magnetic collapse in transition metal oxides at high pressure: Implications for the Earth. Science, 275(5300): 654-657.

Condon D, Kuiper K, Morgan L E, et al. 2017. EARTHTIME 2.0, Accelerating the development and application of integrated methodologies for the quantification of geological time, in

Proceedings GSA Annual Meeting Seattle, Washington, USA.

Costa F, Shea T, Ubide T. 2020. Diffusion chronometry and the timescales of magmatic processes. Nature Reviews Earth & Environment, 1: 201-214.

Dahlen F A, Hung S H, Nolet G. 2000. Fréchet kernels for finite-frequency traveltimes-I. Theory. Geopysical Journal International, 141(1): 157-174.

Dalou C L, Füri E, Deligny C, et al. 2019. Redox control on nitrogen isotope fractionation during planetary core formation. Proceedings of the National Academy of Sciences of the United States of America, 116(29): 14485-14494.

Delavault H, Chauvel C, Thomassot E, et al. 2016. Sulfur and lead isotopic evidence of relic Archean sediments in the Pitcairn mantle plume. Proceedings of the National Academy of Sciences, 113(46): 12952-12956.

Ding Y, Chen C C, Zeng Q S, et al. 2014. Novel high-pressure monoclinic metallic phase of V_2O_3. Physical Review Letters, 112(5): 056401.

Duffy T S. 2005. Synchrotron facilities and the study of the Earth's deep interior. Reports on Progress in Physics, 68(8): 1811.

Durham W B, Weidner D J, Karato S I, et al. 2002. New developments in deformation experiments at high pressure. Reviews in Mineralogy and Geochemistry, 51(1): 21-49.

Durry G, Li J S, Vinogradov I, et al. 2010. Near infrared diode laser spectroscopy of C_2H_2, H_2O, CO_2 and their isotopologues and the application to TDLAS, a tunable diode laser spectrometer for the Martian PHOBOS-GRUNT space mission. Applied Physics B, 99(1): 339-351.

Duvall T L, Jeffferies S M, Harvey J W, et al. 1993. Time-distance helioseismology. Nature, 362(6419): 430-432.

Eiler J, Cesar J, Chimiak L, et al. 2017. Analysis of molecular isotopic structures at high precision and accuracy by Orbitrap mass spectrometry. International Journal of Mass Spectrometry, 422: 126-142.

Fan J X, Shen S Z, Erwin D H, et al. 2020, A high-resolution summary of Cambrian to Early Triassic marine invertebrate biodiversity. Science, 367(6475): 272-277.

Girard J, Amulele G, Farla R, et al. 2016. Shear deformation of bridgmanite and magnesiowüstite aggregates at lower mantle conditions. Science, 351(6269): 144-147.

Grayver A V, Munch F D, Kuvshinov A V, et al. 2017. Joint inversion of satellite - detected tidal and magnetospheric signals constrains electrical conductivity and water content of the upper mantle and transition zone. Geophysical Research Letters, 44(12): 6074-6081.

Grayver A V, Schnepf N R, Kuvshinov A V, et al. 2016. Satellite tidal magnetic signals constrain oceanic lithosphere-asthenosphere boundary. Science Advances, 2(9): e1600798.

Hirose K, Fei Y W, Ma Y Z, et al. 1999. The fate of subducted basaltic crust in the Earth's lower mantle. Nature, 397: 53-56.

Hofmann A E, Chimiak L, Dallas B, et al. 2020. Using Orbitrap mass spectrometry to assess the isotopic compositions of individual compounds in mixtures. International Journal of Mass Spectrometry, 457: 116410.

Hu Q Y, Kim D Y, Liu J, et al. 2017. Dehydrogenation of goethite in Earth's deep lower mantle. Proceedings of the National Academy of Sciences, 114(7): 1498-1501.

Hu Q Y, Kim D Y, Yang W G, et al. 2016. FeO_2 and FeOOH under deep lower-mantle conditions and Earth's oxygen-hydrogen cycles. Nature, 534(7606): 241-244.

Hustoft J, Amulele G, Ando J I, et al. 2013. Plastic deformation experiments to high strain on mantle transition zone minerals wadsleyite and ringwoodite in the rotational Drickamer apparatus. Earth and Planetary Science Letters, 361: 7-15.

Inbal A, Ampuero J P, Clayton R W. 2016. Localized seismic deformation in the upper mantle revealed by dense seismic arrays. Science, 354(6308): 88-92.

Jaramillo C, Ochoa D, Contreras L, et al. 2010. Effects of rapid global warming at the Paleocene-Eocene boundary on neotropical vegetation. Science, 330(6006): 957-961.

Joachimski M M, Lai X, Shen S, et al. 2012. Climate warming in the latest Permian and the Permian-Triassic mass extinction. Geology, 40(3): 195-198.

Johansen S E, Panzner M, Mittet R, et al. 2019. Deep electrical imaging of the ultraslow-spreading Mohns Ridge. Nature, 567(7748): 379-383.

Karato S. 1990. The role of hydrogen in the electrical conductivity of the upper mantle. Nature, 347: 272-273.

Kasting J F, Eggler D H, Raeburn S P. 1993. Mantle redox evolution and the Oxidation State of the Archean Atmosphere. The Journal of Geology, 101(2): 245-257.

Kawazoe T, Nishihara Y, Ohuchi T, et al. 2016. Creep strength of ringwoodite measured at pressure-temperature conditions of the lower part of the mantle transition zone using a deformation-DIA apparatus. Earth and Planetary Science Letters, 454: 10-19.

Kelbert A, Schultz A, Egbert G. 2009. Global electromagnetic induction constraints on transition-zone water content variations. Nature, 460(7258): 1003-1006.

Kerr R A. 2003. Geosciences. A call for telling better time over the eons. Science, 302(5644): 375.

Kuiper K F, Deino A, Hilgen F J, et al. 2008. Synchronizing rock clocks of Earth history. Science, 320(5875): 500-504.

Kümmel S, Horst A, Gelman F, et al. 2020. Simultaneous compound-specific analysis of δ^{33}S and δ^{34}S in organic compounds by GC-MC-ICPMS using medium- and low-mass-resolution modes. Analytical Chemistry, 92(21): 14685-14692.

Lee W H K, Igel H, Trifunac M D. 2009. Recent advances in rotational seismology. Seismological Research Letters, 80(3): 479-490.

Lenton T M, Boyle R A, Poulton S W, et al. 2014. Co-evolution of eukaryotes and ocean oxygenation in the Neoproterozoic era. Nature Geoscience, 7: 257-265.

Li Y, Allen M B, Li X H. 2022. Millennial pulses of ore formation and an extra-high Tibetan Plateau. Geology, 50(6): 665-669.

Li Y, Li X H, Selby D, et al. 2018. Pulsed magmatic fluid release for the formation of porphyry deposits: Tracing fluid evolution in absolute time from the Tibetan Qulong Cu-Mo deposit. Geology, 46(1): 7-10.

Lin F C, Li D Z, Clayton R W, et al. 2013. High-resolution 3D shallow crustal structure in Long Beach, California: Application of ambient noise tomography on a dense seismic array. Geophysics, 78(4): Q45-Q56.

Lin J F, Struzhkin V V, Jacobsen S D, et al. 2005. Spin transition of iron in magnesiowüstite in the Earth's lower mantle. Nature, 436: 377-380.

Lin Y H, Hu Q Y, Meng Y, et al. 2020. Evidence for the stability of ultrahydrous stishovite in Earth's lower mantle. Proceedings of the National Academy of Sciences, 117(1): 184-189.

Liu C, Gao H, Hermann A, et al. 2020. Plastic and superionic helium ammonia compounds under high pressure and high temperature. Physical Review X, 10(2): 021007.

Liu J, Hu Q Y, Bi W L, et al. 2019. Altered chemistry of oxygen and iron under deep Earth conditions. Nature Communications, 10: 153.

Liu L G. 1976. Orthorhombic perovskite phases observed in olivine, pyroxene and garnet at high pressures and temperatures. Physics of the Earth and Planetary Interiors, 11(4): 289-298.

Lobanov S S, Zhu Q, Holtgrewe N, et al. 2015. Stable magnesium peroxide at high pressure. Scientific Reports, 5: 13582.

Makarov A. 2000. Electrostatic axially harmonic orbital trapping: a high-performance technique of mass analysis. Analytical Chemistry, 72(6): 1156-1162.

Mao H K. 1978. High-pressure physics: Sustained static generation of 1.36 to 1.72 Megabars. Science, 200(4346): 1145-1147.

Mao H K, Hu Q Y, Yang L X, et al. 2017. When water meets iron at Earth's core-mantle boundary. National Science Review, 4(6): 870-878.

Mao H K, Mao W L. 2020. Key problems of the four-dimensional Earth system. Matter and Radiation at Extremes, 5(3): 038102.

Mao H K, Xu J, Struzhkin V V, et al. 2001. Phonon density of states of iron up to 153 Gigapascals. Science, 292(5518): 914-916.

Marquering H, Dahlen F A, Nolet G. 1999. Three-dimensional sensitivity kernels for finite-frequency traveltimes: the banana-doughnut paradox. Geophysical Journal International, 137(3): 805-815.

Masson Y, Romanowicz B. 2017a. Fast computation of synthetic seismograms within a medium containing remote localized perturbations: a numerical solution to the scattering problem. Geophysical Journal International, 208(2): 674-692.

Masson Y, Romanowicz B. 2017b. Box tomography: localized imaging of remote targets buried in an unknown medium, a step forward for understanding key structures in the deep Earth. Geophysical Journal International, 211(1): 141-163.

McInerney F A, Wing S L. 2011. The Paleocene-Eocene Thermal Maximum: A perturbation of carbon cycle, climate, and biosphere with implications for the future. Annual Review of Earth and Planetary Sciences, 39: 489-516.

Meqbel N M, Egbert G D, Wannamaker P E, et al. 2014. Deep electrical resistivity structure of the northwestern U. S. derived from 3-D inversion of USArray magnetotelluric data. Earth and Planetary Science Letters, 402: 290-304.

Mohiuddin A, Karato S I, Girard J. 2020. Slab weakening during the olivine to ringwoodite transition in the mantle. Nature Geoscience, 13: 170-174.

Munch F D, Grayver A V, Guzavina M, et al. 2020. Joint inversion of daily and long - period geomagnetic transfer functions reveals lateral variations in mantle water content. Geophysical Research Letters, 47(10): e2020GL087222.

Murakami M, Hirose K, Kawamura K, et al. 2004. Post-perovskite phase transition in $MgSiO_3$.

Science, 304(5672): 855-858.

Nakata N, Gualtieri L, Fichtner A. 2019. Seismic Ambient Noise Cambridge; New York: Cambridge University Press.

Nicklas R W, Puchtel I S, Ash R D, et al. 2019. Secular mantle oxidation across the Archean-Proterozoic boundary: Evidence from V partitioning in komatiites and picrites. Geochimica et Cosmochimica Acta, 250: 49-75.

Nishi M, Irifune T, Tsuchiya J, et al. 2014. Stability of hydrous silicate at high pressures and water transport to the deep lower mantle. Nature Geoscience, 7: 224-227.

Oganov A R, Ono S. 2004. Theoretical and experimental evidence for a post-perovskite phase of $MgSiO_3$ in Earth's D " layer. Nature, 430(6998): 445-448.

Ono S, Wang D T, Gruen D S, et al. 2014. Measurement of a doubly substituted methane isotopologue, $^{13}CH_3D$, by tunable infrared laser direct absorption spectroscopy. Analytical Chemistry, 86(13): 6487-6494.

Penn J L, Deutsch C, Payne J L, et al. 2018. Temperature-dependent hypoxia explains biogeography and severity of end-Permian marine mass extinction. Science, 362(6419): eaat1327.

Poli P, Campillo M, Pedersen H, et al. 2012. Body-wave imaging of earth's mantle discontinuities from ambient seismic noise. Science, 338(6110): 1063-1065.

Polyakov V B. 2009. Equilibrium iron isotope fractionation at core-mantle boundary conditions. Science, 323(5916): 912-914.

Püthe C, Kuvshinov A, Khan A, et al. 2015. A new model of Earth's radial conductivity structure derived from over 10 yr of satellite and observatory magnetic data. Geophysical Journal International, 203(3): 1864-1872.

Raymo M E, Ruddiman W F. 1992. Tectonic forcing of late cenozoic climate. Nature, 359(6391): 117-122.

Robertson K, Heinson G, Thiel S. 2016. Lithospheric reworking at the Proterozoic-Phanerozoic transition of Australia imaged using AusLAMP Magnetotelluric data. Earth and Planetary Science Letters, 452: 27-35.

Romanowicz B, Chen L W, French S W. 2020. Accelerating full waveform inversion via source stacking and cross-correlations. Geophysical Journal International, 220(1): 308-322.

Rothman D H. 2019. Characteristic disruptions of an excitable carbon cycle. Proceedings of the

National Academy of Sciences, 116(30): 14813-14822.

Royer D L, Donnadieu Y, Park J, et al. 2014. Error analysis of CO_2 and O_2 estimates from the long-term geochemical model GEOCARBSULF. American Journal of Science, 314(9): 1259-1283.

Rozel A B, Golabek G J, Jain C, et al. 2017. Continental crust formation on early Earth controlled by intrusive magmatism. Nature, 545: 332-335.

Ryberg T. 2011. Body wave observations from cross-correlations of ambient seismic noise: a case study from the Karoo, RSA. Geophysical Research Letters, 38(13): L13311

Schauble E A. 2013. Modeling nuclear volume isotope effects in crystals. Proceedings of the National Academy of Sciences, 110(44): 17714-17719.

Schirrmeister B E, Sanchez-Baracaldo P, Wacey D. 2016. Cyanobacterial evolution during the Precambrian. International Journal of Astrobiology, 15(3): 187-204.

Schoene B, Latkoczy C, Schaltegger U, et al. 2010. A new method integrating high-precision U-Pb geochronology with zircon trace element analysis (U-Pb TIMS-TEA). Geochimica et Cosmochimica Acta, 74(24): 7144-7159.

Schubnel A, Brunet F, Hilairet N, et al. 2013. Deep-focus earthquake analogs recorded at high pressure and temperature in the laboratory. Science, 341(6152): 1377-1380.

Selway K. 2015. Negligible effect of hydrogen content on plate strength in East Africa. Nature Geoscience, 8(7): 543-546.

Shapiro N M, Campillo M, Stehly L, et al. 2005. High-resolution surface-wave tomography from ambient seismic noise. Science, 307(5715): 1615-1618.

Shen G Y, Mao H K. 2017. High-pressure studies with x-rays using diamond anvil cells. Reports on Progress in Physics, 80(1): 016101.

Shen J H, Pearson A, Henkes G A, et al. 2018. Improved efficiency of the biological pump as a trigger for the Late Ordovician glaciation. Nature Geoscience, 11: 510-514.

Shen S Z, Crowley J L, Wang Y, et al. 2011. Calibrating the end-Permian mass extinction: Science, 334(6061): 1367-1372.

Shen S Z, Ramezani J, Chen J, et al. 2019. A sudden end-Permian mass extinction in South China. GSA Bulletin, 131(1-2): 205-223.

Smith D A, Sessions A L, Dawson K S, et al. 2017. Rapid quantification and isotopic analysis of dissolved sulfur species. Rapid Communications in Mass Spectrometry, 31(9): 791-803.

Stadler G, Gurnis M, Burstedde C, et al. 2010. The dynamics of plate tectonics and mantle flow: From local to global scales. Science, 329(5995): 1033-1038.

Thomassot E, O'Neil J, Francis D, et al. 2015. Atmospheric record in the Hadean Eon from multiple sulfur isotope measurements in Nuvvuagittuq Greenstone Belt (Nunavik, Quebec). Proceedings of the National Academy of Sciences, 112(3): 707-712.

Tierney J E, Poulsen C J, Montañez I P, et al. 2020. Past climates inform our future. Science, 370 (6517): eaay3701.

Tromp J. 2019. Seismic wavefield imaging of Earth's interior across scales. Nature Reviews Earth & Environment, 1(1): 40-53.

Tschauner O, Huang S, Greenberg E, et al. 2018. Ice-VII inclusions in diamonds: Evidence for aqueous fluid in Earth's deep mantle. Science, 359(6380): 1136-1139.

Tschauner O, Ma C, Beckett J R, et al. 2014. Discovery of bridgmanite, the most abundant mineral in Earth, in a shocked meteorite. Science, 346(6213): 1100-1102.

Tsuchiya T, Tsuchiya J, Umemoto K, et al. 2004. Phase transition in $MgSiO_3$ perovskite in the Earth's lower mantle. Earth and Planetary Science Letters, 224(3/4): 241-248.

Wagner P. 2020. High-resolution dating of Paleozoic fossils. Science, 367(6475): 249.

Wang W Z, Xu Y H, Sun D Y, et al. 2020. Velocity and density characteristics of subducted oceanic crust and the origin of lower-mantle heterogeneities. Nature Communications, 11: 64.

Wang Y B, Durham W B, Getting I C, et al. 2003. The deformation-DIA: A new apparatus for high temperature triaxial deformation to pressures up to 15 GPa. Review of Scientific Instruments, 74(6): 3002-3011.

Wang Y B, Hilairet N, Dera P. 2010. Recent advances in high pressure and temperature rheological studies. Journal of Earth Science, 21(5): 495-516.

Wang Y B, Zhu L P, Shi F, et al. 2017. A laboratory nanoseismological study on deep-focus earthquake micromechanics. Science Advances, 3(7): e1601896.

Weidner D J. 1998. Rheological studies at high pressure. Reviews in Mineralogy and Geochemistry, 37(1): 493-524.

Wentzcovitch R, Stixrude L. 2010. Theoretical and computational methods in mineral physics: geophysical applications. Reviews in Mineralogy and Geochemistry, 6(5): 348.

Willenbring J K, von Blanckenburg F. 2010. Long-term stability of global erosion rates and weathering during late-Cenozoic cooling. Nature, 465: 211-214.

Wu H C, Zhang S H, Hinnov L A, et al. 2014. Cyclostratigraphy and orbital tuning of the terrestrial upper Santonian-Lower Danian in Songliao Basin, northeastern China: Earth and Planetary Science Letters, 407: 82-95.

Wu X, Lin J F, Kaercher P, et al. 2017. Seismic anisotropy of the D″ layer induced by (001) deformation of post-perovskite. Nature Communications, 8: 14669.

Xie L J, Chanyshev A, Ishii T, et al. 2021. Simultaneous generation of ultrahigh pressure and temperature to 50 GPa and 3300 K in multi-anvil apparatus. Review of Scientific Instruments, 92(10): 103902.

Yang F S, Ma J W. 2019. Deep-learning inversion: A next-generation seimic velocity model building method. Geophysics, 84(4): 583-599.

Yang S, Liu Y. 2016. Nuclear field shift effects on stable isotope fractionation: a review. Acta Geochimica, 35(3): 227-239.

Yang W, Hu S, Zhang J C, et al. 2015. NanoSIMS analytical technique and its applications in earth sciences. Science China Earth Sciences, 58(10): 1758-1767.

Zachos J, Pagani M, Sloan L, et al. 2001. Trends, rhythms, and aberrations in global climate 65 Ma to present. Science, 292 (5517): 686-693.

Zhan Z W, Cantono M, Kamalov V, et al. 2021. Optical polarization-based seismic and water wave sensing on transoceanic cables. Science, 371(6532): 931-936.

Zhan Z W, Ni S D, Helmberger D V, et al. 2010. Retrieval of Moho-reflected shear wave arrivals from ambient seismic noise. Geophysical Journal International, 182(1): 408-420.

Zhang H, Egbert G D, Chave A D, et al. 2019. Constraints on the resistivity of the oceanic lithosphere and asthenosphere from seafloor ocean tidal electromagnetic measurements. Geophysical Journal International, 219(1): 464-478.

Zhang H, Zhang F, Chen J B, et al. 2021. Felsic volcanism as a factor driving the end-Permian mass extinction. Science Advances, 7(47): eabh1390.

Zhang L, Meng Y, Yang W G. et al. 2014. Disproportionation of (Mg, Fe)SiO₃ perovskite in Earth's deep lower mantle. Science, 344(6186): 877-882.

Zhang L, Yuan H S, Meng Y, et al. 2018a. Discovery of a hexagonal ultradense hydrous phase in (Fe, Al)OOH. Proceedings of the National Academy of Sciences, 115(12): 2908-2911.

Zhang L F, Han J Q, Wang H, et al. 2018b. Deep potential molecular dynamics: a scalable model with the accuracy of quantum mechanics. Physical Review Letters, 120(14): 143001.

Zhang L M, Li J, Wang T, et al. 2020a. Body waves retrieved from noise cross-correlation reveal lower mantle scatterers beneath the Northwest Pacific subduction zone. Geophysical Research Letters, 47(19): e2020GL088846.

Zhang Z G, Csányi G, Alfè D. 2020b. Partitioning of sulfur between solid and liquid iron under Earth's core conditions: Constraints from atomistic simulations with machine learning potentials. Geochimical et Cosmochimica Acta, 291: 5-18.

Zhong S J, Zuber M T, Moresi L, et al. 2000. Role of temperature-dependent viscosity and surface plates in spherical shell models of mantle convection. Journal of Geophysical Research: solid Earth, 105(B5): 11063-11082.

Zhu J, Poulsen C J, Otto-Bliesner B L, et al. 2020. Simulation of early Eocene water isotopes using an Earth system model and its implication for past climate reconstruction. Earth and Planetary Science Letters, 537: 116164.

Zhu T, Zhan Y,, Unsworth M, et al. 2020. High-resolution lithosphere viscosity structure and the dynamics of the 2008 Wenchuan earthquake area: new constraints from magnetotelluric imaging. Geophysical Journal International, 222(2): 1352-1362.

第七章

围绕本领域发展的相关政策建议

一、资助策略建议

1. 持续加大基础研究的资助力度

近年来，国家多个部门均大力提倡原创性基础研究，而且我国从事基础研究的队伍规模日益扩大，这从国家自然科学基金委快速增长的基金项目申请数可见一斑。这些均为有效提升我国基础研究的实力创造了良好的环境和资助保障。本书着重阐述了深地科学研究在现代地球科学理论突破和地球系统科学发展中的核心地位，所凝练出的深地领域需要关注的前沿科学问题和技术问题均属基础研究范畴，需要得到有关部门的持续和重点支持。自由探索是每个科技工作者心之向往，但过多的自由申请也在一定程度上分散了研究的重点，在实际操作中造成了不必要的重复布局。此外，我国目前的经费资助往往倾向于支持"下游"的科学问题及应用型研究，而对一些涉及最基础的机理研究（如深地物质循环、同位素效应基础理论研究、地球宜居要素的替代指标体系、计算模拟、地球系统模型构建、具有挑战性的技术问题）的方向得不到足够的重视和经费支持。这种资助局面可能会使我国丧失在未来做出"从零到一"原创性发现的土壤。

2. 构建多学科交叉融合的高水平平台

虽然深地研究在现代地球科学研究中处在核心地位，但我国目前还缺乏有重要国际影响力的相关学术团队，尚未建成类似美国卡耐基研究所、布鲁克海文国家实验室、德国巴伐利亚地质研究所、波茨坦地学研究中心、日本东京大学等世界知名的深地科学研究机构。另外，地球系统是一个复杂系统，需要多学科的交叉融合。深地科学研究也不例外，特别需要地球化学、地球物理学、高温高压实验和计算模拟等学科的深度结合。如要阐明深地过程与地表系统演化的联系，更要重视地球各个圈层之间的关联以及多学科的交叉，把地球作为一个整体系统进行综合解剖。目前，各学科"各自为营"研究较为普遍，不利于全球性地学新理论的探索和创建。

美国国家自然科学基金委员会为进一步加强对地球深部物质结构的认识，自 2000 年起启动了一个大型高温高压研究联盟计划（简称 COMPRES），至今已延续 20 多年。该计划的宗旨是大力加强地球深部物质结构、状态以及岩石与矿物物理和化学性质的研究，密切关注地球深部物理探测与高温高压实验研究成果的结合，为地球科学新理论和新模型的建立提供检验证据。COMPRES 有效协调并整合了分散在美国各高校和科研机构高温高压研究力量，促进了高温高压实验模拟和深部地球物理探测两大学科间的交叉融合，极大地提升了深地科学的认知水平。我国地球科学界也应该建立类似的跨领域、跨学科、跨部门的交叉合作研究计划，集聚地球深部和表层系统领域的科学家，为多学科交叉融合提供高层次的平台，形成地质天然观测、实验模拟和计算模拟协同创新的工作模式。同时，需要加大资源投入，成立专门的深地科学国家研究中心，配套重大科技项目或科技计划，打造国际一流的深地科学研究机构。形成既有专业化研究机构，又有在联盟框架内开展多学科交叉研究的机制，凝聚国内分散的研究力量开展协作。当前，该领域方向在国际学术界处于前沿地位，通过合理的布局，充分利用我国的独有的地质资源和建制化优势，极有可能在很多前沿科学问题和关键技术上实现从"0"到"1"的突破。

3. 加强仪器设备研制与技术方法创新

"工欲善其事，必先利其器。"分析仪器和模拟设备的创新是科学发现的硬件基础，但恰恰是我国地球科学研究最薄弱的一环。缺乏拥有自主知识产权的仪器设备、缺乏技术人才储备、缺乏同步辐射等国家大型科学装置支持，都是我国深地科学研究进一步发展的障碍。例如，我国科研机构的元素和同位素分析仪器几乎全部是欧洲或美国的进口仪器。在逆全球化和贸易战加剧的大环境下，这种状况尤为危险。西方国家可以通过禁止出口某种仪器或相关配件限制我们在相关领域的发展。如今，我们无法向美国购买某些最尖端的分析设备和相关配件，由于缺乏精密仪器和相关配件的制造业基础，我们在仪器设计和改造的创新受到严重制约。对同位素比值质谱、稀有气体质谱、光谱仪、其他新型分析设备以及实验模拟设备的自主研发给予大力资助支持和政策性倾斜，对深地科学领域，甚至是高精制造业的发展均十分重要。

4. 加大技术型科研人才的培养力度

同样重要的是，依托领先的设备要开发出引领学科发展的技术。纵观近代科学的发展，无不与技术的革命和进步有关。例如，20世纪80年代，地震观测与计算技术的进步，导致CT技术在地球内部结构成像中得到应用，首次为人类提供了地球内部的三维结构影像图，为板块运动的地幔对流假说提供了直接证据。因此，以新技术和新方法带动原创性科学发现是科技革命中十分重要的途径。我国学者大多采用国际上成熟的技术方法开展研究，还没有形成自成体系的集地质天然观测、实验研究和计算模拟的协同创新工作模式。这在一定程度上导致了目前普遍的跟踪模仿的科研范式，无法真正开展引领性的创新研究。在我国现有的资助体系中，技术研发者受重视的程度往往要次于技术的应用者，前者的成长速度和空间也远远小于后者。这在一定程度上造成了"空有一流的武器却无领先的技术"的尴尬局面，以及对资源和人才的浪费。改变现有资助体系，发挥基金资助的指挥棒的作用，是相关资助和管理部门必须考虑的问题。建议：①在现有项目资助体系中，尤其是重点基金以上级别的项目中，开辟出由技术创新引领科学原创的资助板块；②在现有人才资助系列中开辟专门的技术系列以保障技术研发者的积极性和创造性，在技术研发和基础研究中架起桥梁，重点培养既精通技术，又深谙科学问题的复合型人才。

二、配套措施建议

1. 让战略调研的成果落地

按照我国的习惯，每个五年计划各部门均会安排大量战略调研，出版相关战略研究报告。这些战略研究成果凝聚了众多专家的智慧和心血，需在国家层面的科技布局上发挥作用。建议职能部门对通过战略调研出的重大科学问题和前沿问题进行理性地筛选、梳理以及进一步论证，形成若干重要咨询报告上报上级有关部门；同时形成若干优先资助的重点方向，并作为有关资助部门（如科学技术部、国家自然科学基金委员会、中国科学院）的重大项目或者培育项目的指南，最大程度地发挥战略调研的功能，以避免调研和落地之间的脱节。

2. 加强对深地科学知识的普及和教育

深地科学领域原创的土壤在于多学科的交叉，甚至要求非地学专业的知识。例如，计算模拟领域对量子力学等物理基础要求高，正在推动地学研究范式革命的大数据和人工智能等需要统计学、计算科学等知识，然而目前大多数高校地学的课程设置不能满足该领域学生的培养，对该领域的发展不利。因此，应按照学科交叉的需要，延伸非地学本科生和研究生的延揽，提升基础地学与其他学科的融合程度。

3. 发起深地过程与宜居地球重大国际计划

本书凝练的重大科学问题，均涉及全球地球科学研究的本质，突破了传统地质研究的区域性特点，需要系统的知识体系、长时间尺度、大空间尺度的观测和探测，以及地球上最典型地质记录的支撑。因此，广泛开展国际合作是重要的途径。鉴于深地过程与宜居地球的学术思想的前瞻性，我国应主动发起一个重大国际计划，引领深地过程与宜居地球关联机制研究，促进若干重大科学问题的解决。

关键词索引

B

板块构造　1, 3, 6, 9, 11, 12, 27, 28, 29, 30, 31, 32, 35, 38, 40, 41, 42, 43, 44, 45, 46, 47, 48, 49, 50, 51, 52, 53, 54, 55, 56, 57, 58, 82, 84, 85, 87, 89, 113, 124, 126, 129, 132, 135, 137, 139, 140, 152, 154, 178, 179, 196, 202, 204, 205, 209, 211, 220, 223, 224, 239, 240, 249

D

大火成岩省　1, 6, 36, 105, 111, 112, 113, 140, 141, 149, 150, 151, 154, 178, 179, 180, 184, 185, 186, 187, 189, 190, 191, 196, 201, 202, 203, 204, 205, 206, 209, 211, 218, 219, 220, 224, 257

大氧化事件　26, 105, 112, 115, 121, 122, 123, 124, 125, 128, 129, 140, 141, 150, 151, 154, 177, 178, 209, 210, 212, 213, 215, 216, 217, 224, 264

地幔储库　36, 91, 126, 127, 128, 131, 136, 140, 205

地幔氧化还原状态　115, 118, 119, 120, 124, 136

地球动力学模拟　31, 48, 58, 98, 99

地球系统模型　260, 261, 262, 264, 265, 276

地球增生　11, 12, 35, 38, 115, 116, 117, 124

地震成像　97, 235

地质年代学　256, 257, 258, 259, 265

第一性原理计算　21, 22, 98, 100, 103, 104, 145, 148, 241, 249, 250, 251, 252

电磁测深　86, 94, 114, 238, 239